工厂供配电技术项目式教程

韦红美　黄凤记　苏法翔　主　编

潘思妍　罗中仁　岑　曦　副主编
杨　超　何军全　韦湛兰

天津出版传媒集团
天津科学技术出版社

内 容 简 介

本书是编者根据多年从事高职高专供配电技术课程教学经验的积累、教学改革的要求，以“项目引导、任务驱动”的原则编写。本书以项目为单元，下设不同的任务，提高学生的学习兴趣，以应用为主，贴近项目式教学“理实一体化”的特色与设计思想，有利于岗位技能提升。本书共有 8 个项目，包括项目 1 供配电系统分析、项目 2 电力负荷及短路电流的计算、项目 3 电气设备及其选择校验、项目 4 电力线路及变配电所主接线、项目 5 供配电系统继电保护、项目 6 二次回路及变电站自动化、项目 7 防雷接地与电气安全、项目 8 课程设计。通过对本书的学习，学生能够掌握供配电系统相关知识，掌握其运行维护、安装检修及设计等方面的基本技能，从而具备供配电系统的初步设计、安装和检修能力。

本书覆盖面广，实用性强，可作为高职高专院校、中职院校供用电技术、电力系统继电保护与自动化专业、电气自动化专业、机电一体化专业等相关专业的教材，也可供从事供配电工作的工程技术人员学习、培训用书参考。

图书在版编目(CIP)数据

工厂供配电技术项目式教程/韦红美,黄凤记,苏法翔主编. --天津：天津科学技术出版社，2021. 4

ISBN 978-7-5576-8820-2

Ⅰ.①工… Ⅱ. ①韦… ②黄… ③苏… Ⅲ. ①工厂—供电系统—高等职业教育－教材②工厂－配电系统－高等职业教育－教材 Ⅳ. ①TM727.3

中国版本图书馆 CIP 数据核字(2021)第 056844 号

工厂供配电技术项目式教程

GONGCHANG GONGPEIDIAN JISHU XIANGMUSHI JIAOCHENG

责任编辑：刘 鹈

责任印制：兰 毅

出版：天津出版传媒集团 / 天津科学技术出版社

天津科学技术出版社

地址：天津市西康路 35 号

邮编：300051

电话：（022）23332377（编辑室）

网址：www.tjkjcbs.com.cn

发行：新华书店经销

印刷：北京时尚印佳彩色印刷有限公司

开本 787×1092 1/16 印张 13 字数 304 000

2021 年 4 月第 1 版第 1 次印刷

定价：65.00 元

前　言

随着现代科学技术的飞速发展、专业面的不断拓宽和加深，供配电技术课程原有的教材逐渐已不再适用于当今的教学。在此背景下，天津科学技术出版社组织出版了本书。

参加本书编写的作者都是多年从事工厂供配电课程教学、科研工作和具有实际供配电技术设计、调试能力的教师，因此本书结合项目工作任务单，充分体现项目式教程的特色，实现“理实一体化”的职业教育理念。

本书是编者根据多年从事高职高专供配电技术课程教学经验的积累、教学改革的要求，以“项目引导、任务驱动”的原则编写。本书以项目为单元，下设不同的任务，提高学生的学习兴趣，以应用为主，贴近项目式教学“理实一体化”的特色与设计思想，有利于岗位技能提升。本书共有 8 个项目，包括项目 1 供配电系统分析、项目 2 电力负荷及短路电流的计算、项目 3 电气设备及其选择校验、项目 4 电力线路及变配电所主接线、项目 5 供配电系统继电保护、项目 6 二次回路及变电站自动化、项目 7 防雷接地与电气安全、项目 8 课程设计。通过对本书的学习，学生能够掌握供配电系统相关知识，掌握其运行维护、安装检修及设计等方面的基本技能，从而具备供配电系统的初步设计、安装和检修能力。

本书由韦红美、黄凤记、苏法翔任主编，潘思妍、罗中仁、岑曦、杨超、何军全、韦湛兰任副主编。本书覆盖面广，实用性强，可作为高职高专院校、中职院校供用电技术、电力系统继电保护与自动化专业、电气自动化专业、机电一体化专业等相关专业的教材，也可供从事供配电工作的工程技术人员学习、培训用书参考。

由于编者的水平和经验有限，书中难免会有不妥之处，敬请广大读者批评和指正。

编　者

目　录

项目 1 供配电系统分析

>>>>

任务 1.1　认识供配电系统

1.1.1　课程要求、介绍

按照“课程体系工作过程导向化、课程内容项目化、课程教学一体化”的思路，本课程简化了一些与生产实际应用关系不大的理论知识和繁杂计算，通过项目教学的形式，以真实工作任务及其工作过程为主要内容，突出实际应用。在 8 个项目中教师可以边讲解、边演示，学生可以边学习、边实践，学生在“教、学、做”一体化的现场教学环境下，迅速理解并掌握供配电系统各种电气设备的操作方法和工作流程。

本课程旨在培养学生熟练掌握供电和配电技术的基础理论和基本技能，使学生具备供配电系统安装、调试、操作、运行、维护、检修和管理等技能，以及自主学习、团队合作、交流沟通等能力，以培养出满足工矿企业供配电技术岗位需求的高素质、高技能应用型人才。

本课程参考学时为 96 学时，建议采用理论实践一体化的教学模式，各任务的参考学时如下。

项目	任务		学时
项目 1　供配电系统分析	任务 1.1　认识供配电系统	1.1.1　课程要求、介绍	1
		1.1.2　几种不同的供配电系统； 实训 1　工厂供电一次电气接线模拟图的认知及安全操作	2
	任务 1.2　供电质量及额定电压的选择		2
	任务 1.3　电力系统的中性点运行方式	1.3.1　三种中性点运行方式	2
		1.3.2　常见低压配电系统	2
项目 2　电力负荷及短路电流的计算	任务 2.1　电力负荷及其计算	2.1.1　电力负荷概述	2
		2.1.2　电力负荷计算	2
		2.1.3　全厂电力负荷的确定	2
	任务 2.2　无功补偿	2.2.1　无功补偿； 实训 2　无功补偿实训	2
	任务 2.3　短路电流及其计算	2.3.1　短路电流概述	2
		2.3.2　短路电流计算（欧姆法、标么制法）	2
项目 3　电气设备及其选择校验	任务 3.1　变换设备及其选择校验	3.1.1　电力变压器及其选择	4
		3.1.2　电压互感器及其选择	2

续表

项目 3　电气设备及其选择校验	任务 3.1　变换设备及其选择校验	3.1.3　电流互感器及其选择； 实训 3　电压和电流互感器的接线方法实训	4
	任务 3.2　高压开关设备及其选择	3.2.1　高低压开关设备及其选择	2
		3.2.2　高低压断路器及其选择	4
		3.2.3　漏电断路器	2
	任务 3.3　高低压保护设备及其选择	3.3.1　高低压熔断器及其选择	4
		3.3.2　避雷器及其选择	2
	任务 3.4　成套配电装置	3.4.1　高低压配电柜	2
		3.4.2　低压配电柜的应用	2
项目 4　电力线路及变配电所主接线	任务 4.1　导线和电缆线横截面的选择与校验		2
	任务 4.2　输电线路的结构敷设		2
	任务 4.3　变配电所的主接线方案		2
项目 5　供配电系统继电保护	任务 5.1　继电保护概述		2
	任务 5.2　供配电系统的继电保护	5.2.1　高压线路的继电保护； 实训 4　系统最大、最小、正常方式下短路； 实训 5　高压线路无（有）时限速断保护； 实训 6　线路正反时限过电流保护实训； 实训 7　线路电流电压连锁保护实训	6
		5.2.2　电力变压器继电保护； 实训 8　变压器轻重瓦斯、电流速断、过电流保护； 实训 9　变压器差动速断保护	4
项目 6　二次回路及变电站自动化	任务 6.1　二次回路	6.1.1　操作电源	1
		6.1.2　控制与信号回路、中央信号装置； 实训 10　工厂供电二次控制回路接线和信号回路实训	1
		6.1.3　绝缘监视装置	1
		6.1.4　二次回路安装接线图	1
	任务 6.2　备自投及自动重合闸	6.2.1　备自投装置； 实训 11　进线、母联备投及自适应投入实训	2
		6.2.2　自动重合闸装置	2
	任务 6.3　变电站自动化	6.3.1　概述	2
		6.3.2　变电所微机保护	2
项目 7　防雷接地与电气安全	任务 7.1　防雷接地		2
	任务 7.2　电气安全	7.2.1　接地装置的认识（跨步电压微课）	2
		7.2.2　电气安全（安全电压、距离、触电、急救等）	4
项目 8　课程设计（二选一）	任务 8.1　设计某降压变电所主接线方案		9
	任务 8.2　设计某车间主接线方案		0

1.1.2　几种不同的供配电系统

1. 供配电的意义与要求

供配电技术就是研究电力的供应和分配问题。供配电工作要很好地为国民经济服务，并切实搞好安全用电、节约用电和计划用电（俗称“三电”）工作，必须达到下列基本要求。

（1）在电能的供应、分配和使用中，不应发生人身事故和设备事故。

（2）应满足电能用户对供电可靠性即连续供电的要求。

（3）应满足电能用户对电压质量和频率质量等方面的要求。

（4）应使供电系统的投资少，运行费用低，并尽可能地节约电能。

2. 发电厂和电力系统

根据各个发电厂使用的一次能源不同，发电厂主要分为以下几种。

火力发电厂：以煤、石油、天然气等作为一次能源，借助汽轮机等热力机械将热能转换为机械能，再由汽轮机带动发电机发电的电厂。一般火力发电厂热效率不高，一般为 40%左右。

水力发电厂：我国的水力资源极其丰富，据统计目前开发的总量还不足 10%，一些水力资源亟待开发。水力发电厂的生产过程要比火力发电厂简单，它是利用水的位能差进行发电的。

核力发电厂：利用核能发电的电厂称为核力发电厂。核力发电厂用的一次能源主要是二氧化铀。

3. 电力系统的基本概念

首先各种形式的电厂将不同形式的一次能源转化成电能，电能的传输方式分为直流传输和交流传输两种形式。

直流输电是将发电厂发出的交流电用整流器变换成直流，经直流输电线路送至接收端，再经逆变器变换成三相交流电后送到用户。

在直流输电线路中“极”的定义相当于三相交流线路中的“相”。但从电力传输的技术要求来看，交流输电线路必须变成三相才便于运行；而直流输电线路中的极（正极或负极）却能独立工作，任何一极加上回流电路就能独立输送电力。直流输电线路造价低于交流输电线路但换流站造价却比交流变电站高得多，其输送的电压等级还要受到电子器件耐压性能的限制。

交流输电是将发电厂发出的交流电经升压变压器，再经三相输电线路到降压变压器，然后送到用户。本书主要以介绍交流输电为主。

电能输送到用户须经过供配电网络，供配电网络由变压器和输电线路组成，起着分配输送电能的作用。如图 1.1 所示，由发电厂、变电所、输配电线路和用户组成的整体称为电力系统。

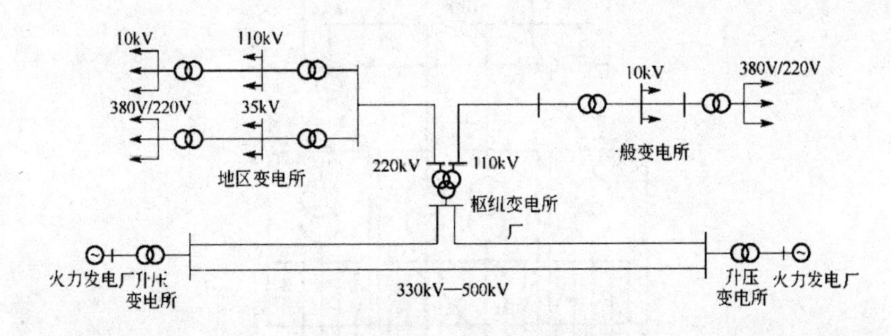

图 1.1 电力系统示意图

1）组成电力系统的必要性

（1）为用户提供可靠性更高的电能。如局部系统某发电厂发生故障时，可以切除故障部分，保证其他部分正常运行，实现不间断地对用户供电。

（2）各发电厂相互支援、互为备用。由于各发电厂通过电力网相互联系，在某个发电厂出现故障或正常检修时，可以由其他发电厂增大发电量继续向该电力网供电。

（3）可以更充分利用一次能源，降低电能成本。如洪水季节就应该充分利用水力发电厂发电，以尽量减少火力发电厂的发电，节约燃料。

2）电能的特点

（1）电能不能大量存储。电能的生产、输送、分配和消费实际上是同时进行的，在电力系统中，任何时刻各发电厂发出的功率，必须等于该时刻各用电设备所需的功率与输送、分配各环节中损耗功率之和，因而对电能生产的协调和管理提出更高要求。

（2）电磁过程的快速性。电力系统中任何一个地方的运行状态的改变或故障，都会很快影响整个系统的运行，仅依靠手动操作是无法保证电力系统的正常和稳定运行，所以电力系统的运行必须依靠信息就地处理的继电保护和自动装置，以及信息全局处理的调度自动化系统。

（3）与国民经济的各部门、人民的日常生活等有着极其密切的关系。供电的突然中断会给交通运输业、公共事业带来严重的后果。

3）用户对用电的要求

（1）保证供电的可靠性。电力系统的突然停电会给工农业生产造成很大损失，给人们的日常生活带来极大不便，甚至会造成社会秩序混乱。

（2）保证电能的良好质量。主要是保证电能技术指标的偏差在一定的范围。

（3）保证电能的经济性。电能的经济性主要体现在发电成本（燃料消耗）和网络的电能损耗上。为了保证电能的经济性，要最大限度地降低发电成本和网络的电能损耗。

（4）保证电能的安全性。主要包括电力安全生产管理和供配电安全技术。

4. 供配电系统

1）具有高压配电所的供配电系统

具有高压配电所的供配电系统如图 1.2 所示。

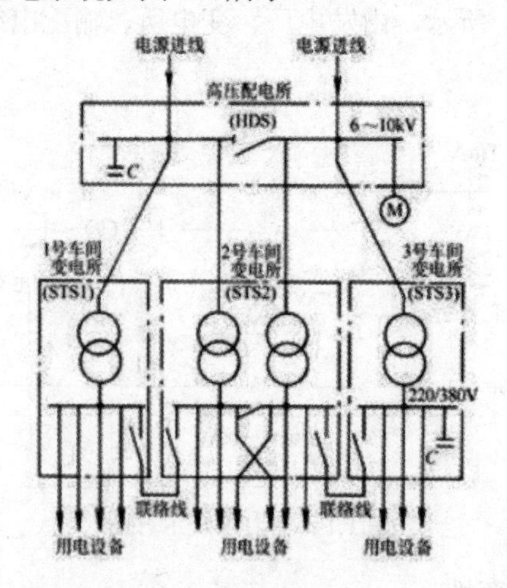

图 1.2　具有高压配电所的供配电系统

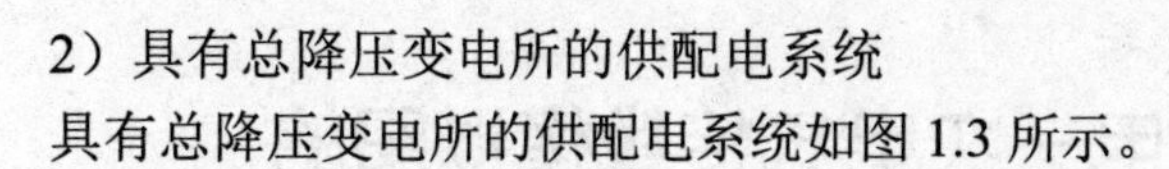

2）具有总降压变电所的供配电系统

具有总降压变电所的供配电系统如图 1.3 所示。

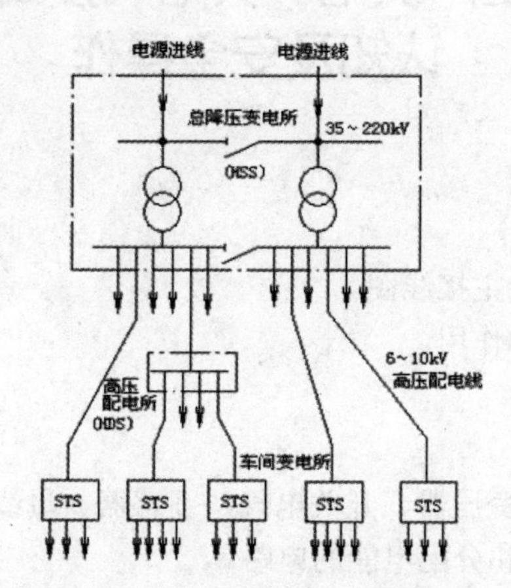

图 1.3　具有总降压变电所的供配电系统

3）高压深入负荷中心的企业供配电系统

高压深入负荷中心的企业供配电系统如图 1.4 所示。

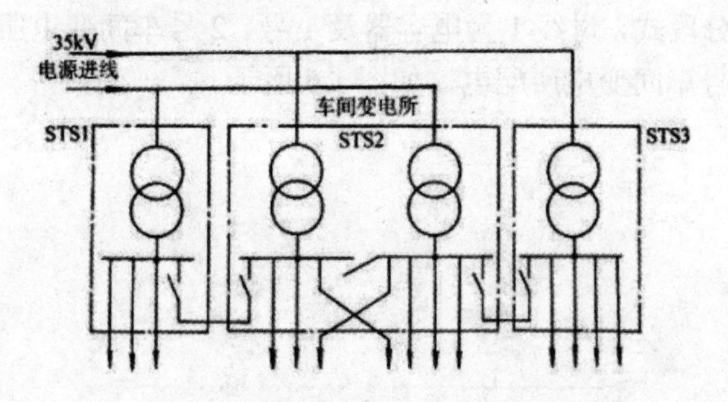

图 1.4　高压深入负荷中心的企业供配电系统

4）只有一个变电所或配电所的企业供配电系统

只有一个变电所或配电所的企业供配电系统如图 1.5 所示。

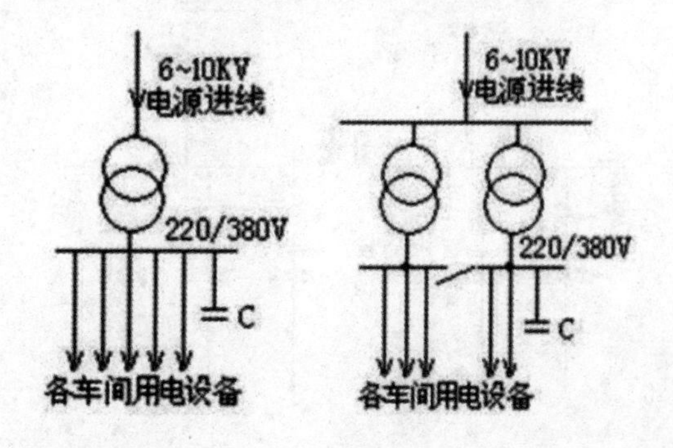

图 1.5　只有一个变电所或配电所的企业供配电系统

实训1　工厂供电一次电气接线模拟图的认知及安全操作

实训目标

1．熟悉实验装置的电气主接线图。

2．认识各种电气设备的作用。

实训说明

该设备主接线包括电力变压器、开关电气、互感器、母线、导线、补偿电容器等设备按一定的次序相连接的接受和分配电能的电路。

模拟配电所两路进线（35kV），一路为架空线路 WL1（备用），另一路是电缆线路 WL2，母线采用分段式结构，由隔离开关和断路器进行连接。为检修断路器安全，其两侧设有高压隔离开关。电压 35kV 经工厂总降压变电所变为 10kV，送入 10kV 母线 1，另一路 10kV 来自邻近单位的联络线（本设备都是来自同一个变压器）。该实训设备连路线作工作电源。其中 10kV 母线也是分段式，母线 1 为电容器及 1 号、2 号车间变电所配电，母线 2 为高压电动机组和 3 号、4 号车间变电所配电，如图 1.6 所示。

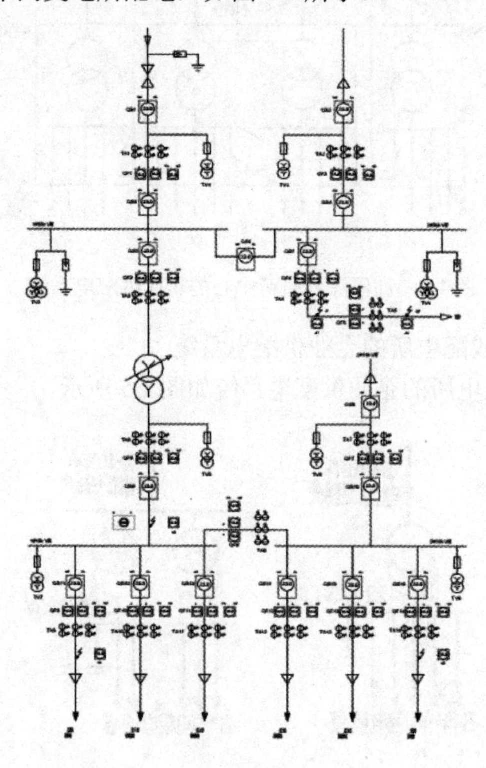

图 1.6　主接线

实训步骤

（1）认真阅读试验指导书。

（2）通电前将所有隔离开关置于 off 位置。

（3）检查无误后合上三相电源，观察主电路的断路器的分合状态，其中绿灯亮表示分闸，红灯亮表示合闸。

（4）读懂主接线并熟悉各电气设备及其作用。

任务 1.2　供电质量及额定电压的选择

就我国电力系统而言，一般根据电压等级把电力网络分成高压网络、中压网络和低压网络。通常把 110kV 级以上称为高压，10～110kV 级称为中压，10kV 以下级称为低压。

根据经验，110kV 以下的电压级差应超过 3 倍，如 110kV、35kV、l0kV；110kV 以上的电压级差则以两倍左右为宜，如 110kV、220kV、500kV。因此，除 3kV 只限于工业企业内部采用外，其他各电压的使用范围为：500kV、330kV、220kV 多半用于大电力系统的主干线，110kV 既用于中小电力系统的主干线，也用于大电力系统的二次网络；35kV 既用于大城市或大工业企业内部网络,也广泛用于农村网络；10kV 则是最常用的更低一级配电电压；只有负荷中高压电动机的比重很大时，才考虑以 6kV 配电的方案。

高压网络的主要作用是向高压/中压变电所供电。在电力系统中，根据负荷密度和地理情况，通常采用单回线路变压器组、双回线路变压器组，以及环入高压网络的变电站进行供电的形式。其费用与系统可靠性成反比，应根据实际需要选用变压器组接线方式。

中压网络和低压网络一般都是以放射形式运行的，且都有一个电源点。

电力系统的电压等级对系统的运行特性有重大的影响，因此也影响系统的设计。所选定的电压等级将决定每条馈线的最大长度、最大负荷和接线方式，以及馈线的总条数和每条馈线上的配电所数目。

规划一个电力系统供电方式时，确定网络规划中的电压是网络规划早期必须考虑的主要问题。当现有网络的电压不能满足负荷密度时，必须考虑一个合适的更高电压。当选择一个系统的运行电压时，重要的是考虑输电线路走线和变电站的位置及它们的费用。在许多情况下，由于电力网络发展的历史原因，对于已存在的标准电压，只有一种或两种电压选择是经济的。如果可能的话，通常更倾向于选择较高的电压；当有必要采用新的标准电压时,应选择比现有电压更高的电压等级。

电力网络输送的电力额定电压、输送容量、输送距离之间的关系如表 1.1 所示。

表 1.1　电力网络输送的电力额定电压、输送容量、输送距离之间的关系

额定电压/kV	输送容量/MW	输送距离/km
0.38	<0.1	<0.6
3	0.1～1.0	1~3

续表

6	0.1～1.2	4～15
10	0.2～2.0	6～20
35	2～10	20～50
110	10～50	50～150
220	100～500	100～300
330	200～1000	200～600
500	1000～1500	150～850

电力是商品，所以应该用一定的技术指标描述其性能的好坏。

在传统的经济体制下，电力是必须保证供给的产品。随着我国经济体制改革的不断深化，电力是商品的概念已经成为人们的共识。电力商品有如下特性。

（1）无形性：电力商品在产生、交换和使用过程中，都无法使人直接以感观的方式获得。但是这种无形只是感观上的无形。从物理学角度分析仍然是有形的。

（2）特殊选择性：电力作为单一商品不存在选择问题，但是，电在市场交易中，电的属性（供电电压、供电时间、供电可靠性）不同，交易价格也不同，这必然给客户带来选择的机会。

（3）无品牌性：电力作为商品虽然难以形成品牌，但生产电力的企业具有明显的铭牌特性。

（4）生命无周期性：电力商品没有衰退期，也没有新的“电力商品”来替代旧的“电力商品”。

（5）易失性：电力商品受到特有的供应、销售方式的限制，在整个过程中无法储存。

多年来，我国电力工业一直处于垄断化经营地位。电力公司既是生产商又是供应商，其产品质量无论好坏，客户都必须使用，而且电能的质量几乎不成为价格制定的约束条件。事实上，提高电能质量不仅仅是电力生产商、供应商的责任，而相反它与用户有着密不可分的关系，所以应从电能的生产、输送、分配、使用等各环节中进行分析。

目前，影响用户及其工业过程的稳态电能质量指标主要为：谐波、电压偏差、频率偏差、三相不平衡度、电压波动闪变。影响用户及其工业过程的暂态电能质量指标主要为：电压骤升、跌落、供电短时中断。对稳态电能质量而言，严格来说，电力生产过程本身几乎不会引起电能质量的“污染”；而电能的传输、分配过程对电能质量的“污染”程度也相对较小；因此，稳态电能质量的污染源主要在用户。由于输配电系统中的变压器是非线性元件，会产生少量的谐波污染（但在一定状况下，少量的谐波污染将成为系统发生事故的潜在隐患），而网络结构特性则决定谐波的谐振特性；传输网络中不同的导线材料、线径、输电距离、不同的输电容量会使系统的稳态运行电压在不同程度上有所下降，而系统无功储备的大小则直接影响系统稳态运行电压的调整，同时系统足够的有功储备容量对调节系统起决定性作用，输配电网参数三相是对称的，但由于负荷的布局不合理也将造成系统的运行不对称，从而引起三相不平衡指标的变化。

电能质量是表征电能品质的优劣程度。通常以供用电双方供电设备产权分界点的电能质量作为评价的依据。电能质量包括电压质量与频率质量两部分。电压质量又可分为幅值与波形质量两方面。通常以电压偏差、电压波动与闪变、电压正弦波畸变率、负序电压系

数（三相电压不平衡度）、频率偏差等项指标来衡量。

（1）电压偏差 。电压偏差是指供配电网络中某点的实际电压值与网络额定电压的数值差。以电压实际值与额定值之差 ΔU 或其百分值 $\Delta U\%$来表示，即

$$\Delta U=U-U_e$$

或

$$\Delta U\%=(U-U_e)/U_e\times 100\%$$

式中 U——检测点上电压实测值（V）；

U_e——检测点电网电压的额定值（V）。

供电电压允许偏差见表 1.2。

（2）电压波动和闪变。在某一时段内，电压急剧变化而偏离额定值的现象，称为电压波动。电压变化的速率大于（1%）/s 的，即为电压急剧变化。电压波动程度以电压在急剧变化过程中，相继出现的电压最大值与最小值之差或其百分比（%）表示，即

$$\Delta U=U_{max}-U_{min}$$

或

$$\Delta U=(U_{max}-U_{min})/U_e\times 100\%$$

式中 U——额定电压（V）；

U_{max}、U_{min}——某一时段内电压波动的最大值与最小值（V）。

周期性电压急剧变化引起电光源光通量急剧波动而造成人眼视觉不舒适的现象，称为闪变。通常用引起闪变的电压波动值——闪变电压限值 ΔU_v 或电压调幅波中不同频率的正弦分量的方均根值，等效为 10Hz 的 1min 平均值——等效闪变值 ΔU_{10} 来表示。电力系统供电点由冲击功率产生的闪变电压应小于 ΔU_{10} 或 ΔU_t 的允许值，否则将会出现闪变。

电压波动与闪变限值见表 1.2。

（3）电压正弦波畸变率。在理想状况下，电力系统的交流电压波形应是标准的正弦波，但由于电力系统中存在有大量非线性阻抗特性的供用电设备，这些设备向公共电网注入谐波电流或在公共电网中产生谐波电压，称为谐波源。谐波源使得实际的电压波形偏离正弦波，这种现象称为电压正弦波形畸变。通常以谐波来表征。电压波形畸变的程度用电压正弦波畸变率来衡量，也称电压谐波畸变率。电压谐波畸变率以各次谐波电压的方均根值与基波电压有效值之比的百分数（%）来表示：

$$\text{电压谐波畸变率}=\frac{\sqrt{\sum_{n=2}^{\infty}(U_n)^2}}{U_1}\times 100\%$$

式中 U_n——第 n 次谐波电压有效值（V）；

U_1——基波电压有效值（V）。

公用电网谐波电压限值见表 1.2。

（4）负序电压系数：负序电压系数 K_{2u} 表示三相电压不平衡的程度。通常以三相基波负序电压有效值与额定电压有效值之比的百分数表示。即

$$K_{2u}\%=\frac{U_{2(1)}}{U_e}\times 100\%$$

式中　U_e——额定电压有效值（V）；

　　　$U_{2(1)}$——基波负序电压有效值（V）。

（5）频率偏差。供电电源频率缓慢变化的现象，常以实际频率与额定频率之差或其差值 Δf 与额定值之比的百分数 Δf %表示，即

$$\Delta f=f-f_e$$

或

$$\Delta f\%=(f-f_e)/f_e\times 100\%$$

式中　f——实际供电频率值（Hz）；

　　　f_e——供电网额定频率值（Hz）。

电力系统频率允许偏差见表 1.2。

表 1.2　电能质量国家标准摘要

<table>
<tr><th>标准号</th><th>标准名称</th><th>允许限值或偏差</th><th>说明</th></tr>
<tr><td>GB/T 12325—2003</td><td>供电电压允许偏差</td><td>(1)35kV 及以上正负偏差绝对值之和不超过 10%。
（2）10kV 及以下三相供电为±7%。
（3）220V 单相供电为+7%～－10%</td><td>衡量点为供用电产权分界处或电能计量点</td></tr>
<tr><td>GB 12326—2000</td><td>电压允许波动和闪变</td><td>电压波动：
（1）10kV 及以下　2.5%。
（2）35～110kV　2.0%。
（3）220kV 及以上　1.6%。
闪变 ΔU10：
（1）对照明要求较高的　0.4%（推荐值）。
（2）一般照明负荷　0.6%（推荐值）</td><td>衡量点为公共连接点，取实测 95%概率值</td></tr>
<tr><td>GB/T 14549—1993</td><td>公用电网谐波</td><td>各级电压谐波限值（%）
<table>
<tr><th>电压/kV</th><th>THD</th><th>奇次</th><th>偶次</th></tr>
<tr><td>0.38</td><td>5</td><td>4.0</td><td>2.0</td></tr>
<tr><td>6.10</td><td>4</td><td>3.2</td><td>1.6</td></tr>
<tr><td>35.44</td><td>3</td><td>2.4</td><td>1.2</td></tr>
<tr><td>110</td><td>2</td><td>1.6</td><td>0.8</td></tr>
</table>
220kV 电网参照 110kV 执行</td><td>衡量点为公共连接点，取实测 95%概率值</td></tr>
<tr><td>GB/T 15543—1995</td><td>三相电压允许不平衡度</td><td>（1）正常允许 2%，短时不超过 4%。
（2）每个用户一般不得超过 1.3%。</td><td>（1）各级电压要求一样
（2）衡量点为公共连接点，取实测 95%概率值或日累计超标不超过 72min，且每 30min 中超标不超过 5min</td></tr>
<tr><td>GB/T 15945—1995</td><td>电力系统频率允许偏差</td><td>（1）　常允许为±0.2Hz，根据系统容量可以放宽到±0.51Hz。
（2）用户冲击引起的频率变动一般不得超过 0.2Hz</td><td></td></tr>
</table>

注：THD 系统指电压总谐波畸率（%）。

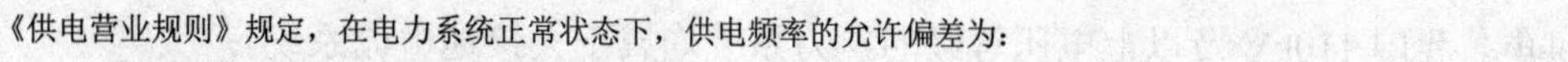

《供电营业规则》规定，在电力系统正常状态下，供电频率的允许偏差为：

（1）电网装机容量在 3000MW 及以上的为±0.2Hz；

（2）电网装机容量在 3000MW 以下的为±0.5Hz。

在电力系统非正常状态下，供电频率允许偏差可超过±1.0Hz。

为了使电力工业和电气设备制造行业的生产标准化、系列化和统一化，世界上许多国家和相关部门都制定了关于额定电压的等级标准。电气设备在此额定电压下工作时，其技术经济效果最佳。

电力系统额定电压的等级是根据国民经济发展的需要，考虑技术经济上的合理性以及电机、电器制造工业的水平发展趋势等一系列因素，经全面的技术经济分析后，由国家制定颁布的。它是确定各类电力设备额定电压的基本依据。

（1）用电设备的额定电压。由于电压损耗，线路上各点电压略有不同。用电设备，其额定电压只能按线路首端与末端的平均电压即电网的额定电压 U_e 来制造，所以，用电设备的额定电压规定与供电电网的额定电压相同。

（2）发电机的额定电压。发电机是接在线路首端的，所以，规定发电机额定电压高于所供电网额定电压的 5%。

（3）电力变压器的额定电压 。电力变压器一次绕组额定电压：如变压器直接与发电机相连，则其一次绕组额定电压应与发电机额定电压相同，即高于供电电网额定电压的 5%；如变压器不与发电机相连，而是连接在线路上，其一次绕组额定电压应与供电电网额定电压相同。

电力变压器的二次绕组额定电压：如果变压器二次侧供电线路较长，则变压器二次绕组额定电压要考虑补偿变压器二次绕组本身 5%的电压降和变压器满载时输出的二次电压仍高于电网额定电压的 5%，所以这种情况的变压器二次绕组额定电压要高于二次侧电网额定电压的 10%，如果变压器二次侧供电线路不长则变压器二次绕组额定电压，只需高于二次侧电网额定电压的 5%，仅考虑补偿变压器内部的 5%。

任务 1.3　电力系统的中性点运行方式

1.3.1　三种中性点运行方式

在电力系统中，中性点工作方式有：中性点直接接地、中性点经消弧线圈接地和中性点不接地三种。

1. 中性点直接接地

中性点直接接地的系统称为大接地电流系统，这种系统中，当发生一点接地故障时，即构成了单相接地系统，将产生很大的故障相电流和零序电流。中性点直接接地，中性点就不可能积累电荷而发生电弧接地过电压，其各种形式的操作过电压均比中性点绝缘电网要低，如图 1.7 所示，中性点直接接地系统当发生单相接地短路时，单相短路电流非常大，特别是瞬间接地短路，必须通过继电保护装置动作切除故障部分，再依靠重合闸恢复正常供电。我国 110kV 及以上电压等级的电力系统均属于大接地电流系统。

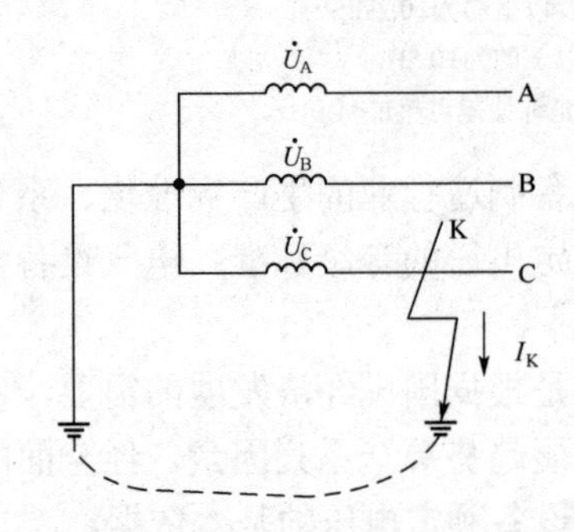

图 1.7 中性点直接接地系统单相接地

2. 中性点不接地方式

中性点不接地系统正常运行时，各相电压为$\dot{U}_A$，$\dot{U}_B$，$\dot{U}_C$。每相对地分布电压为相电压，每相对地电容电流分别为$\dot{I}_{A\cdot C}$，$\dot{I}_{B\cdot C}$，$\dot{I}_{C\cdot C}$。如图 1.8 所示，当 C 相在 K 点发生单相接地短路时，其 C 相对地电压为

$$\dot{U}'_C = 0$$

中性点对地电压为

$$\dot{U}_N = -\dot{U}_C$$

B 相对地电压为

$$\dot{U}'_B = \dot{U}_B + \dot{U}_N = \dot{U}_B - \dot{U}_C$$

A 相对地电压为

$$\dot{U}'_A = \dot{U}_A + \dot{U}_N = \dot{U}_A - \dot{U}_C$$

根据以上关系式，中性点不接地系统发生单相接地故障时，线电压不变而非故障相对地电压升高到原来相电压的$\sqrt{3}$倍。

由于 K 点对地短路，非故障相对地电压升高，其对地电容电流也增大，A、B、C 相对地电容电流为$\dot{I}'_{A\cdot C}$，$\dot{I}'_{B\cdot C}$，$\dot{I}'_{C\cdot C}$，C 相在 K 点对地短路电流为$\dot{I}_K$，而$\dot{I}'_{C\cdot C} = 0$，则

$$\dot{I}_K = -(\dot{I}'_{A\cdot C} + \dot{I}'_{B\cdot C})$$

$$\dot{I}'_{A\cdot C} = \frac{U'_A}{X_C} = \frac{\sqrt{3}U_A}{X_C} = \sqrt{3}I_{A\cdot C}$$

由图 1.9 相量图可知：

$$I_K = \sqrt{3}I'_{A\cdot C} = 3I_{A\cdot C}$$

单相接地时接地点的短路电流是正常运行的单相对地电容电流的 3 倍。

中性点不接地系统，在 35kV 及以下电压等级的电力系统中，采用的是中性点不接地或经消弧线圈接地的工作方式。在这两种系统中当单相发生接地故障时，由于不能构成短路回路，接地故障电流往往比负荷电流小得多，所以这种系统又称为小接地电流系统。

中性点不接地方式一直是我国配电网采用最多的一种方式。该接地方式在运行中如发生单相接地故障，其流过故障点电流仅为电网对地的电容电流，当 35kV、10kV 电网限制

在10A以下时，若是接地电流很小的瞬时故障一般能自动消除，此时虽然非故障相电压升高，但系统还是对称的，故在电压互感器发热条件许可的情况下，允许带故障连续供电2h，为排除故障赢得了时间，相对地提高了供电可靠性。这种接地方式不需任何附加设备，投资小，只要装设绝缘监视装置，以便发现单相接地故障后能迅速处理，避免单相故障长期存在发展为相间短路或多点接地事故。

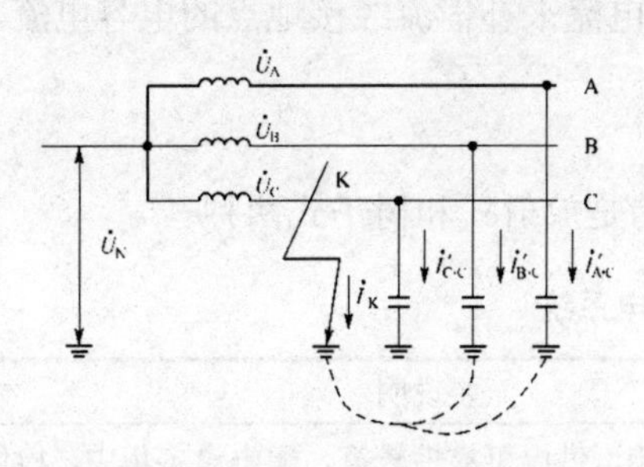
图1.8 中性点不接地系统单相接地

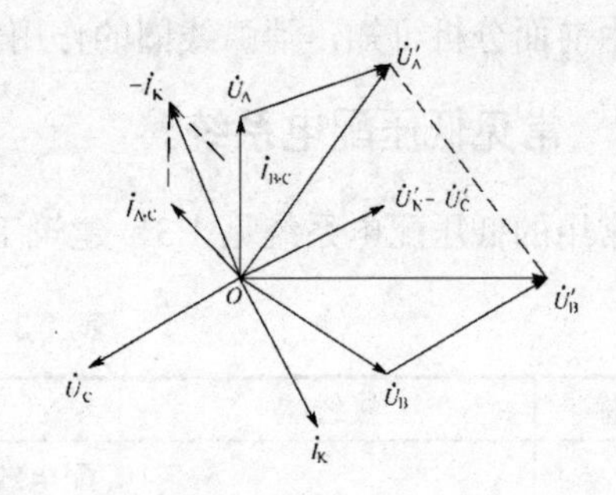
图1.9 相量图

3. 中性点经消弧线圈接地方式

如图1.10所示，当系统发生单相接地短路故障时（如C相），C相对地短路电流为$\dot{I}_{\rm K}$，流过消弧线圈的电流为$\dot{I}_{\rm L}$，则

$$\dot{I}_{\rm K}+\dot{I}'_{\rm A\cdot C}+\dot{I}'_{\rm B\cdot C}-\dot{I}_{\rm L}=0$$

因此 $\dot{I}_{\rm K}=\dot{I}_{\rm L}-(\dot{I}'_{\rm A\cdot C}+\dot{I}'_{\rm B\cdot C})$

由上式关系可知，单相接地短路电流是电感电流与其他两相对地电容电流之差，选择适当大小消弧线圈电感L，可使$\dot{I}_{\rm K}$值减小。开关动作可将短路故障部分切除。

中性点采用经消弧线圈接地方式，就是在系统发生单相接地故障时，消弧线圈产生的电感电流补偿单相接地电容电流，以使通过接地点电流减少能自动灭弧。消弧线圈接地，在技术上它不仅拥有了中性点不接地系统的所有优点，而且还避免了单相故障可能发展为两相或多相故障，产生过电压损坏电气设备绝缘和烧毁电压互感器等危害。

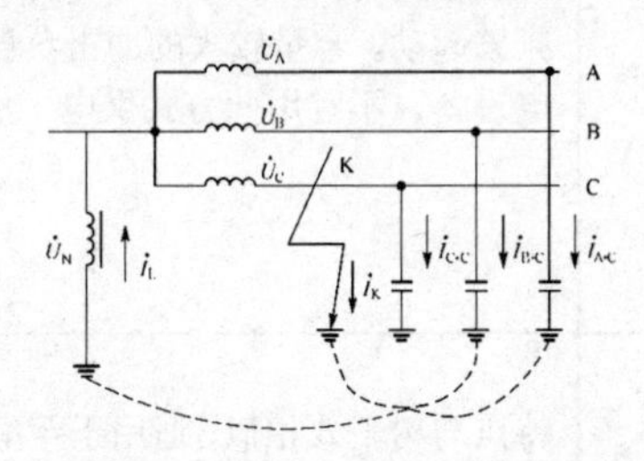
图1.10 中性点经消弧线圈接地系统单相接地

在各级电压网络中，当单相接地故障时，通过故障点的总的电容电流超过下列数值时，即应装设消弧线圈：

（1）对 3～6kV 电网　30A；

（2）10kV 电网　20A；

（3）22～66kV 电网　10A。

变压器中性点经消弧线圈接地的电网发生单相接地故障时，故障电流也很小，所以它也属于小接地电流系统。

由前面分析可知，消弧线圈的作用就是用电感电流来补偿流经接地点的电容电流。

1.3.2　常见低压配电系统

常用的低压配电系统见 1.3，建筑工程最常用的是放射式和树干式两种。

表 1.3　常用低压配电系统

名称	接线图	简要说明
放射式	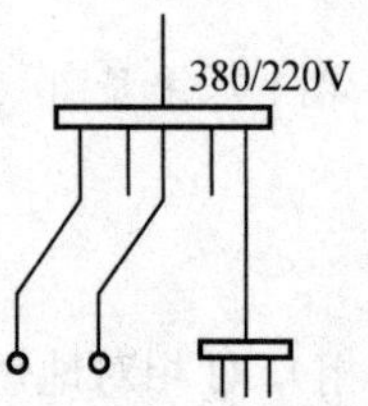 380/220V	配电线故障互不影响，供电可靠性较高，配电设备集中，检修比较方便，但系统灵活性较差，有色金属消耗较多。一般在下列情况下采用： （1）容量大，负载集中或重要的用电设备。 （2）需要集中连锁起动、停车的设备。 （3）有腐蚀性介质和爆炸危险等场所不宜将配电及保护起动设备放在现场者
树干式	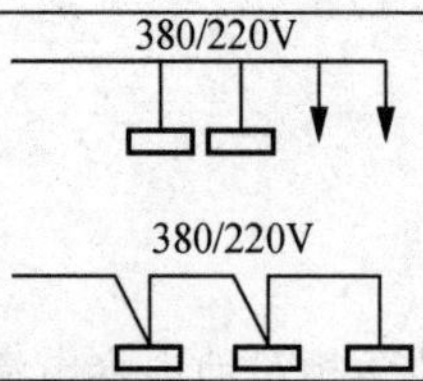 380/220V 380/220V	配电设备及有色金属消耗较少，系统灵活性好，但干线发生故障时影响范围大，一般用于用电设备的布置比较均匀、容量不大又无特殊要求的场合
变压器干线式	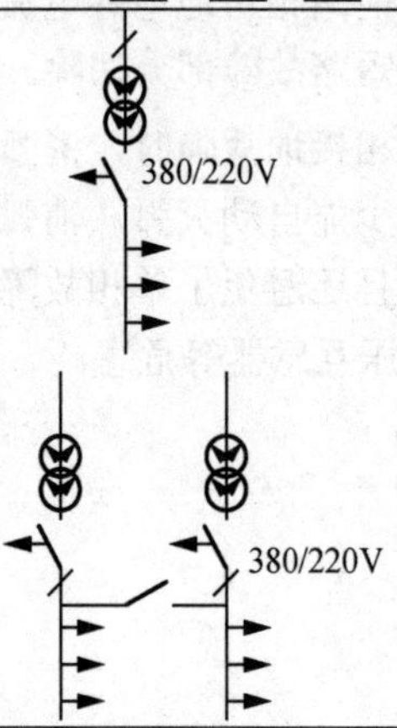 380/220V 380/220V	除了具有树干式系统的优点外，接线更简单，能大量减少低压配电设备。 为了提高母干线的供电可靠性，应适当减少接出的分支回路数，一般不超过 10 个。 频繁起动、容量较大的冲击负载，以及对电压质量要求严格的用电设备，不宜用此方式供电
链式	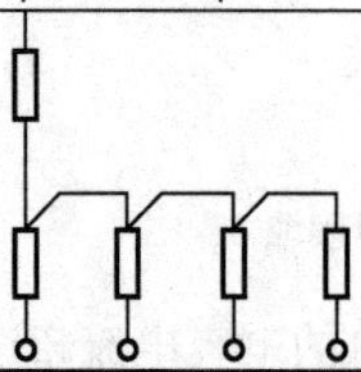	特点与树干式相似，适用于距配电屏较远而彼此相距又较近的不重要的小容量用电设备。 链接的设备一般不超过 3 台或 4 台

2 项目 电力负荷及短路电流的计算

任务 2.1 电力负荷及其计算

2.1.1 电力负荷概述

电力负荷按用途的不同分为有照明负荷和动力负荷，前者为单相负荷，在三相系统中很难达到平衡；后者一般可视为平衡负荷。电力负荷按行业分为工业负荷、非工业负荷和居民生活负荷等。工厂用电设备，按其工作制（duty-type）可分以下 3 类。

（1）连续运行工作制（continuous running duty-type）是指工作时间较长，连续运行的用电设备，绝大多数用电设备都属于此类工作制。即这类工作制的设备在恒定负荷下运行，且运行时间长到足以使之达到热平衡状态，如通风机、水泵、空气压缩机、电动机发电机组、电炉和照明灯等。机床电动机的负荷，一般变动较大，但其主电动机一般也是连续运行的。

（2）短时运行工作制（short-time duty-type）是指工作时间很短，停歇时间相当长的用电设备的工作制。这类工作制的设备在恒定负荷下运行的时间短（短于达到热平衡所需的时间），而停歇时间长（长到足以使设备温度冷却到周围介质的温度），如机床上的某些辅助电动机、控制闸门的电动机等。这类设备的数量很少，求计算负荷一般不考虑短时运行工作制的用电设备。

（3）断续周期工作制（intermittent periodic duty-type）是指有规律的，时而工作，时而停 歇，反复运行的用电设备的工作制，其工作周期一般不超过 10min，无论工作或停歇，均不足以使设备达到热平衡。如电焊机和吊车电动机、电焊用变压器等。

断续周期工作制的设备，可用“负荷持续率”（duty cycle，又称暂载率）来表示其工作特征。负荷持续率为一个工作周期内工作时间与工作周期的百分比值，用ε表示，即

$$\varepsilon \overset{\text{def}}{=\!=} \frac{t}{T}\times 100\% = \frac{t}{t+t_0}\times 100\% \tag{2-1}$$

式中 T——工作周期；

t——工作周期内的工作时间；

t_0——工作周期内的停歇时间。

断续周期工作制设备的额定容量（铭牌功率）P_N，是对应于某一标称负荷持续率 ε_N 的。如果实际运行的负荷持续率 $\varepsilon \neq \varepsilon_N$，则实际容量 P_e 应按同一周期内等效发热条件进行换算。由于电流 I 通过电阻 R 的设备在时间 t 内产生的热量为，因此在设备产生相同热量的条件下，$I \propto 1/\sqrt{t}$；而在同一电压下，设备容量 $P \propto I$；又由式（2-1）知，同一周期 T 的负荷持续率 $\varepsilon \propto t$。因此 $P \propto 1/\sqrt{\varepsilon}$，即设备容量与负荷持续率的平方根值成反比。由此可知，如果设备在 ε_N 下的容量为 P_N，则换算到实际 ε 下的容量 P_e 为

$$P_e = P_N\sqrt{\frac{\varepsilon_N}{\varepsilon}} \tag{2-2}$$

2.1.2 电力负荷计算

求计算负荷的工作称为负荷计算。计算负荷是根据已知的用电设备安装容量确定的、预期不变的最大假想负荷。这个负荷是设计时作为选择供配电系统供电线路的导线截面、变压器容量、开关电器及互感器等的额定参数的依据，所以非常重要。电力负荷（electric power load）又称电力负载，有两种含义：一种是指耗用电能的用电设备或用户，如说重要负荷、一般负荷、动力负荷、照明负荷等；另一种是指用电设备或用户耗用的功率或电流大小，如说轻负荷（轻载）、重负荷（重载）、空负荷（空载）、满负荷（满载）等。电力负荷的具体含义视具体情况而定。

1. 负荷曲线

负荷曲线（load curve）是表征电力负荷随时间变动情况的一种图形，它反映了用户用电的特点和规律。负荷曲线绘制在直角坐标系上，纵坐标表示负荷（有功功率或无功功率），横坐标表示对应的时间（一般以小时为单位）。

负荷曲线按负荷对象分，有工厂的、车间的或某类设备的负荷曲线。按负荷性质分，有有功和无功负荷曲线。按所表示的负荷变动时间分，有年的、月的、日的或工作班的负荷曲线。

1）日负荷曲线

日负荷曲线表示负荷在一昼夜间（0～24h）的变化情况，图 2.1 是一班制工厂的日有功负荷曲线。

日负荷曲线可用测量的方法绘制。绘制方法如下。

（1）以某个检测点为参考点，在 24h 中各个时刻记录有功功率表的读数，逐点绘制而成折线形状，称折线形负荷曲线，见图 2.1（a）；

（2）通过接在供电线路上的电度表，每隔一定的时间间隔（一般为半小时）将其读数记录下来，求出半小时的平均功率，再依次将这些点画在坐标上，把这些点连成阶梯状的成梯形的负荷曲线，如图 2.1（b）所示。

为便于计算，负荷曲线多绘成梯形，横坐标一般按半小时分格，以便确定“半小时最大负荷”（将在后面介绍）。当然，其时间间隔取得越短，曲线越能反映负荷的实际变化情况。日负荷曲线与横坐标所包围的面积代表全日所消耗的电能。

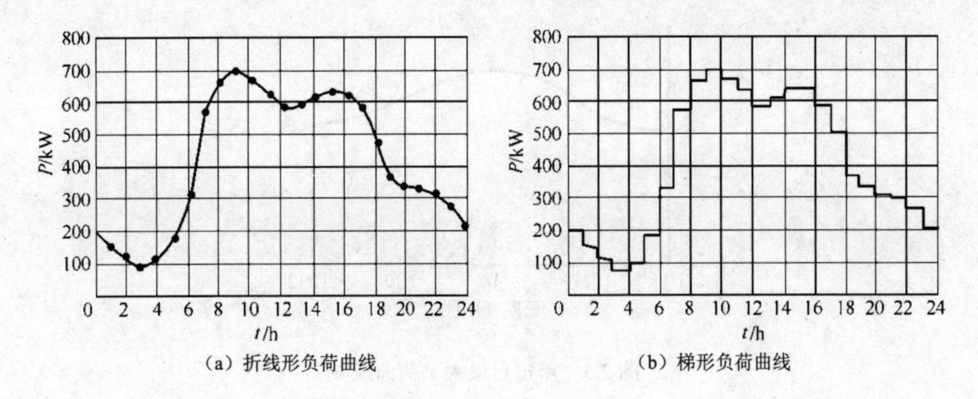

（a）折线形负荷曲线　（b）梯形负荷曲线

图 2.1　日有功负荷曲线

2）年负荷曲线

年负荷曲线，通常绘成负荷持续时间曲线（load duration curve），按负荷大小依次排列，如图 2.2（c）所示，全年按 8760h 计。

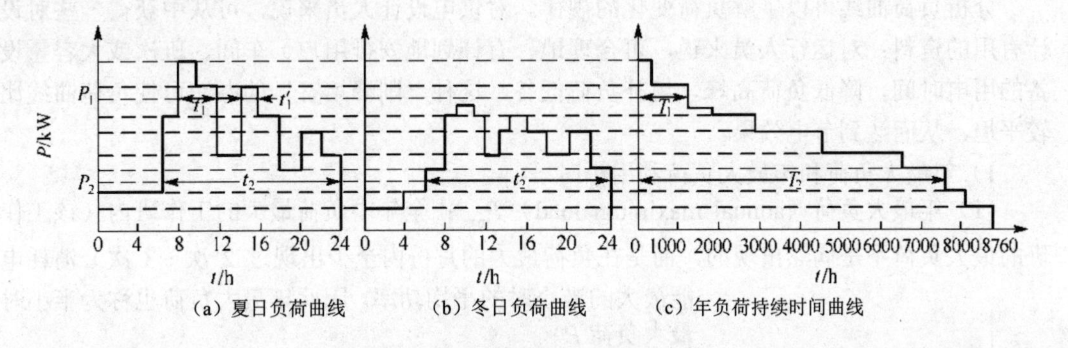

（a）夏日负荷曲线　（b）冬日负荷曲线　（c）年负荷持续时间曲线

图 2.2　年负荷持续时间曲线的绘制

上述年负荷曲线，根据其一年中具有代表性的夏日负荷曲线（图 2.2（a）所示）和冬日负荷曲线（图 2.2（b）所示）来绘制。其夏日和冬日在全年中所占的天数，应视当地的地理位置和气温情况而定。例如在我国北方，可近似地认为夏日 165 天，冬日 200 天；而在我国南方，则可近似地认为夏日 200 天，冬日 165 天。假设绘制南方某厂的年负荷曲线（图 2.2（c）所示），其中 P_1 在年负荷曲线上所占的时间 $T_1 = 200(t_1 + t_1')$，P_2 在年负荷曲线上所占的时间　$T_2 = 200t_2 + 165t_2'$，其余类推。

年负荷曲线的另一种形式，是按全年每日的最大负荷（通常取每日最大负荷的半小时平均值）绘制的，称为年每日最大负荷曲线，如图 2.7 所示。横坐标依次以全年 12 个月的日期来分格。这种年最大负荷曲线，可以用来确定拥有多台电力变压器的变电所在一年内的不同时期宜于投入几台运行，即所谓经济运行方式，以降低电能损耗，提高供电系统的经济效益。

从各种负荷曲线上，可以直观地了解电力负荷变动的情况。通过对负荷曲线的分析，可以更深入地掌握负荷变动的规律，并可从中获得一些对设计和运行有用的资料。因此了解负荷曲线对于从事供配电系统设计和运行的人员来说，都是很必要的。

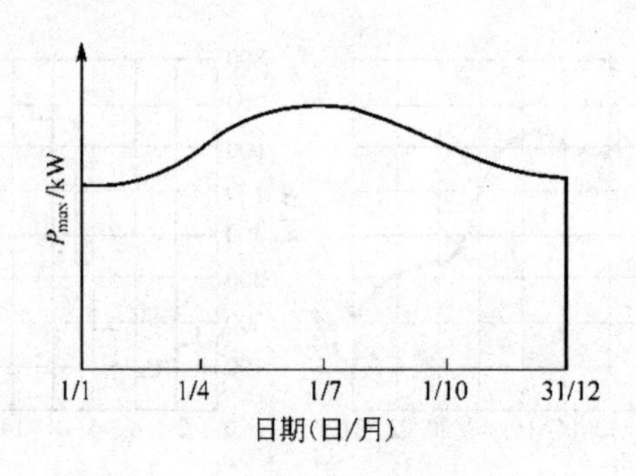

图 2.3　年每日最大负荷曲线

注意：日负荷曲线是按时间的先后绘制，而年负荷曲线是按负荷的大小和累积时间绘制的。

2. 与负荷曲线和负荷计算有关的物理量

分析负荷曲线可以了解负荷变化的规律。对供电设计人员来说，可从中获得一些对设计有用的资料；对运行人员来说，可合理地、有计划地安排用户、车间、班次或大容量设备的用电时间，降低负荷高峰，填补负荷低谷，这种“削峰填谷”的办法可使负荷曲线比较平坦，从而达到节电效果。

1）年最大负荷和年最大负荷利用小时

（1）年最大负荷（annual maximum load）P_{max}：全年中负荷最大的工作班内（该工作班的最大负荷不是偶然出现的，而是在负荷最大的月份内至少出现过 2 次～3 次）消耗电能最大的半小时的平均功率。因此年最大负荷也称为半小时最大负荷 P_{30}。

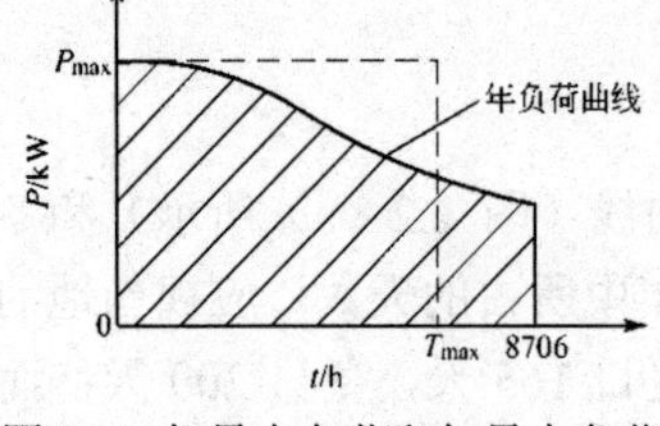

图 2.4　年最大负荷和年最大负荷利用小时

（2）年最大负荷利用小时（utilization hours of annual maximum load）T_{max}：假设电力负荷按年最大负荷 P_{max}（或 P_{30}）持续运行时，在 T_{max} 时间内电力负荷所消耗的电能恰好等于该电力负荷全年实际消耗的电能，如图 2.4 所示。因此，年最大负荷利用小时 T_{max} 是一个假想时间。

年最大负荷利用小时的计算公式为

$$T_{max} \stackrel{\text{def}}{=} \frac{W_a}{P_{max}} \tag{2-3}$$

式中　W_a——年实际消耗的电能量。

年最大负荷利用小时是反映电力负荷特征的一个重要参数，与工厂的生产班制有明显的关系。例如一班制工厂，T_{max} ≈1800h～3000h；两班制工厂，T_{max} ≈3500h～4800h；三班制工厂，T_{max} ≈5000h～7000h。

2）平均负荷和负荷系数

（1）平均负荷（average load）P_{av}：电力负荷在一定时间 t 内平均消耗的功率，也就是电力负荷在该时间 t 内消耗的电能 W_t 除以时间 t 的值，即

$$P_{av} \stackrel{def}{=} \frac{W_t}{t} \tag{2-4}$$

年平均负荷 P_{av} 的说明如图 2.5 所示。年平均负荷 P_{av} 的横线与两坐标轴所包围的矩形截面恰等于年负荷曲线与两坐标轴所包围的面积 W_a，即年平均负荷 P_{av} 为

$$P_{av} \stackrel{def}{=} \frac{W_a}{8760h} \tag{2-5}$$

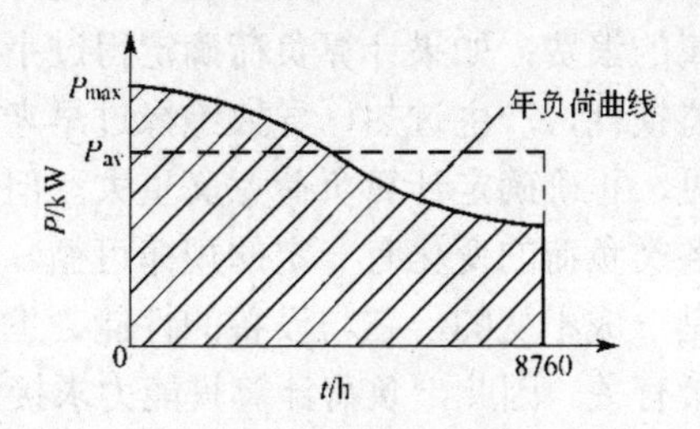

图 2.5　年平均负荷

（2）负荷系数（load coefficient）K_L：用电负荷的平均负荷 P_{av} 与其最大负荷 P_{max} 的比值，即

$$K_L \stackrel{def}{=} \frac{P_{av}}{P_{max}} \tag{2-6}$$

对负荷曲线来说，负荷系数亦称负荷曲线填充系数，它表征负荷曲线不平坦的程度，即表征负荷起伏变动的程度。从充分发挥供电设备的能力、提高供电效率来说，希望此系数越高越趋近于 1 越好。从发挥整个电力系统的效能来说，应尽量使不平坦的负荷曲线“削峰填谷”，提高负荷系数。

对用电设备来说，负荷系数就是设备的输出功率 P 与设备额定容量 P_N 的比值，即

$$K_L \stackrel{def}{=} \frac{P}{P_N} \tag{2-7}$$

负荷系数通常以百分值表示。负荷系数（负荷率）的符号有时用 β 表示；有的情况下有功负荷率用 α、无功负荷率用 β 表示。

3. 负荷的计算方法

1）概述

供电系统要能安全可靠地正常运行，其中各个元器件（包括电力变压器、开关设备及导线、电缆等）都必须选择得当，除了应满足工作电压和频率的要求，最重要的就是要满足负荷电流的要求。因此有必要对供电系统中各个环节的电力负荷进行统计计算。

通过负荷的统计计算求出的、用来按发热条件选择供电系统中各元件的负荷值，称为计算负荷（calculated load）。根据计算负荷选择的电气设备和导线电缆，如果以计算负荷连续运行，其发热温度不会超过允许值。

由于导体通过电流达到稳定温升的时间需 $3\tau \sim 4\tau$，τ 为发热时间常数。截面在 $16mm^2$ 及以上的导体，其 $\tau \geqslant 10$ min，因此载流导体大约经 30 min 后可达到稳定温升值。由此可见，计算负荷实际上与从负荷曲线上查得的半小时最大负荷 P_{30}（亦即年最大负荷 P_{max}）是

基本相当的。所以计算负荷也可以认为就是半小时最大负荷。本来有功计算负荷可表示为P_c，无功计算负荷可表示为Q_c，计算电流可表示为I_c，但考虑到“计算”的符号 c 易与“电容”的符号 C 相混淆，因此大多数供电类书籍都借用半小时最大负荷P_{30}来表示有功计算负荷，无功计算负荷、视在计算负荷和计算电流相应地表示为Q_{30}、S_{30}和I_{30}。

计算负荷是供电设计计算的基本依据。计算负荷确定得是否正确合理，直接影响到电器和导线电缆的选择是否经济合理。如果计算负荷确定得过大，将使电器和导线电缆选得过大，造成投资和有色金属的浪费；如果计算负荷确定得过小，又将使电器和导线电缆处于过负荷下运行，增加电能损耗，产生过热，导致绝缘过早老化甚至燃烧引起火灾，同样会造成更大损失。由此可见，正确确定计算负荷意义重大。但是，负荷情况复杂，影响计算负荷的因素很多，虽然各类负荷的变化有一定的规律可循，但仍难准确确定计算负荷的大小。实际上，负荷也不是一成不变的，它与设备的性能、生产的组织、生产者的技能及能源供应的状况等多种因素有关。因此，负荷计算只能力求接近实际。

我国目前普遍采用的确定用电设备计算负荷的方法，有需要系数法和二项式法。需要系数法是国际上普遍采用的确定计算负荷的基本方法，最为简便。二项式法的应用局限性较大，但在确定设备台数较少而容量差别悬殊的分支干线的计算负荷时，较之需要系数法合理，且计算也较简便。本书只介绍这两种计算方法。关于以概率论为理论基础而提出的取代二项式法的利用系数法，由于其计算比较烦琐而未得到普遍应用，此略。

2）按需要系数法确定计算负荷

（1）基本公式。用电设备组的计算负荷，是指用电设备组从供电系统中取用的半小时最大负荷P_{30}，如图 2.6 所示。用电设备组的设备容量P_e，是指用电设备组所有设备（不含备用的设备）的额定容量P_N之和，即$P_e=\sum P_N$。而设备的额定容量P_N，是设备在额定条件下的最大输出功率（出力）。但是用电设备组的设备实际上不一定都同时运行，运行的设备也不太可能都满负荷，同时设备本身有功率损耗，因此用电设备组的有功计算负荷应为

$$P_{30}=\frac{K_{\Sigma}K_{L}}{\eta_{e}\eta_{WL}}P_{e} \tag{2-8}$$

式中 K_{Σ}——设备组的同时系数，即设备组在最大负荷时运行的设备容量与全部设备容量之比；

K_L——设备组的负荷系数，即设备组在最大负荷时输出功率与运行的设备容量之比；

η_e——设备组的平均效率，即设备组在最大负荷时输出功率与取用功率之比；

η_{WL}——配电线路的平均效率，即配电线路在最大负荷时的末端功率（亦即设备组取用功率）与首端功率（亦即计算负荷）之比。

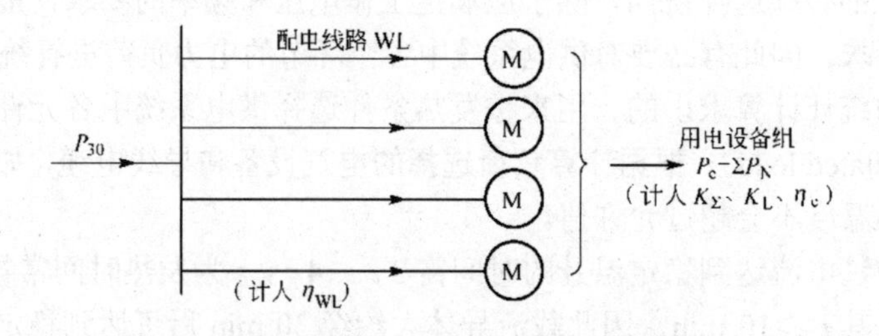

图 2.6 用电设备组的计算负荷说明

令式（2-8）中的$\dfrac{K_{\Sigma}K_{L}}{\eta_{e}\eta_{WL}}=K_{d}$，这里的$K_d$称为需要系数（demand coefficient）。可知需要系数的定义式为

$$K_{d}\overset{\text{def}}{=}\frac{P_{30}}{P_{e}} \tag{2-9}$$

即用电设备组的需要系数，为用电设备组的半小时最大负荷与其设备容量的比值。由此，可得按需要系数法确定三相用电设备组有功计算负荷的基本公式为

$$P_{30}=K_{d}P_{e} \tag{2-10}$$

实际上，需要系数K_d不仅与用电设备组的工作性质、设备台数、设备效率和线路损耗等因素有关，而且与操作人员的技能和生产组等多种因素有关，因此应尽可能地通过实测分析确定，使之尽量接近实际。

表 2.1 列出了工厂各种用电设备组的需要系数值，供参考。

表 2.1　用电设备组的需要系数、二项式系数及功率因数

用电设备组名称	需要系数 K_d	二项式系数		最大容量设备台数	$\cos\varphi$	$\tan\varphi$
		b	c	x ①		
小批量生产的金属冷加工机床电动机	0.16～0.2	0.14	0.4	5	0.5	1.73
大批量生产的金属冷加工机床电动机	0.18～0.25	0.14	0.5	5	0.5	1.73
小批量生产的金属热加工机床电动机	0.25～0.3	0.24	0.4	5	0.6	1.33
大批量生产的金属热加工机床电动机	0.3～0.35	0.26	0.5	5	0.65	0.17
通风机、水泵、空压机及电动发电机组电动机	0.7～0.8	0.65	0.25	5	0.8	0.75
非连锁的连续运输机械及铸造车间整砂机械	0.5～0.6	0.4	0.4	5	0.75	0.88
连锁的连续运输机械及铸造车间整砂　机械	0.65～0.7	0.6	0.2	5	0.75	0.88
锅炉房和机加工、机修、装配等类车间的吊车（ε=25%）	0.1～0.15	0.06	0.2	3	0.5	1.73
铸造车间的吊车（ε=25%）	0.15～0.25	0.09	0.3	3	0.5	1.73
自动连续装料的电阻炉设备	0.75～0.8	0.7	0.3	2	0.95	0.33
实验室用的小型电热设备（电阻炉、干燥箱等）	0.7	0.7	0	—	1.0	0
工频感应电炉（未带无功补偿设备）	0.8	—	—	—	0.35	2.68
高频感应电炉（未带无功补偿设备）	0.8	—	—	—	0.6	1.33
电弧熔炉	0.9	—	—	—	0.87	0.57
点焊机、缝焊机	0.35	—	—	—	0.6	1.33
对焊机、铆钉加热机	0.35	—	—	—	0.7	1.02
自动弧焊变压器	0.5	—	—	—	0.4	2.29
单头手动弧焊变压器	0.35	—	—	—	0.35	2.68
多头手动弧焊变压器	0.4	—	—	—	0.35	2.68

续表

用电设备组名称	需要系数 K_d	二项式系数		最大容量设备台数 x ①	$\cos\varphi$	$\tan\varphi$
		b	c			
单头弧焊电动发电机组	0.35	—	—	—	0.6	1.33
多头弧焊电动发电机组	0.7	—	—	—	0.75	0.88
生产厂房及办公室、阅览室、实验室照明	0.8～1	—	—	—	1.0	0
变配电所、仓库照明②	0.5～0.7	—	—	—	1.0	0
宿舍（生活区）照明②	0.6～0.8	—	—	—	1.0	0
室外照明、应急照明②	1	—	—	—	1.0	0

注：（1）如果用电设备组的设备总台数 $n < 2x$，则取 $n = x/2$，且按“四舍五入”的修约规则取其整数。

（2）这里的 $\cos\varphi$ 和 $\tan\varphi$ 的值均为白炽灯照明的数值。如为荧光灯照明，则取 $\cos\varphi$ =0.9，$\tan\varphi$ =0.48；如为高压汞灯或钠灯照明，则取 $\cos\varphi$ =0.5，$\tan\varphi$ =1.73。

必须注意：表 2.1 所列需要系数值是按车间范围内设备台数较多的情况来确定的，所以需要系数值一般都比较低，例如冷加工机床组的需要系数值平均只有 0.2 左右。因此需要系数法较适用于确定车间的计算负荷。如果采用需要系数法来计算分支干线上用电设备组的计算负荷，则表 2.1 中的需要系数值往往偏小，宜适当取大。只有 1 台～2 台设备时，可认为 K_d =1，即 $P_{30} = P_e$。对于电动机，由于它本身功率损耗较大，因此当只有一台电动机时，其 $P_{30} = P_N/\eta$，这里 P_N 为电动机额定容量，η 为电动机效率。在 K_d 适当取大的同时，$\cos\varphi$ 也宜适当取大。

这里还要指出：需要系数值与用电设备的类别和工作状态关系极大，因此在计算时，首先要正确判明用电设备的类别和工作状态，否则将造成错误。例如机修车间的金属切削机床电动机，应属小批量生产的冷加工机床电动机，因为金属切削就是冷加工，而机修不可能是大批量生产；压塑机、拉丝机和锻锤等，应属热加工机床；起重机、行车、电动葫芦等，均属吊车类。

在求出有功计算负荷 P_{30} 后，可按下列各式分别求出其余的计算负荷。

无功计算负荷为

$$Q_{30} = P_{30}\tan\varphi \tag{2-11}$$

式中 $\tan\varphi$——对应于用电设备组 $\cos\varphi$ 的正切值。

视在计算负荷为

$$S_{30} = \frac{P_{30}}{\cos\varphi} \tag{2-12}$$

式中 $\cos\varphi$——用电设备组的平均功率因数。

计算电流为

$$I_{30} = \frac{S_{30}}{\sqrt{3}U_N} \tag{2-13}$$

式中 U_N——用电设备组的额定电压。

如果为一台三相电动机，则其计算电流应取为其额定电流，即

$$I_{30} = I_{\mathrm{N}} = \frac{P_{\mathrm{N}}}{\sqrt{3}U_{\mathrm{N}}\cos\varphi} \tag{2-14}$$

负荷计算中常用的单位：有功功率为“千瓦”（kW），无功功率为“千乏”（kvar），视在功率为“千伏安”（kV·A），电流为“安”（A），电压为“千伏”（kV）。

【例 2.1】 已知某机修车间的金属切削机床组，拥有 380V 的三相电动机 7.5kW 3 台，4kW 8 台，3kW 17 台，1.5kW 10 台。试求其计算负荷。

解：此机床组电动机的总容量为

$$P_{\mathrm{e}}=7.5\mathrm{kW}\times3+4\mathrm{kW}\times8+3\mathrm{kW}\times17+1.5\mathrm{kW}\times10=120.5\mathrm{kW}$$

查表 2.1 中“小批量生产的金属冷加工机床电动机”项，得 $K_{\mathrm{d}}=0.16\sim0.2$（取 0.2），$\cos\varphi=0.5$，$\tan\varphi=1.73$。因此可求得：

有功计算负荷 $P_{30}=0.2\times120.5\mathrm{kW}=24.1\mathrm{kW}$；

无功计算负荷 $Q_{30}=24.1\mathrm{kW}\times1.73=41.7\mathrm{kvar}$；

视在计算负荷 $S_{30}=24.1\mathrm{kW}/0.5=48.2\mathrm{kV\cdot A}$；

计算电流 $I_{30}=48.2\mathrm{kV\cdot A}/(\sqrt{3}\times0.38\mathrm{kV})=73.2\mathrm{A}$。

（2）设备容量的计算。需要系数法基本公式 $P_{30}=K_{\mathrm{d}}P_{\mathrm{e}}$ 中的设备容量 P_{e}，不含备用设备的容量，而且要注意，此容量的计算与用电设备组的工作制有关。

① 对一般连续工作制和短时工作制的用电设备组，设备容量是所有设备的铭牌额定容量之和。

② 对断续周期工作制的用电设备组，设备容量是将所有设备在不同负荷持续率下的铭牌额定容量换算到一个规定的负荷持续率下的容量之和。容量换算的公式如式（2-2）所示。断续周期工作制的用电设备常用的有电焊机和吊车电动机，各自的换算要求如下：

（a）电焊机组。要求容量统一换算到 $\varepsilon=100\%$（电焊机的铭牌负荷持续率有 20%、40%、50%、60%、75%、100%等多种，而 $\varepsilon=100\%$时，$\sqrt{\varepsilon}=1$，换算最为简便，因此规定其设备容量统一换算至 $\varepsilon=100\%$；表 2.2 中电焊机的需要系数及其他系数也都是对应于 $\varepsilon=100\%$ 的），因此由式（2-2）可得换算后的设备容量为

$$P_{\mathrm{e}} = P_{\mathrm{N}}\sqrt{\frac{\varepsilon_{\mathrm{N}}}{\varepsilon_{100}}} = S_{\mathrm{N}}\cos\varphi\sqrt{\frac{\varepsilon_{\mathrm{N}}}{\varepsilon_{100}}}$$

即

$$P_{\mathrm{e}} = P_{\mathrm{N}}\sqrt{\varepsilon_{\mathrm{N}}} = S_{\mathrm{N}}\cos\varphi\sqrt{\varepsilon_{\mathrm{N}}} \tag{2-15}$$

式中 P_{N}、S_{N}——为电焊机的铭牌容量（前者为有功功率，后者为视在功率）；

ε_{N}——与铭牌容量对应的负荷持续率（计算中用小数）；

ε_{100}——其值等于 100%的负荷持续率（计算中用 1）；

$\cos\varphi$——铭牌规定的功率因数。

（b）吊车电动机组。要求容量统一换算到 $\varepsilon=25\%$（吊车即起重机的铭牌负荷持续率有 15%、25%、40%、60%等，而 $\varepsilon=25\%$时，$\sqrt{\varepsilon}=0.5$，对其换算相对较为简便，因此规定其设备容量统一换算至 $\varepsilon=25\%$；表 2.2 中吊车组的需要系数及其他系数也都是对应于 $\varepsilon=25\%$ 的），因此由式（2-2）可得换算后的设备容量为

$$P_e = P_N\sqrt{\frac{\varepsilon_N}{\varepsilon_{25}}} = 2P_e\sqrt{\varepsilon_N} \tag{2-16}$$

式中 P_N——吊车电动机的铭牌容量；

ε_N——与铭牌容量对应的负荷持续率（计算中用小数）；

ε_{25}——其值等于25%的负荷持续率（计算中用0.25）。

（3）多组用电设备计算负荷的确定。确定拥有多组用电设备的干线上或车间变电所低压母线上的计算负荷时，应考虑各组用电设备的最大负荷不同时出现的因素。因此在确定多组用电设备的计算负荷时，应结合具体情况对其有功负荷和无功负荷分别计入一个同时系数（又称参差系数或综合系数）$K_{\Sigma p}$和$K_{\Sigma q}$，其取值如下所述。

对车间干线，取

$$K_{\Sigma p}=0.85\sim0.95$$
$$K_{\Sigma q}=0.90\sim0.97$$

对低压母线，分两种情况：

① 由用电设备组计算负荷直接相加来计算时，取

$$K_{\Sigma p}=0.80\sim0.90$$
$$K_{\Sigma q}=0.85\sim0.95$$

② 由车间干线计算负荷直接相加来计算时，取

$$K_{\Sigma p}=0.90\sim0.95$$
$$K_{\Sigma q}=0.93\sim0.97$$

总的有功计算负荷为

$$P_{30} = K_{\Sigma p}\sum P_{30.i} \tag{2-17}$$

总的无功计算负荷为

$$Q_{30} = K_{\Sigma q}\sum Q_{30.i} \tag{2-18}$$

以上两式中的$\sum P_{30.i}$和$\sum Q_{30.i}$分别为各组设备的有功和无功计算负荷之和。

总的视在计算负荷为

$$S_{30} = \sqrt{P_{30}^2 + Q_{30}^2} \tag{2-19}$$

总的计算电流为

$$I_{30} = \frac{S_{30}}{\sqrt{3}U_N} \tag{2-20}$$

注意：由于各组设备的功率因数不一定相同，因此总的视在计算负荷和计算电流一般不能用各组的视在计算负荷或计算电流之和来计算，总的视在计算负荷也不能按式（2-12）计算。

【例2.2】 某机修车间380V线路上，接有金属切削机床电动机20台共50kW（其中较大容量电动机有7.5kW 1台，4kW 3台，2.2kW 7台），通风机2台共3kW，电阻炉1台2kW。试确定此线路上的计算负荷。

解：先求各组的计算负荷。

（1）金属切削机床组。查表2.2，取K_d=0.2，$\cos\varphi$=0.5，$\tan\varphi$=1.73，故

$$P_{30(1)}=0.2\times50\text{kW}=10\text{kW}$$

$$Q_{30(1)}=10\text{kW}\times1.73=17.3\text{kvar}$$

（2）通风机组。查表 2.2，取 $K_d=0.8$，$\cos\varphi=0.8$，$\tan\varphi=0.75$，故

$$P_{30(2)}=0.8\times3\text{kW}=2.4\text{kW}$$

$$Q_{30(2)}=2.4\text{kW}\times0.75=1.8\text{kvar}$$

（3）电阻炉。 查表 2.2，取 $K_d=0.7$，$\cos\varphi=1$，$\tan\varphi=0$，故

$$P_{30(3)}=0.7\times2\text{kW}=1.4\text{kW}$$

$$Q_{30(3)}=0$$

因此总的计算负荷为（取 $K_{\Sigma p}=0.95$，$K_{\Sigma q}=0.97$）

$$P_{30}=0.95\times(10+2.4+1.4)\text{kW}\approx13.1\text{kW}$$

$$Q_{30}=0.97\times(17.3+1.8+0)\text{kW}\approx18.5\text{kvar}$$

$$S_{30}=\sqrt{13.1^2+18.5^2}\ \text{kV·A}\approx22.7\text{kV·A}$$

$$I_{30}=22.7\ \text{kV·A}/(\sqrt{3}\times0.38\ \text{kV})\approx34.5\text{A}$$

在实际工程设计说明书中，为了使人一目了然，便于审核，常采用计算表格的形式，如表 2.2 所示。

3）按二项式法确定计算负荷

（1）基本公式。二项式法的基本公式为

$$P_{30}=bP_e+cP_x \tag{2-21}$$

式中　bP_e（二项式第一项）——用电设备组的平均功率，其中 P_e 是用电设备组的总容量，其计算方法如前需要系数法所述；

cP_x（二项式第二项）——用电设备组中 x 台容量最大的设备投入运行时增加的附加负荷，其中 P_x 是 x 台最大容量的设备总容量；

b、c——二项式系数。

其余的计算负荷 Q_{30}、S_{30} 和 I_{30} 的计算与前述需要系数法的计算相同。

表 2.2　例 2.2 的电力负荷计算表（按需要系数法）

序号	用电设备组名称	台数 n	容量 P_e/kW	需要系数 K_d	$\cos\varphi$	$\tan\varphi$	计算负荷			
							P_{30}/kW	Q_{30}/kvar	S_{30}/kV·A	I_{30}/A
1	金属切削机车	20	50	0.2	0.5	1.73	10	17.3	—	—
2	通风机	2	3	0.8	0.8	0.75	2.4	1.8	—	—
3	电阻炉	1	2	0.7	1	0	1.4	0	—	—
车间总计		23	55	—			13.8	19.1	—	—
		取 $K_{\Sigma p}=0.95$，$K_{\Sigma q}=0.97$					13.1	18.5	22.7	34.5

表 2.2 中也列有部分用电设备组的二项式系数 b、c 和最大容量的设备台数 x 值，供参考。

但必须注意：按二项式法确定计算负荷时，如果设备总台数少于表 2.2 中规定的最大容量设备台数 x 的 2 倍，即 $n<2x$ 时，其最大容量设备台数 x 宜适当取小，建议取为 $n=2x$，且按“四舍五入”修约规则取整数。例如某机床电动机组只有 7 台时，则其=7/2≈4。

如果用电设备组只有 1 台～2 台设备时，则可认为$P_{30}=P_e$。对于单台电动机，则$P_{30}=P_N/\eta$，其中P_N为电动机额定容量，η为其额定效率。在设备台数较少时，$\cos\varphi$也宜适当取大。

由于二项式法不仅考虑了用电设备组最大负荷时的平均负荷，而且考虑了少数容量最大的设备投入运行时对总计算负荷的额外影响，所以二项式法比较适于确定设备台数较少而容量差别较大的低压干线和分支线的计算负荷。但是二项式计算系数b、c和x的值，缺乏充分的理论根据，且只有机械工业方面的部分数据，从而使其应用受到一定局限。

【例 2.3】 试用二项式法来确定例 2.1 所示机床组的计算负荷。

解：由表 2.1 查得b=0.14，c=0.4，x=5，$\cos\varphi$=0.5，$\tan\varphi$=1.73。而设备总容量为P_e=120.5kW（见例 2.1）。而x台最大容量的设备容量为

$$P_x=P_5=7.5\text{kW}\times3+4\text{kW}\times2=30.5\text{kW}$$

因此，按式（2-21）可求得其有功计算负荷为

$$P_{30}=0.14\times120.5\text{kW}+0.4\times30.5\text{kW}=29.1\text{kW}$$

按式（2-11）可求得其无功计算负荷为

$$Q_{30}=29.1\text{kW}\times1.73=50.3\text{kvar}$$

按式（2-12）可求得其视在计算负荷为

$$S_{30}=\frac{29.1\text{kW}}{0.5}=58.2\text{kV}\cdot\text{A}$$

按式（2-13）可求得其计算电流为

$$I_{30}=\frac{58.2\text{kV}\cdot\text{A}}{\sqrt{3}\times0.38\text{kV}}=88.4\text{A}$$

比较例 2.1 和例 2.3 的计算结果可以看出，按二项式法计算的结果比按需要系数法计算的结果稍大，特别是在设备台数较少的情况下。供电设计的经验说明，选择低压分支干线或支线时，按需要系数法计算的结果往往偏小，以采用二项式法计算为宜。我国建筑行业标准 JGJ/T16—1992《民用建筑电气设计规范》也规定：“用电设备台数较少，各台设备容量相差悬殊时，宜采用二项式法”。

（2）多组用电设备计算负荷的确定。采用二项式法确定多组用电设备总的计算负荷时，亦应考虑各组用电设备的最大负荷不同时出现的因素。但不是计入一个同时系数，而是在各组用电设备中取其中一组最大的附加负荷$(cP_x)_{\max}$，再加上各组的平均负荷bP_e，由此求得其总的有功计算负荷为

$$P_{30}=\sum(bP_e)_i+(cP_x)_{\max} \tag{2-22}$$

总的无功计算负荷为

$$Q_{30}=\sum(bP_e\tan\varphi)_i+(cP_x)_{\max}\tan\varphi_{\max} \tag{2-23}$$

式中 $\tan\varphi_{\max}$——最大附加负荷$(cP_x)_{\max}$的设备组的平均功率因数角的正切值。

关于总的视在计算负荷S_{30}和总的计算电流I_{30}，仍分别按式（2-19）和式（2-20）计算。

为了简化和统一，按二项式法计算多组设备的计算负荷时，也不论各组设备台数多少，各组的计算系数b、c、x和$\cos\varphi$等，均按表 2.2 所列数值。

【例 2.4】 试用二项式法确定例 2.2 所述机修车间 380V 线路的计算负荷。

解：先求各组的bP_e和cP_x：

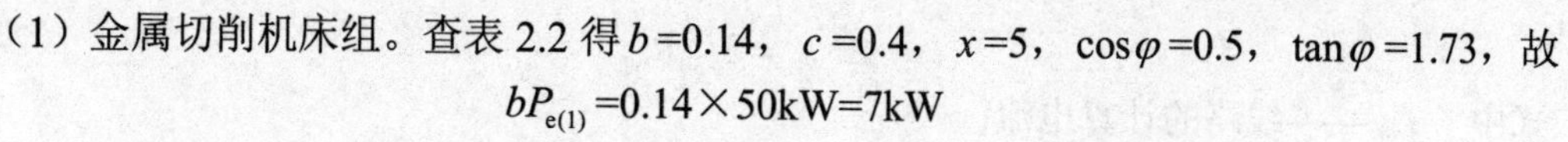

（1）金属切削机床组。查表 2.2 得 b=0.14，c=0.4，x=5，$\cos\varphi$=0.5，$\tan\varphi$=1.73，故

$$bP_{e(1)}=0.14\times50\text{kW}=7\text{kW}$$

$$cP_{x(1)}=0.4\times(7.5\text{kW}\times1+4\text{kW}\times3+2.2\text{kW}\times1)=8.68\text{kW}$$

（2）通风机组。查表 2.2 得 b=0.65，c=0.25，x=5，$\cos\varphi$=0.8，$\tan\varphi$=0.75，故

$$bP_{e(2)}=0.65\times3\text{kW}=1.95\text{kW}$$

$$cP_{x(2)}=0.25\times3\text{kW}=0.75\text{kW}$$

（3）电阻炉。查表 2.2 得 b=0.7，c=0，x=0，$\cos\varphi$=1，$\tan\varphi$=0，故

$$bP_{e(3)}=0.7\times2\text{kW}=1.4\text{kW}$$

$$cP_{x(3)}=0$$

以上各组设备中，附加负荷以 $cP_{x(1)}$ 为最大，因此总计算负荷为

$$P_{30}=(7+1.95+1.4)\text{kW}+8.68\text{kW}=19\text{kW}$$

$$Q_{30}=(7\times1.73+1.95\times0.75+0)\text{kvar}+8.68\times1.73\text{kvar}=28.6\text{kvar}$$

$$S_{30}=\sqrt{19^2+28.6^2}\ \text{kV·A}=34.3\text{kV·A}$$

$$I_{30}=34.3\text{kV·A}/(\sqrt{3}\times0.38\ \text{kV})=52.1\text{A}$$

按一般工程设计说明书要求，以上计算可列成表 2.3 所示电力负荷计算表。

表 2.3　例 2.4 的电力负荷计算表（按二项式法）

序号	用电设备组名称	设备台数		容量		二次项系数		$\cos\varphi$	$\tan\varphi$	计算负荷			
		总台数	最大容量台数	P_e /kW	P_x /kW	b	c			P_{30} /kW	Q_{30} /kvar	S_{30} /kV·A	I_{30} /A
1	切削机床	20	5	50	21.7	0.14	0.4	0.5	1.73	7+8.68	12.1+15.0	—	—
2	通风机	2	5	3	3	0.65	0.25	0.8	0.75	1.95+0.75	1.46+0.56	—	—
3	电阻炉	1	0	2	0	0.7	0	1	0	1.4	0	—	—
总　计		23	—	55	—	—	—	—	—	19	28.6	34.3	52.1

比较例 2.2 和例 2.4 的计算结果可以看出，按二项式法计算的结果较之按需要系数法计算的结果大得比较多，这也更为合理。

2.1.3　全厂电力负荷的确定

为了选择工厂变电站各种主要电气设备的规格型号，以及向供电部门提出用电容量申请，必须确定工厂总的计算负荷 S_{30} 和 I_{30}。在前述的内容中，我们已经用需要系数法或二项式系数法确定了单台设备、低压干线、车间低压母线的电力负荷，但要确定全厂的计算负荷，还要考虑线路和变压器的功率损耗，以及无功补偿。

1. 线路的功率损耗

线路的功率损耗包括有功和无功两大部分。

1）线路的有功功率损耗

有功功率损耗是电流通过线路电阻所产生的，按下式计算：

$$\Delta P_{WL}=3I_{30}^{2}R_{WL} \tag{2-24}$$

式中　I_{30}——线路的计算电流；

R_{WL}——线路每相的电阻，$R_{WL}=R_0 l$，其中l为线路长度，R_0为线路单位长度的电阻值，可查有关手册或产品样本。

2）线路的无功功率损耗

无功功率损耗是电流通过线路电抗所产生的，按下式计算：

$$\Delta Q_{WL}=3I_{30}^{2}X_{WL} \tag{2-25}$$

式中　I_{30}——线路的计算电流；

X_{WL}——线路每相的电抗。

电抗$X_{WL}=X_0 l$，其中l为线路长度，X_0为线路单位长度的电抗阻值，可查有关手册或产品样本。但是查架空线路的X_0值，不仅要根据导线截面，而且要根据导线之间的几何均距。所谓几何均距，是指三根线路各相导线之间距离的几何平均值。如图 2.7（a）所示A、B、C三相线路，其线间几何均距为

$$\alpha_{av}\overset{def}{=}\sqrt[3]{\alpha_1\alpha_2\alpha_3} \tag{2-26}$$

如导线为等边三角形排列（图 2.7（b）），则$\alpha_{av}=\alpha$；如导线为水平等距排列（图 2.7（c）），则$\alpha_{av}=\sqrt[3]{2}a=1.26\alpha$。

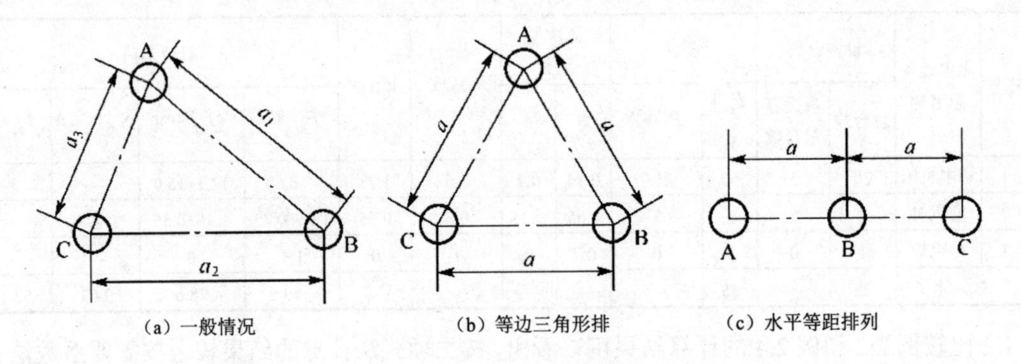

图 2.7　三相架空线路的线间距离

2. 线路的电能损耗计算

线路上全年的电能损耗是由于电流通过线路电阻产生的，可按下式计算：

$$\Delta W_{\alpha}=3I_{30}^{2}R_{WL}\tau \tag{2-27}$$

式中　I_{30}——通过线路的计算电流；

R_{WL}——线路每相的电阻；

τ——年最大负荷损耗小时。

年最大负荷损耗小时τ，是假设供配电系统元件（含线路）持续通过计算电流（即最大负荷电流）I_{30}时，在此时间τ内所产生的电能损耗恰与实际负荷电流全年在此元件（含线路）上产生的电能损耗相等。年最大负荷损耗小时τ与年最大负荷利用小时T_{max}有一定关系。

$$W_{\alpha}=P_{max}T_{max}=P_{av}\times 8760$$

在负荷 $\cos\varphi$ 及线路电压一定时，$P_{\max}=P_{30}\propto I_{30}$，$P_{\mathrm{av}}\propto I_{\mathrm{av}}$，因此

$$I_{30}T_{\max}=I_{\mathrm{av}}\times 8760$$

故

$$I_{\mathrm{av}}=\frac{I_{30}T_{\max}}{8760}$$

因此全年电能损耗为

$$\Delta W_{\alpha}=3I_{\mathrm{av}}^{2}R\times 8760=\frac{3I_{30}^{2}T_{\max}^{2}}{8760} \tag{2-28}$$

由式（2-27）和式（2-28）可得 τ 与 $T_{\max}$ 的关系：

$$\tau=\frac{T_{\max}^{2}}{8760} \tag{2-29}$$

不同 $\cos\varphi$ 的 τ - $T_{\max}$ 关系曲线，如图 2.8 所示。已知 $T_{\max}$ 和 $\cos\varphi$，可由相应的曲线查得 τ。

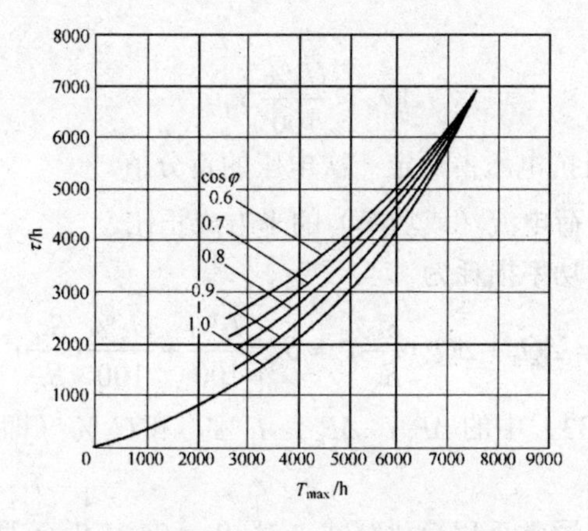

图 2.8　τ - $T_{\max}$ 关系曲线

3. 变压器的功率损耗计算

变压器的功率损耗也包括有功和无功两大部分。

1）变压器的有功功率损耗

变压器的有功功率损耗由两部分组成。

（1）铁芯中的有功功率损耗简称“铁损”。它在变压器一次绕组的外施电压和频率不变的条件下是固定不变的，与负荷无关。铁损可由变压器空载实验测定。变压器的空载损耗 ΔP_0 可认为就是铁损 ΔP_{Fe}，因为变压器的空载电流 I_0 很小，在一次绕组中产生的有功功率损耗可略去不计。

（2）一、二次绕组中的功率损耗俗称“铜损”。它与负荷电流（或功率）的平方成正比。铜损可由变压器短路实验测定。变压器的短路损耗（亦称负载损耗）ΔP_{k}。可认为就是铜损 ΔP_{Cu}，因为变压器二次侧短路时，一次侧的短路电压（亦称阻抗电压）U_{k} 很小，在铁芯中产生的有功功率损耗可略去不计。

因此，变压器的有功功率损耗为

$$\Delta P_T = \Delta P_{Fe} + \Delta P_{Cu}(\frac{S_{30}}{S_N})^2 \approx \Delta P_0 + \Delta P_k(\frac{S_{30}}{S_N})^2 \tag{2-30}$$

式中　S_N——变压器的额定容量；

S_{30}——变压器的计算负荷。

2）变压器的无功功率损耗

变压器的无功功率损耗也由两部分组成：

（1）用来产生磁通即励磁电流的一部分无功功率。它只与一次绕组电压有关，与负荷无关。它与励磁电流或近似地与空载电流成正比，即

$$\Delta Q_0 \approx \frac{I_0\%}{100} S_N \tag{2-31}$$

式中　$I_0\%$——变压器空载电流占额定一次电流的百分值。

（2）消耗在变压器一、二次绕组电抗上的无功功率。额定负荷下的这部分无功损耗用 ΔQ_N 表示。由于变压器的电抗远大于电阻，因此 ΔQ_N 近似地与阻抗电压（即短路电压）成正比，即

$$\Delta Q_N \approx \frac{U_z\%}{100} S_N \tag{2-32}$$

式中　$U_z\%$——变压器阻抗电压占额定一次电压的百分值。

这部分无功损耗与负荷电流（或功率）的平方成正比。

因此，变压器的无功功率损耗为

$$\Delta Q_T = \Delta Q_0 + \Delta Q_N(\frac{S_{30}}{S_N})^2 \approx S_N\left[\frac{I_0\%}{100} + \frac{U_z\%}{100}(\frac{S_{30}}{S_N})^2\right] \tag{2-33}$$

式（2-30）～式（2-33）中的 ΔP_0、ΔP_k、$I_0\%$、和 $U_z\%$（即 $U_k\%$）等均可从有关手册或产品样本中查得。

在电力负荷计算中，通常采用简化公式。对 S_7、SL_7、S_9 等型低损耗电力变压器的功率损耗，可采用下列简化公式计算。

有功功率损耗：
$$\Delta P_T \approx 0.015 S_{30} \tag{2-34}$$

无功功率损耗：
$$\Delta Q_T \approx 0.06 S_{30} \tag{2-35}$$

式中　S_{30}——变压器的计算负荷。

4. 变压器的电能损耗计算

变压器的电能损耗包括铁损和铜损两部分。

（1）全年的铁损 ΔP_{Fe} 产生的电能损耗：可近似地按其空载损耗 ΔP_0 计算，即

$$\Delta W_{\alpha(1)} = \Delta P_{Fe} \times 8760 \approx \Delta P_0 \times 8760 \tag{2-36}$$

（2）全年的铜损 ΔP_{Cu} 产生的电能损耗：与负荷电流平方成正比，即与变压器负荷率 β（即 S_{30}/S_N）成正比，可近似地按其短路损耗 ΔP_k 计算，即

$$\Delta W_{\alpha(2)} = \Delta P_{Cu}\beta^2\tau \approx \Delta P_k\beta^2\tau \tag{2-37}$$

由此可得变压器全年的电能损耗为

$$\Delta W_\alpha = \Delta W_{\alpha(1)} + \Delta W_{\alpha(2)} \approx \Delta P_0 \times 8760 + \Delta P_k\beta^2\tau \tag{2-38}$$

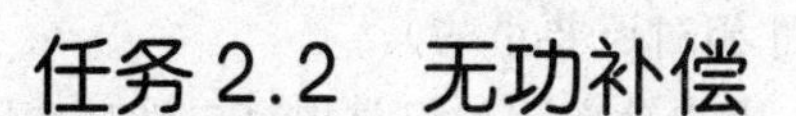

任务 2.2　无功补偿

工厂中由于有大量的感应电动机、电焊机、电弧炉及气体放电灯等感性负荷，还有感性变压器，从而使功率因数降低。如在充分发挥设备潜力、改善设备运行性能、提高自然功率因数的情况下，尚达不到规定的功率因数要求时，必须考虑进行无功功率的人工补偿。

无功功率的人工补偿有以下方法。

（1）提高自然功率因数。功率因数不满足要求时，首先应提高自然功率因数。自然功率因数是指未装设任何补偿装置的实际功率因数。提高自然功率因数，就是不添置任何补偿设备，采取科学措施减少用电设备无功功率的需要量，使供电系统总功率因数提高。它不需增加设备，是最理想最经济改善功率因数的方法。工厂里感应电动机消耗了工厂无功功率的 60%左右，变压器消耗了约 20%的无功功率，其余无功功率消耗在整流设备和各种感性负载上。提高工厂功率因数的主要途径是减少感应电动机和变压器上消耗的无功功率。

① 感应电动机产生的电磁转矩大小与电动机定子绕组两端的相电压的平方成正比例关系，但电压越高，感应电动机消耗的无功功率就越大，要提高电网功率因数，必须在保证产品质量的前提下，合理调整生产加工工艺过程，适量降低定子绕组相电压，减少电动机消耗的无功功率，达到改善功率因数的目的。

② 合理选择感应电动机的额定容量，避免大功率电动机拖动小负载运行，尽量使电动机运行在经济运行状态。因为感应电动机消耗的无功功率的大小与电动机的负载大小关系不大，一般感应电动机空载时消耗的无功功率约占额定运行时消耗的无功功率的 60%～80%，故一般选择电动机的额定功率为拖动负载的 1.3 倍左右。

③ 合理配置工厂配电变压器的容量和变压器的台数，是提高工厂功率因数的重要方法。工厂里的大用电设备不一定同时用电，但配电变压器所需的无功电流和基本铁耗与变压器负载的轻重关系不大。因此，当变压器容量选择过大而负荷又轻时，变压器运行很不经济，系统功率因数恶化。若工厂配电变压器选用两台或多台变压器并联供电（也可选一台变压器供电，其额定容量约为负荷的 1.6 倍左右），根据不同负荷来决定投入并联变压器的台数，达到供电变压器经济运行，减少系统消耗的无功功率。

④ 用大功率晶闸管取代交流接触器，可大量减少电网的无功功率负荷。晶闸管开关不需要无功功率，开关速度远比交流接触器快，并且无噪声，无火花，拖动可靠性增强。如钢厂有些生产机械要求每小时动作 1500 次～3000 次，使用交流接触器一星期就要损坏，改用晶闸管开关则寿命大大延长，维修工作量大大减少，促进了钢产量的增加（接触器的开断时间是毫秒级，晶闸管是微秒级）。

⑤ 在不要求调速的生产工艺过程，选用同步电动机代替感应电动机，采用晶闸管整流电源励磁，根据电网功率因数的高低自动调节同步电动机的励磁电流。当电网功率因数较低时，使同步电动机运行在过励状态，同步电动机向电网发送出无功功率，这是改善工厂

电网功率因数的一个最好方法（在转速较低的拖动系统中，低速同步电动机的价格比感应电动机价格低，而且外形尺寸相对还要小些）。

（2）人工补偿功率因数。用户功率因数仅靠提高自然功率因数一般是不能满足要求的，因此，还必须进行人工补偿。

① 采用并联电容器的方法来补偿无功功率，从而提高功率因数。是目前用户、企业内广泛采用的一种补偿装置，其优点有功损耗小，为 0.25%～0.5%，而同步调相机为 1.5%～3%；无旋转部分，运行维护方便；可按系统需要，增加或减少安装容量和改变安装地点；个别电容器损坏不影响整个装置运行；短路时，同步调相机会增加短路电流，增大用户开关的断流容量，电容器无此缺点。并联电容器补偿的缺点有只能有级调节，不能随无功功率变化进行平滑的自动调节；当通风不良及运行温度过高时易发生漏油、鼓肚、爆炸等故障；国内外工厂广泛采用静电电容器补偿功率因数，单台静电电容器能发出的无功功率较小，但容易组成所需的补偿容量。我国生产的 BW 系列电容器的单台容量为 6kV～10kV 的为 12kvar，0.5kV 以下的可做到 4kvar,而且安装拆卸简单。但在使用电容器时须注意环境温度应为－40℃～+40℃；电容器的额定电压应为电网电压的 1.1 倍以上；当将电容器从电网上切除时，由于有残余电荷，为了工作人员的安全，对切除的电容器要立即放电（最好采用电阻自动放电装置）；另外还要注意电网的频率要与电容器的额定频率接近。

② 同步电动机补偿是在满足生产工艺的要求下，选用同步电动机，通过改变励磁电流来调节和改善供配电系统的功率因数。过去，由于同步电动机的励磁装置是同轴的直流电动机，其价格高，维修麻烦，所以同步电动机应用不广。现在随着半导体变流技术的发展，励磁装置已比较成熟，因此采用同步电动机补偿是一种比较经济实用的方法。

③ 在现代工业生产中，有一些容量很大的冲击性负荷（如炼钢电炉、黄磷电炉、轧钢机等），它们使电网电压严重波动，功率因数恶化。一般并联电容器的自动切换装置响应太慢，无法满足要求。应此，必须采用大容量、高速的动态无功功率补偿装置，如晶闸管开关快速切换电容器、晶闸管励磁的快速响应式同步补偿机等。

目前已投入工业运行的静止动态无功功率补偿装置有：可控饱和电抗器式静止补偿装置；自饱和电抗器式静止补偿装置；晶闸管控制电抗器式静止补偿装置；晶闸管开关电容器式静止补偿装置；强迫换流逆变式静止补偿装置；高阻抗变压器式静止补偿装置等。

实训 2　无功补偿实训

实训目标

通过分析如图 2.1 所示的无功功率补偿柜的工作过程，掌握无功补偿原理。

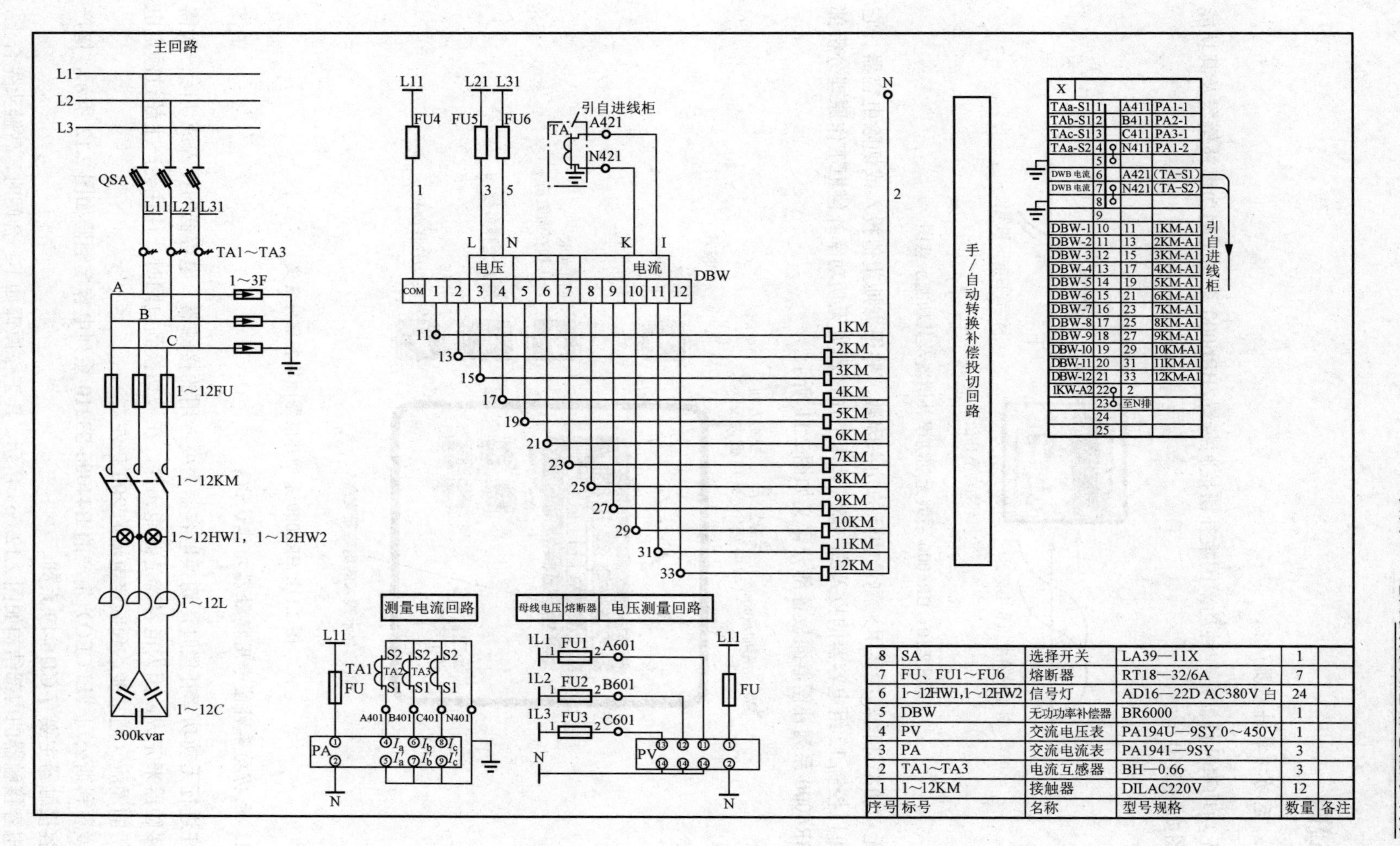

序号	标号	名称	型号规格	数量	备注
8	SA	选择开关	LA39—11X	1	
7	FU、FU1～FU6	熔断器	RT18—32/6A	7	
6	1～12HW1,1～12HW2	信号灯	AD16—22D AC380V 白	24	
5	DBW	无功功率补偿器	BR6000	1	
4	PV	交流电压表	PA194U—9SY 0～450V	1	
3	PA	交流电流表	PA1941—9SY	3	
2	TA1～TA3	电流互感器	BH—0.66	3	
1	1～12KM	接触器	DILAC220V	12	

图 2.9　无功功率补偿柜原理图

实训说明

1. 无功功率补偿器认识

无功功率补偿器是一种功率因数补偿控制装置，BR6000系列无功功率补偿器及其功能示意图如图2.10所示。

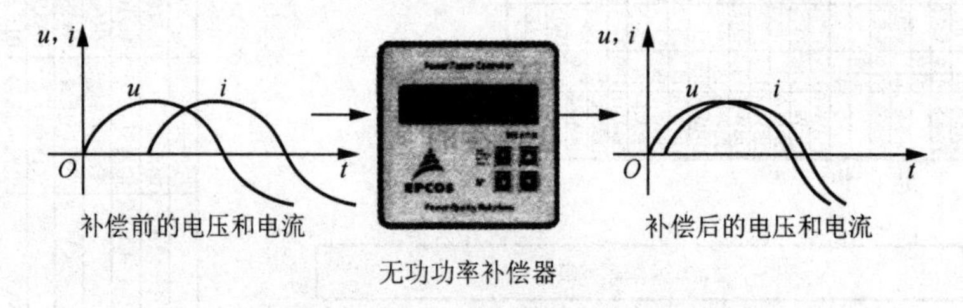

图2.10　BR6000系列无功功率补偿器及其功能示意图

无功功率补偿器主要用来测量实际的功率因数，并根据期望值投入或切除电容器。它最多可以控制12组电容器的投入或切除，具体工作过程见无功功率补偿柜工作原理分析部分。BR6000系列补偿器面板各部分含义如图2.11所示。

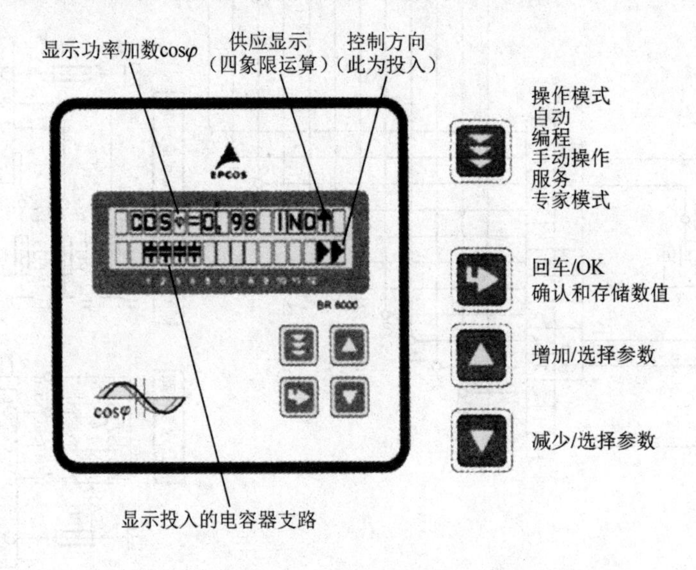

图2.11　BR6000系列补偿器面板各部分含义

2. 无功功率补偿专用接触器功能认识

在进行无功功率补偿时，切换电容器需要专用的接触器。电容器的投入或切除一般需要用接触器来完成，因为电容器是储能元件，在被切换到电网时，往往会产生超过额定电流数倍的涌流（通常能达到额定电流的200倍左右）。

爱普科斯公司（EPCEO）生产的B44066-S3210系列电容接触器如图2.12所示，国产的电容接触器主要有CJ16-19系列。

电容接触器的内部结构如图2.12（b）所示。其工作原理如下：合闸时，高触头先合上，

数毫秒后低触头才合上，通过其内部电阻的作用限制其合闸涌流；分闸时低触头先分闸，数毫秒后高触头才分闸，通过其内部电阻的作用限制其分断过电压。

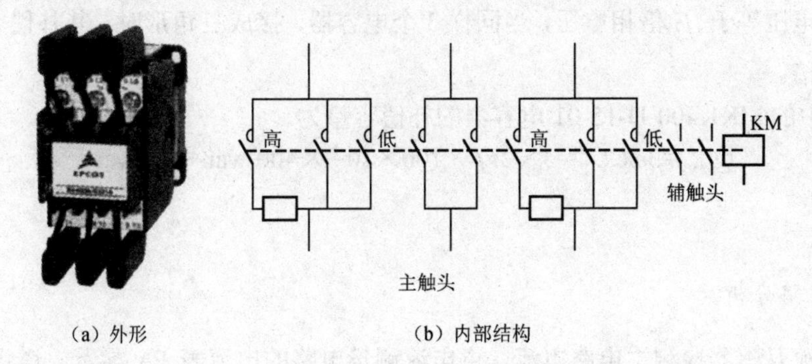

（a）外形　　（b）内部结构

图 2.12　电容接触器外形及内部结构示意图

电容接触器通过采用超前触头设计，在接触器主触头闭合之前，超前触头先闭合，具有变阻器功能的超前触头通过永磁铁连接到接触器线圈上，浪涌电流由于电阻线圈而受到抑制和衰减。主触头闭合一定时间后，超前触头断开。

电容接触器的主要参数是切换电容能力的大小，具体请参照产品订货手册。

3. 电力电容器认识

爱普科斯公司（EPCEO）生产的 MKK 系列电容器如图 2.13 所示。电力电容器和电子电容器相比，容量要大得多，其内部接线有三角形连接和星形连接，但大多数是三角形连接。

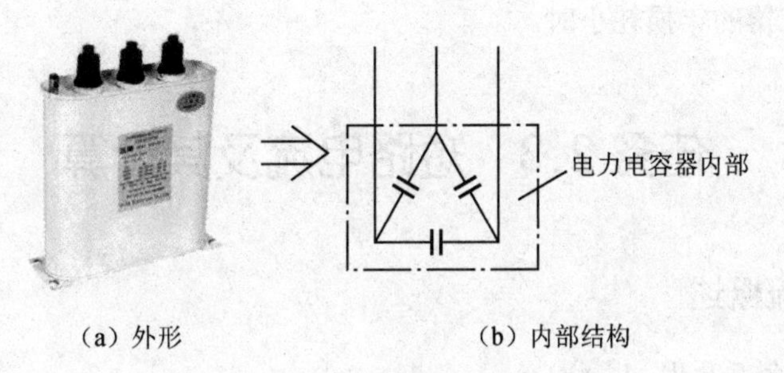

（a）外形　　（b）内部结构

图 2.13　电力电容器外形及内部结构

电容器的主要参数举例见表 2.4。

表 2.4　电容器的型号、参数对应表

型号	额定容量/kvar	额定电压/V	额定电流/A	额定电容/μF
MKK400-D-15-01	15.0	400	22	3～100

三相电容器补偿容量的计算方法如下。

三个电容器接成三角形，补偿容量为

$$Q_{C(V)}=3\omega CU_L^2$$

三个电容器接成星形，补偿容量为

$$Q_{C(Y)}=3\omega CU_{\Phi}^{2}$$

式中　U_L、U_Φ——线电压和相电压。

由于线电压等于$\sqrt{3}$倍相电压，当同样 3 个电容器，接成三角形时，其补偿容量是接成星形时的 3 倍。

表 2.4 中的 MKK400-D-15-01 电容器的补偿容量为

$$Q_{C(V)}=3\omega CU_{L}^{2}=3\times 2\pi f\times 100\times 10^{-6}\times 400^{2}\ \text{var}\approx 15\text{kvar}$$

实训步骤

1. 主电路分析。

三相电流互感器检测主电路电流，供电流测量电路的电流表 PA 显示。避雷器 F 的作用是吸收 KM 操作过电压。电容切换接触器用来控制电容器的投入和切除。电抗器用来滤波。电力电容器用来补偿功率因数。

2. 控制电路分析。

补偿柜控制电路主要作用是根据功率因数期望值的需要，控制电容的投入或切除。期望功率因数的值由无功功率补偿器 DBW 来设定，电路实际功率因数由 DBW 根据电压（DBW_{LN}）和电流（DBW_{KI}）来计算。特别注意：DBW 的 K、I 端电流是来自于进线柜的电流互感器。如果线路实际功率因数小于期望值，则 DBW 控制接触器 1KM～12KM 线圈得电，投入电容器补偿；如果实际功率因数大于期望值，则 DBW 控制接触器 1KM～12KM 线圈断电，切除电容器。

式中　τ——变压器的年损耗小时。

任务 2.3　短路电流及其计算

2.3.1　短路电流概述

1. 短路的概念及原因

短路是指电网中不同电位的点，被阻抗接近于零的金属连通。短路中有单相短路、两相短路和三相短路，其中三相短路是最严重的。在一般情况下，单相短路居多。造成短路的原因有如下几种。

（1）供电系统发生短路的原因大多是电气设备的绝缘因陈旧老化，或电气设备受到机械力破坏而损伤绝缘保护层。电气设备本身质量不好或绝缘强度不够而被正常电压击穿，也是短路的原因。

（2）因为雷电过电压而使电气设备的绝缘击穿所造成短路。

（3）没有遵守安全操作规程的误操作，如带负荷拉闸、检修后没有拆除接地线就送电等。

（4）因动物啃咬使线路绝缘损坏而连电，或者是动物在母线上跳窜而造成短路。

（5）因为风暴及其他自然原因而造成供电线路的断线、搭接、碰撞而短路。

（6）由于接线的错误而造成短路，如低电压设备误接入高电压电源，仪用互感器的一、二次绕组接反。

供电网络中发生短路故障时，很大的短路电流会使电气设备过热或受电动力的作用而损坏，同时使电网电压大大降低，破坏了网络内用电设备的正常工作。为了预防或减轻短路的不良后果，需要计算短路电流，以便正确地选用电气设备、设计继电保护和选用限流元件。例如，断路器的极限通断能力可通过计算短路电流得到验证。

运行经验表明，在中性点直接接地系统中，最常见的是单相短路，占短路故障的65%～70%，两相短路故障占10%～15%，三相短路占5%。

2. 短路的危害

由于短路后电路的阻抗比正常运行时电路的阻抗小得多，所以短路电流比正常电流一般要大几十倍甚至几百倍。在大的电力系统中，短路电流可达几万安甚至几十万安。在电流急剧增加的同时，系统中的电压将大幅度下降。短路主要危害大致有如下几方面。

（1）短路时会产生很大的电动力和很高的温度，使故障元器件和短路电路中的其他元器件损坏。

（2）短路时电压骤降，严重影响电气设备的正常运行。

（3）短路时会造成停电事故，而且短路越靠近电源，引起停电的范围越大，给国民经济造成的损失也越大。

（4）严重的短路会影响电力系统运行的稳定性，可使并列运行的发电机组失去同步，造成系统解列。

（5）单相对地短路时，电流将产生较强的不平衡磁场，对附近的通信线路、信号系统及电子设备等产生干扰，影响其正常运行，甚至使之发生误动作。

由此可见，短路的后果是非常严重的。为保证电气设备和电网安全可靠地运行，首先应设法消除可能引起短路的一切原因；其次在发生短路后应尽快切除故障部分和快速恢复电网电压。为此，可采用快速动作的继电保护装置，以及选用限制短路电流的电气设备（如电抗器）等。

3. 短路的种类

在三相供电系统中，短路的种类主要有如下4种。

（1）三相短路，是指供电系统中三相导线间发生对称性的短路，用 $k^{(3)}$ 表示，如图2.14（a）所示。

（2）两相短路，是指三相供电系统中任意两相间发生的短路，用 $k^{(2)}$ 表示，如图2.4（b）所示。

（3）单相短路，是指供电系统中任一相经大地与电源中性点发生短路，用 $k^{(1)}$ 表示，如图2.14（c）、图2.14（d）所示。

（4）两相接地短路，两相接地短路是指中性点不接地的电力系统中两不同相的单相接地所形成的相间短路，用 $k^{(1.1)}$ 表示。如图2.14（e）所示；也指两相短路又接地的情况，如图 2.14（f）所示。

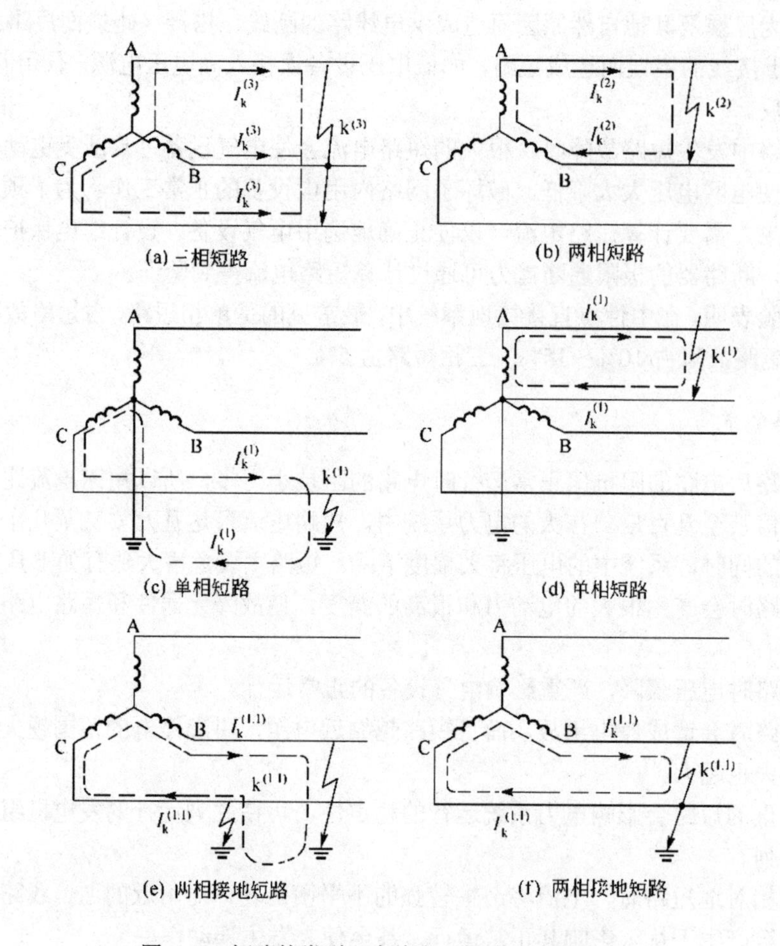

图 2.14　短路的类型（虚线表示短路电流的路径）

2.3.2　短路电流计算

短路电流的计算方法有欧姆法（又称有名单位制法）、标幺制法（又称相对单位制法）和短路容量法（又称兆伏安法）。这里介绍一般常用的欧姆法和标幺制法。欧姆法属最基本的短路电流计算法，但标幺制法在工程设计中应用广泛。

无限大容量电力系统指其容量相对于单个用户（如一个工厂）的用电设备容量大得多的电力系统，以致馈电给用户的线路上无论负荷如何变动甚至发生短路时，系统变电站馈电母线上的电压能始终维持基本不变。

实际上，电力系统总是有限的，但通过计算发现，当电力系统容量大于所研究的用户用电容量 50 倍时，即可将此系统看作无限大容量系统。

一般来说，中小型工厂甚至某些大型工厂的用电容量相对于现代大型电力系统来说是很小的，因此在计算工厂供电系统的短路电流时，可以认为电力系统是无限大容量系统。

图 2.15（a）为无限大容量系统供电的三相电路上发生三相短路的电路图。由于三相对称，因此这个三相电路可用图 2.15（b）所示的等效电路来表示。图中 $Z=R+jX_L$ 为从电源

至短路点的阻抗；$Z'=R'+jX'_L$ 为从短路点至负荷的阻抗。

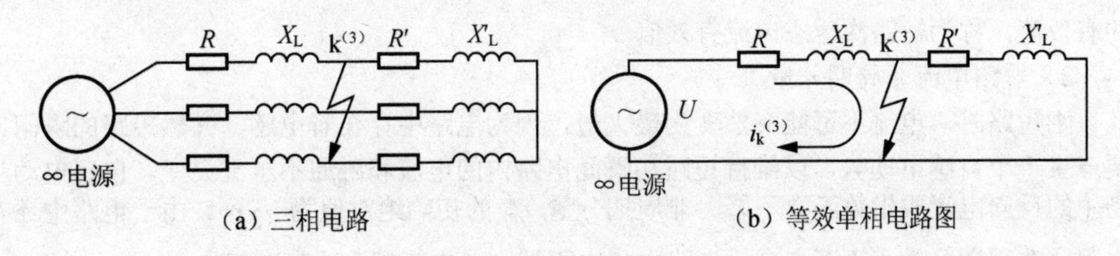

图 2.15　无限大容量系统中的三相短路

系统正常运行时，电路中的负荷电流，按照欧姆定律，取决于电源电压 U 和电路的阻抗($Z+Z'$)，即 $I=U/(\sqrt{3}|Z+Z'|)$。当系统发生短路时，由于短路点至负荷的阻抗 Z' 被短路，而且 $Z=Z'$，因此按照欧姆定律，短路电流 $I_k=U/(\sqrt{3}Z)$？I 比正常负荷电流要突然增大几十倍甚至上百倍。然而，由于短路电路中存在电感，而且感抗远大于电阻，按照楞次定律，电流不可能突变，因此短路电流从正常负荷电流转变为短路稳态电流之间，存在一个过渡过程，即短路暂态过程。

1. 短路有关的物理量

图 2.16 为无限大容量系统发生三相短路时的电压、电流曲线。

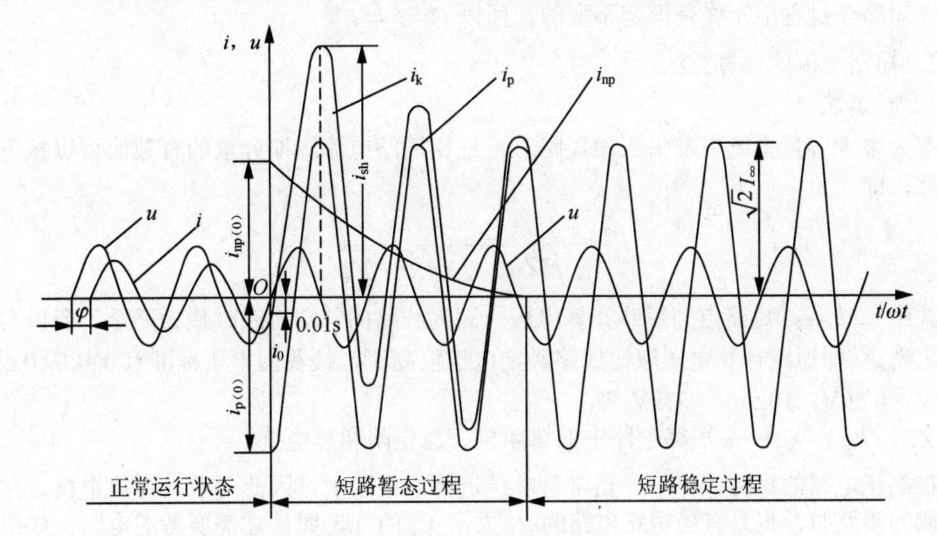

图 2.16 无限大容量系统发生三相短路时的电压、电流曲线

1）短路电流周期分量

短路电流周期分量是按欧姆定律由短路电路的电压和阻抗所决定的一个短路电流，即图中的 $i_{p(0)}$。在无限大容量系统中，由于电压不变，因此 i_p 是幅值恒定的正弦交流。

假设在电压瞬时值 $u=0$ 时发生短路，而系统正常运行时设 i 滞后 u 一个相位角　，因此在短路瞬间（$t=0$ 时），电流瞬时值 i_0 为负值。系统短路后，由于短路电路的感抗远大于电阻，因此短路电路可近似地看作一个纯电感电路。短路瞬间（$t=0$ 时）的电压为 u_0 时，

电流 i_p 则要突然增大到幅值 $i_{p(0)}=-\sqrt{2}I''$，I'' 为短路后第一个周期的短路电流周期分量 i_p 的有效值，称为短路次暂态电流有效值。

2）短路电流非周期分量

刚短路时，电流不可能突然变为最大值，因为电路中存在着电感，突然短路的瞬间，要产生一个自感电动势，以维持短路初瞬间电路内的电流和磁通不至于突变。自感电动势产生的反向电流成指数函数下降。非周期分量 i_{np} 的初始绝对值为 $\sqrt{2}I''$。由于电路中还有电阻，非周期分量会逐渐衰减。电路中的电阻越大，电感越小，衰减越快。

3）短路全电流

任意瞬间的短路全电流 i_k。等于其周期分量 i_p 和非周期分量 i_{np} 之和，即

$$i_k=i_p+i_{np}$$

4）短路冲击电流

由短路电流曲线可以看出，短路后经过半个周期（大约 0.01s）时短路电流的瞬时值最大，这一瞬时电流称为短路冲击电流，用 i_{sh} 表示。

高压电路短路时有 $i_{sh}=2.55I''$，低压电路短路时有 $i_{sh}=1.84I''$。

5）短路稳态电流

短路电流非周期分量 i_{np} 衰减完毕以后（一般经过 0.1～0.2s）的全电流，称为短路稳态电流或稳态短路电流，其有效值习惯上用 I_∞ 表示。在无限大系统中，短路电流周期分量有效值在短路全过程中始终是恒定不变的，所以 $I''=I_\infty=I_k$。

2．短路电流的计算方法

1）欧姆法

在无限大容量系统中发生三相短路时，三相短路电流周期分量的有效值可以按下列公式计算，即

$$I_k^{(3)}=\frac{U_C}{\sqrt{3}Z_\Sigma}=\frac{U_C}{\sqrt{3}\sqrt{R_\Sigma^2+X_\Sigma^2}}$$

式中　U_C——短路点的短路计算电压，因为线路的首端短路时最为严重，所以要按首端电压考虑，即短路计算电压取比线路额定电压值高 5%，按我国电压标准有 0.4kV、0.69kV、3.15kV、6.3kV、10.5kV、37kV 等；

Z_Σ、R_Σ、X_Σ——短路电路中的总阻抗、总电阻和总电抗。

在高压电路的短路计算中，正常总电抗远比总电阻大，因此一般只计算电抗。在计算低压侧的短路时，也只有当短路电路的 R_Σ 大于 X_Σ 的 1/3 时，才需要考虑电阻。如果不计电阻，则三相短路电流的周期分量有效值为

$$I_k^{(3)}=\frac{U_C}{\sqrt{3}X_\Sigma}$$

【例 2.5】 某供电系统如图 2.147 所示。已知电力系统出口断路器的断流容量为 500MV·A，试求用户配电所 10kV 母线上 k－1 点短路和车间变电所低压 380V 母线上 k－2 点短路的三相短路电流和短路容量。

解：1）求 k－1 点的三相短路电流和短路容量（U_{c1}=10.5kV）

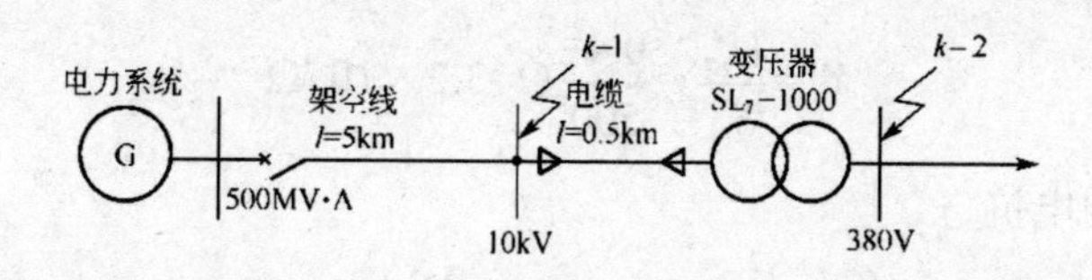

图 2.17　例 2.5 的短路计算电路图

（1）计算短路电路中各元件的电抗及总电抗：

① 电力系统的电抗

$$X_1=\frac{U_{c1}^2}{S_{oc}}=\frac{10.5^2}{500}\Omega\approx 0.22\Omega$$

② 架空线路的电抗，查手册得 X_0=0.38 Ω/km，因此

$$X_2=X_0\,l=0.38\times 5\Omega=1.9\Omega$$

③ 绘 k－1 点的等效电路如图 2.18（a）所示，并计算其总电抗得

$$X_{\Sigma(k-1)}=X_1+X_2=0.22\Omega+1.9\Omega=2.12\,\Omega$$

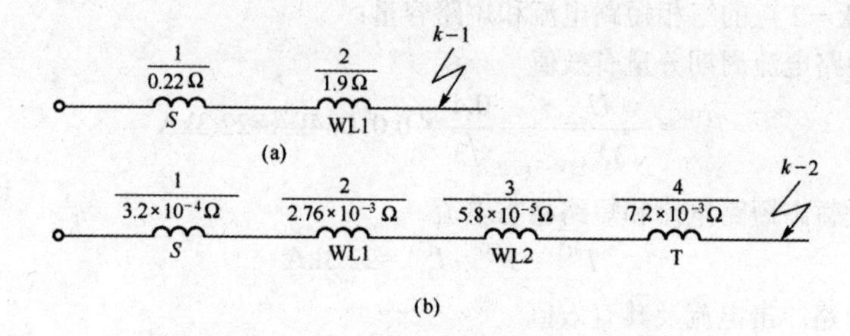

图 2.18　例 2.5 的短路等效电路图（欧姆法）

（2）计算 k－1 点的三相短路电流和短路容量：

① 三相短路电流周期分量有效值

$$I_{k-1}^{(3)}=\frac{U_{c1}}{\sqrt{3}X_{\Sigma(k-1)}}=\frac{10.5}{\sqrt{3}\times 2.12}\text{ kA}\approx 2.86\text{kA}$$

② 三相次暂态短路电流和短路稳态电流

$$I''^{(3)}=I_{\infty}^{(3)}=I_{k-1}^{(3)}=2.86\text{kA}$$

③ 三相短路冲击电流及其有效值

$$i_{sh}^{(3)}=2.55\,I''^{(3)}=2.55\times 2.86\text{kA}\approx 7.29\text{kA}$$

$$I_{sh}^{(3)}=1.51\,I''^{(3)}=1.51\times 2.86\text{kA}\approx 4.32\text{kA}$$

④ 三相短路容量

$$S_{k-1}^{(3)}=\sqrt{3}\,U_{c1}\,I_{k-1}^{(3)}=\sqrt{3}\times 10.5\times 2.86\approx 52.01\text{MV·A}$$

2）求 k-2 点的三相短路电流和短路容量（U_{c2}=0.4kV）

（1）计算短路电路中各元件的电抗及总电抗：

① 电力系统的电抗

$$X_1'=\frac{U_{c2}^2}{S_{oc}}=\frac{0.4^2}{500}\Omega=3.2\times10^{-4}\Omega$$

② 架空线路的电抗

$$X_2'=X_0\,l\left(\frac{U_{c2}}{U_{c1}}\right)^2=0.38\times5\times\left(\frac{0.4}{0.5}\right)^2\Omega=2.76\times10^{-3}\Omega$$

③ 电缆线路的电抗　查手册得 $X_0=0.08\Omega/km$，因此

$$X_3'=X_0\,l\left(\frac{U_{c2}}{U_{c1}}\right)^2=0.08\times0.5\times\left(\frac{0.4}{0.5}\right)^2\Omega=5.8\times10^{-5}\Omega$$

④ 电力变压器的电抗　由手册得 $U_k\%=4.5$，因此

$$X_4=\frac{U_k\%}{100}\frac{U_{c2}^2}{S_N}=\frac{4.5}{100}\times\frac{0.4^2}{1000}\Omega=7.2\times10^{-6}k\Omega=7.2\times10^{-3}\Omega$$

⑤ 绘 k－2 点的等效电路如图 2.13（b）所示，并计算其总电抗

$$X_{\Sigma(k-2)}=X_1'+X_2'+X_3'+X_4=3.2\times10^{-4}+2.76\times10^{-3}+5.8\times10^{-5}+7.2\times10^{-3}\Omega=0.01034\Omega$$

（2）计算 k－2 点的三相短路电流和短路容量：

① 三相短路电流周期分量有效值

$$I_{k-2}^{(3)}=\frac{U_{c2}}{\sqrt{3}X_{\Sigma(k-2)}}=\frac{0.4}{\sqrt{3}}\times0.01034kA=22.3kA$$

② 三相次暂态短路电流和短路稳态电流

$$I''^{(3)}=I_{\infty}^{(3)}=I_{k-2}^{(3)}=22.3kA$$

③ 三相短路冲击电流及其有效值

$$i_{sh}^{(3)}=1.84\,I''^{(3)}=1.84\times22.3kA=41.0kA$$

$$i_{sh}^{(3)}=1.09\,I''^{(3)}=1.09\times22.3kA=24.3kA$$

④ 三相短路容量

$$S_{k-2}^{(3)}=\sqrt{3}\,U_{c2}\,I_{k-2}^{(3)}=\sqrt{3}\times0.4\times22.3MV\cdot A=15.5\,MV\cdot A$$

在工程设计说明书中，往往只列短路计算表，如表 2.5 所示。

表 2.5　例 2.5 的短路计算结果

短路计算点	三相短路电流 kA					三相短路容量 MV·A
	$I_k^{(3)}$	$I''^{(3)}$	$I_{\infty}^{(3)}$	$i_{sh}^{(3)}$	$I_{sh}^{(3)}$	$S_k^{(3)}$
k–1 点	2.86	2.86	2.86	7.29	4.32	52.0
k–2 点	22.3	22.3	22.3	41.0	24.3	15.5

2）标幺制法

在电路计算中，一般比较熟悉的是欧姆法。在电力系统计算短路电流时，如计算低压系统的短路电流，常采用欧姆法；但计算高压系统的短路电流，由于有多个电压等级，存在着阻抗换算问题，为使计算简化，常采用标幺法。

标幺法中各元件的物理量不用有名单位值，而用相对值来表示。相对值（A_d^*）就是实际有名值（A）与选定的基准值（A_d）间的比值，即

$$A_d^* = \frac{A}{A_d} \tag{2-39}$$

从式（2-39）看出，标幺值是没有单位的。另外，采用标幺法计算时必须先选定基准值。

按标幺法进行短路计算时，一般先选定基准容量 S_d 和基准电压 U_d。确定了基准容量 S_d 和基准电压 U_d 以后，根据三相交流电路的基本关系，基准电流 I_d 就可按式（4-29）计算

$$I_d = \frac{S_d}{\sqrt{3}U_d} \tag{2-40}$$

基准电抗 X_d 则按式（2-41）计算

$$X_d = \frac{U_d}{\sqrt{3}I_d} = \frac{U_d^2}{S_d} \tag{2-41}$$

据此，可以直接写出以下标幺值表示式

容量标幺值 $$S^* = S/S_d \tag{2-42}$$

电压标幺值 $$U^* = U/U_d \tag{2-43}$$

电流标幺值 $$I^* = I/I_d = \sqrt{3}IU_d/S_d \tag{2-44}$$

电抗标幺值 $$X^* = X/X_d = XS_d/U_d^2 \tag{2-45}$$

工程设计中，为计算方便起见通常取基准容量 S_d=100MV·A，基准电压 U_d 通常就取元件所在处的短路计算电压，即取 $U_d=U_c$。

当电网的电源电压为额定值时（$U^*=1$），功率标幺值与电流标幺值相等，且等于电抗标幺值的倒数，即

$$S^* = I^* = 1/X^* \tag{2-46}$$

标幺法短路计算的有关公式如下。

无限大容量电源系统三相短路电流周期分量有效值的标幺值按式（2-47）计算

$$I_k^{(3)*} = I_k^{(3)}/I_d = \frac{U_c}{\sqrt{3}X_\Sigma}\bigg/\frac{S_d}{\sqrt{3}U_c} = \frac{U_c^2}{S_d X_\Sigma} = \frac{1}{X_\Sigma^*} \tag{2-47}$$

由此可求得三相短路电流周期分量有效值

$$I_k^{(3)} = I_k^{(3)*}\, I_d = I_d/X_\Sigma^* \tag{2-48}$$

求得 $I_k^{(3)}$ 后，就可利用前面的公式求出 $I''^{(3)}$、$I_\infty^{(3)}$、$i_{sh}^{(3)}$ 和 $I_{sh}^{(3)}$ 等。

三相短路容量的计算公式为

$$S_k^{(3)} = \sqrt{3}U_c I_k^{(3)} = \sqrt{3}U_c I_d/X_\Sigma^* = S_d/X_\Sigma^* \tag{2-49}$$

下面分别讲述供电系统各主要元件电抗标幺值的计算，取 S_d=100MV·A，$U_d=U_c$。

（1）电力系统的电抗标幺值

$$X_s^* = X_s/X_d = \frac{U_c^2}{S_{oc}}\bigg/\frac{U_d^2}{S_d} = S_d/S_{oc} \tag{2-50}$$

（2）电力变压器的电抗标幺值

$$X_T^* = X_T/X_d = \frac{U_k\%}{100}\frac{U_c^2}{S_N}\bigg/\frac{U_d^2}{S_d} = \frac{U_k\%S_d}{100S_N} \tag{2-51}$$

（3）电力线路的电抗标幺值

$$X_{WL}^{*} = X_{WL}/X_d = X_0 l \bigg/ \frac{U_c^2}{S_d} = X_0 l S_d / U_c^2 \tag{2-52}$$

短路电路中所有元件的电抗标幺值求出后，就利用其等效电路进行电路化简，计算其总的电抗标幺值 X_{Σ}^{*}。由于各元件电抗都采用相对值，与短路计算点的电压无关，因此无须进行换算，这也是标幺法较欧姆法优越之处。

【例 2.6】 试用标幺法计算例 2.5 所示供电系统中 k-1 点和 k-2 点的三相短路电流和短路容量。

解：（1）确定基准值。

取

$$S_d\text{=100MV·A}，U_{c1}\text{=10.5kV}，U_{c2}\text{= 0.4Kv}$$

而

$$I_{d1} = S_d/\sqrt{3}U_{c1} = 100/\sqrt{3}\times 10.5\text{ kA=5.50Ka}$$

$$I_{d2} = S_d/\sqrt{3}U_{c2} = 100/\sqrt{3}\times 0.4\text{ kA=144kA}$$

（2）计算短路电路中各主要元件的电抗标幺值。

① 电力系统（已知 S_{oc}= 500MV·A）

$$X_1^{*}\text{=100/500=0.2}$$

② 架空线路（查手册得 X_0= 0.38Ω/km）

$$X_2^{*}\text{=0.38×5×100/10.5}^2\text{=1.72}$$

③ 电缆线路的电抗（查手册得 X_0=0.08Ω/km）

$$X_3^{*}\text{=0.08×0.5×100/10.5}^2\text{=0.036}$$

④ 电力变压器（由手册得 U_k%= 4.5）

$$X_4^{*} = \frac{U_k\%S_d}{100S_N}\text{=4.5×100×10}^3\text{/100×1000=4.5}$$

然后绘制短路电路的等效电路如图 2.19 所示，在图上标出各元件的序号及电抗标幺值。

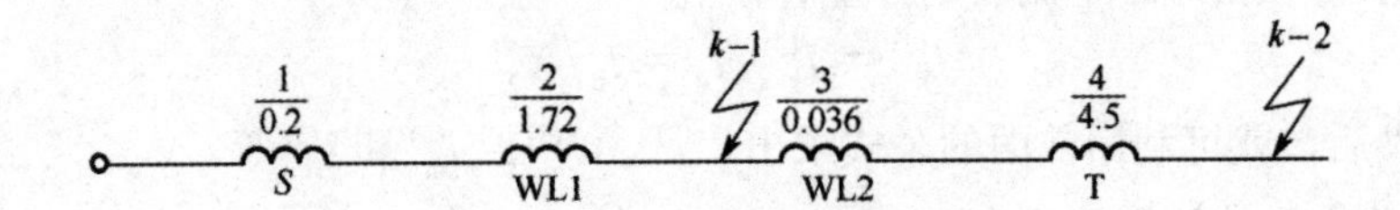

图 2.19 例 2.6 的等效电路图（标幺法）

（3）求 k-1 点的短路电路总电抗标幺值及三相短路电流和短路容量

① 总电抗标幺值。

$$X_{\Sigma(k-1)}^{*} = X_1^{*} + X_2^{*}\text{=0.2+1.72=1.92}$$

② 三相短路电流周期分量有效值。

$$I_{k-1}^{(3)} = I_d \big/ X_{\Sigma(k-1)}^{*}\text{=5.50/1.92=2.86kA}$$

③ 其他三相短路电流。

$$I''^{(3)} = I_{\infty}^{(3)} = I_{k\text{-}1}^{(3)}\text{=2.86kA}$$

$$i_{sh}^{(3)}=2.55\,I''^{(3)}=2.55\times2.86\text{kA}=7.29\text{kA}$$

$$I_{sh}^{(3)}=1.51\,I''^{(3)}=1.51\times2.86\text{kA}=4.32\text{kA}$$

④ 三相短路容量。

$$S_{k\text{-}1}^{(3)}=S_d/X_{\Sigma(k\text{-}1)}^*=100/1.92\text{MV·A}=52.0\text{MV·A}$$

（4）求 k-2 点的短路电路总电抗标幺值及三相短路电流和短路容量

① 总电抗标幺值。

$$X_{\Sigma(k-2)}^*=X_1^*+X_2^*+X_3^*+X_4^*=0.2+1.72+0.036+4.5=6.456$$

② 三相短路电流周期分量有效值。

$$I_{k-2}^{(3)}=I_{d2}/X_{\Sigma(k-2)}^*=144/6.456\text{kA}=22.3\text{kA}$$

③ 其他三相短路电流。

$$I''^{(3)}=I_\infty^{(3)}=I_{k-2}^{(3)}=22.3\text{kA}$$

$$i_{sh}^{(3)}=1.84\,I''^{(3)}=1.84\times22.3\text{kA}=41.0\text{kA}$$

$$I_{sh}^{(3)}=1.09\,I''^{(3)}=1.09\times22.3\text{kA}=24.3\text{kA}$$

④ 三相短路容量。

$$S_{k-2}^{(3)}=S_d/X_{\Sigma(k-2)}^*=100/6.456\text{MV·A}=15.5\text{MV·A}$$

由此可知，采用标幺法计算与采用欧姆法计算的结果完全相同。

项目 3 电气设备及其选择校验

任务 3.1 变换设备及其选择校验

3.1.1 电力变压器及其选择

电力变压器是供电系统中的重要设备，它的故障对供电的可靠性和用户的生产、生活将产生严重的影响。因此，必须根据变压器的容量和重要程度装设适当的保护装置。

干式变压器外观如图 3.1 所示，油浸式变压器外观如图 3.2 所示。

图 3.1 干式变压器外观

图 3.2 油浸式变压器外观

1. 电力变压器型号及技术参数

（1）电力变压器型号如图 3.3 所示。

（2）相数：单相和三相。

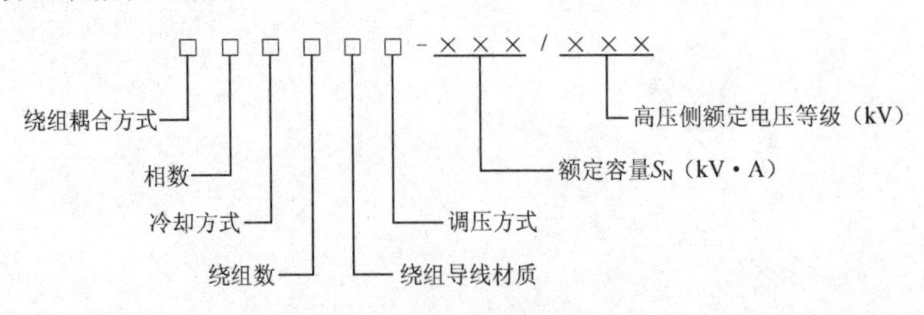

图 3.3 电力变压器型号

（3）额定频率：50Hz。

（4）额定电压：是指变压器线电压（有效值），它应与所连接的输变电线路电压相符合。

（5）额定容量：指额定状态下，变压器二次侧的输出能力。对于三相变压器，额定容量是三相容量之和。

（6）额定电流：指通过绕组的线电流（有效值）。它的大小等于绕组的额定容量除以该绕组的额定电压和相应的相系数（单相为1，三相为$\sqrt{3}$）。

（7）绕组连接组标号：各相绕组的连接形式，可以分为星形、三角形等。星形连接是各相线圈的一端接成一个公共点（中性点），其余端子接到相应的线端上；三角形连接是三个相线圈互相串联形成闭合回路，由串联处接至相应的线端。

一般的高压变压器基本都是Yn、Yd11接线。

（8）调压范围：110±8×1.25%/10.5kV。

（9）空载电流：当变压器二次绕组开路，一次绕组施加额定频率的额定电压时，一次绕组中所流过的电流称空载电流I_0。

（10）阻抗电压和短路损耗：当变压器二次侧短路，一次侧施加电压使其电流达到额定值，此时所施加的电压称为阻抗电压。变压器从电源吸取的功率即为短路损耗，以阻抗电压与额定电压之比的百分数表示。

（11）电压调整率：指在给定负载功率因数下（一般取0.8），二次空载电压和二次负载电压之差与二次额定电压的比。

（12）效率：变压器的效率　为输出的有功功率与输入的有功功率之比的百分数。

（13）温升和冷却方式。

例如，干式变压器SFZ10-W-16000/10的标志含义如下。

S为三相变压器；F为风冷；Z为有载调压。

10为性能水平代号（设计序号）。

1600为变压器容量，代表1600kVA。

10为变压器高压绕组额定电压，即10kV。

例如，油浸式变压器S11-M-315kVA/10/0.4的标志含义如下。

S11为设计序号；M为全封闭结构。

315kVA为变压器的额定容量。

10为高压侧电压，代表10kV。

0.4为低压侧电压，代表0.4kV。

2. 常用变压器的规格系列

常用变压器的规格系列见表3.1。

表3.1 变压器的规格系列

额定容量/kVA														
30	50	80	100	160	200	250	315	400	500	630	800	1000	1250	1600

3. 变压器的电路符号

变压器的电路符号如图 3.4 所示。

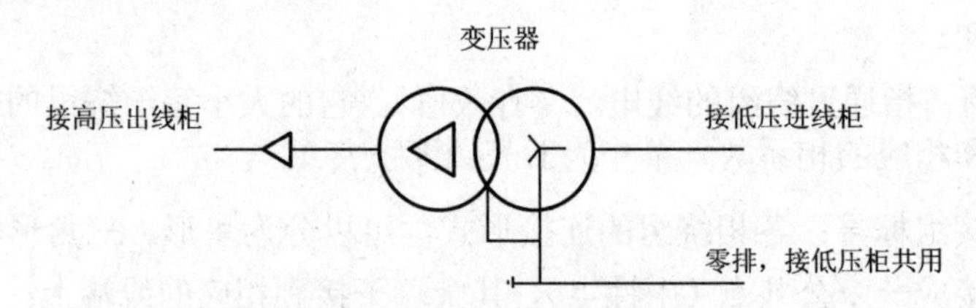

图 3.4　变压器电路符号

4. 变压器的工作原理

变压器的工作原理如图 3.5 所示。

变压器的工作原理，其实就是电磁感应原理。现以单相双绕组变压器为例来说明其工作原理。当一次绕组加上一个电压 U_1 时，流过电流 I_1，在铁芯中就产生变磁通 Φ_1，称为主磁通，在主磁通的作用下，线圈两侧分别产生感应电势 E_1、E_2。由于二次绕组与一次绕组的匝数不同，感应电势 E_1、E_2 的大小也不相同，理论上，电压 U_1、U_2 的大小也就不同，从而实现变压。

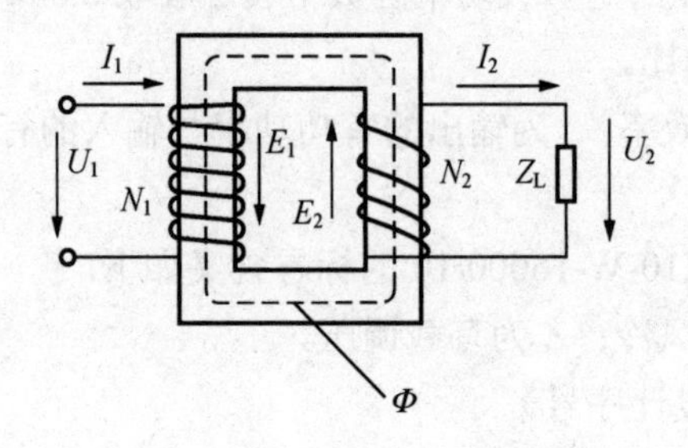

图 3.5　变压器工作原理图

当变压器二次侧空载时，一次侧即高压侧，仅流过主磁通的电流 I_0，这个电流称为激磁电流。当二次侧加有负载时，流过负载的电流为 I_2，也在铁芯中产生磁通，试图改变主磁通。但一次电压不变时，主磁通是不变的，一次侧就要流过两部分的电流：一部分为激磁电流 I_0；一部分为用来平衡的电流 I_2，所以这部分电流随着 I_2 的变化而变化，电流乘上匝数就是磁势。

上述的平衡作用，实质上是磁势平衡作用，变压器就是通过磁势平衡作用来实现一、二次侧的能量传递的。

变压器的变比公式为

$$K=\frac{U_1}{U_2}=\frac{N_1}{N_2}=\frac{I_2}{I_1}$$

5. 变压器安装时的注意事项

（1）变压器工作前，务必要牢固地固定在地面上或架子上，避免变压器在工作中产生

移动，造成短路现象。

（2）变压器在工作中，务必要保持足够有效的通风，以保证变压器降温。

（3）注意A、B、C三相的输入与输出，颜色要相互对得上。

（4）变压器的输入/输出连接处，一定要紧固，避免工作时产生局部发热、冒火花等现象对变压器产生较大损坏。

3.1.2　电压互感器及其选择

1. 电压互感器的基本结构原理

电压互感器（voltage transformer或potential transformer，PT，文字符号为TV），又称仪用变压器。电流互感器、电压互感器合称仪用互感器或简称互感器（transformer）。从基本结构和工作原理来说，互感器就是一种特殊变压器。

互感器的主要作用是：

（1）用来使仪表、继电器等二次设备与主电路绝缘。这既可避免主电路的高电压直接引入仪表、继电器等二次设备，又可防止仪表、继电器等二次设备的故障影响主电路，提高一、二次电路的安全性和可靠性，并有利于人身安全。

（2）用来扩大仪表、继电器等二次设备的应用范围。例如，用一只5A的电流表，通过不同变流比的电流互感器就可测量任意大的电流。同样，用一只100V的电压表，通过不同电压比的电压互感器就可测量任意高的电压。而且由于采用了互感器，可使二次仪表、继电器等设备的规格统一，有利于这些设备的批量生产。

电压互感器的基本结构原理图如图3.6所示。它的结构特点是：一次绕组匝数很多，二次绕组匝数较少，相当于降压变压器。工作时，一次绕组并联在一次电路中，而二次绕组则并联仪表、继电器的电压线圈。由于电压线圈的阻抗一般都很大，所以电压互感器工作时其二次绕组则接近于空载状态。二次绕组的额定电压一般为100V。

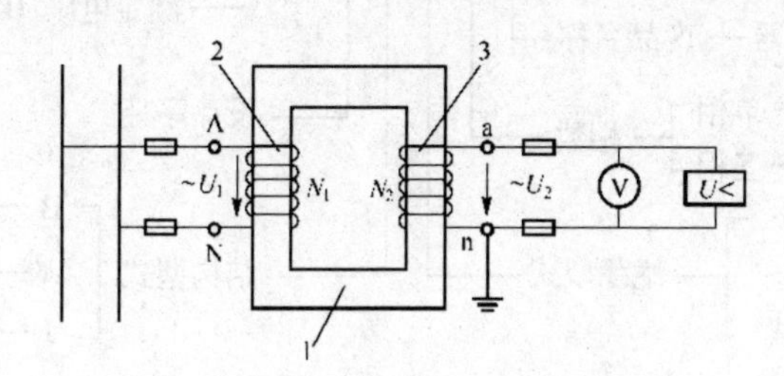

1—铁芯；2一次绕组；3—二次绕组。

图3.6　电压互感器的基本结构原理图

电压互感器的一次电压U_1与二次电压U_2之间有下列关系：

$$U_1 \approx \frac{N_1}{N_2}，U_2 \approx K_u U_2 \tag{3-1}$$

式中　N_1、N_2——电压互感器一次、二次绕组的匝数；

K_u——电压互感器的电压比，一般表示为其额定一、二次电压比，即$K_u = U_{1N} / U_{2N}$，如10000V/100V。

2. 电压互感器的类型和型号

电压互感器按相数分，有单相和三相两类。按绝缘及其冷却方式分，有干式（含环氧树脂浇注式）和油浸式两类。图 3.7 所示是应用广泛的单相三绕组，环氧树脂浇注绝缘的户内 JDZJ—10 型电压互感器外形图。3 个 JDZJ—10 型电压互感器可接成 $Y_0/Y_0/\triangleright$联结，供小接地电流系统中作电压、电能测量及绝缘监视之用。

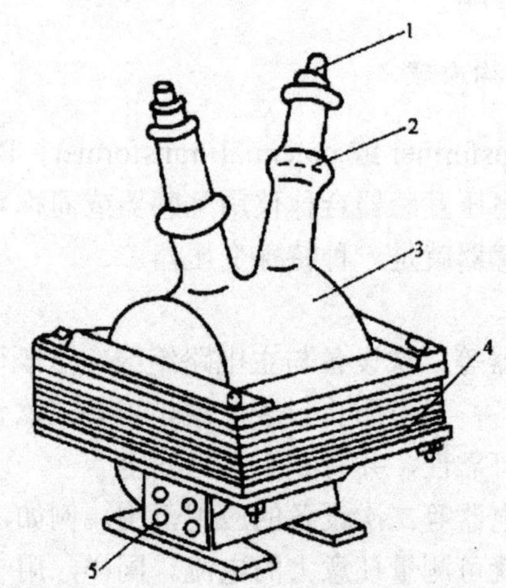

1 一次接线端子；2—高压绝缘套管；3 一一、二次绕组，树脂浇注绝缘；4—铁芯；5—二次接线端子。

图 3.7 JDZJ-10 型电压互感器外形图

电压互感器全型号的表示和含义如下：

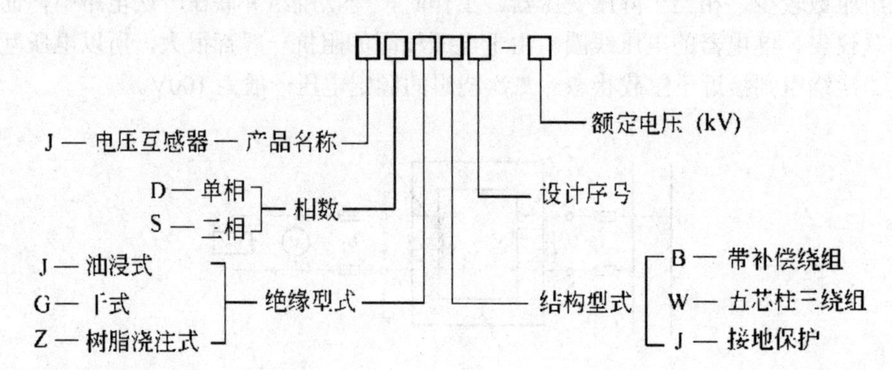

3.1.3 电流互感器及其选择

1. 电流互感器的基本结构原理

电流互感器（current transformer，CT，文字符号为 TA），又称仪用变流器。电流互感器的基本结构原理图如图 3.8 所示。它的结构特点是：一次绕组匝数很少，有的电流互感器（例如母线式）还没有一次绕组，利用穿过其铁芯的一次电路（如母线）作为一次绕组（相当于匝数为 1），而且一次绕组导体相当粗；其二次绕组匝数很多，导体较细。工作时，一次绕组串接在被测的一次电路中，而二次绕组则与仪表、继电器等的电流线圈串联，形

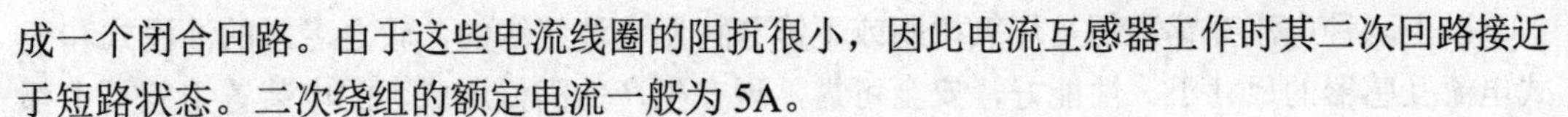

成一个闭合回路。由于这些电流线圈的阻抗很小，因此电流互感器工作时其二次回路接近于短路状态。二次绕组的额定电流一般为5A。

电流互感器的一次电流 I_1 与其二次电流 I_2 之间有下列关系：

$$I_1 \approx \frac{N_2}{N_1}，\ I_2 \approx K_i\ I_2 \tag{3-2}$$

式中 N_1、N_2——电流互感器一、二次绕组匝数；

K_i——电流互感器的电流比，一般表示为其一、二次的额定电流之比，即 $K_i = I_{1N} / I_{2N}$。

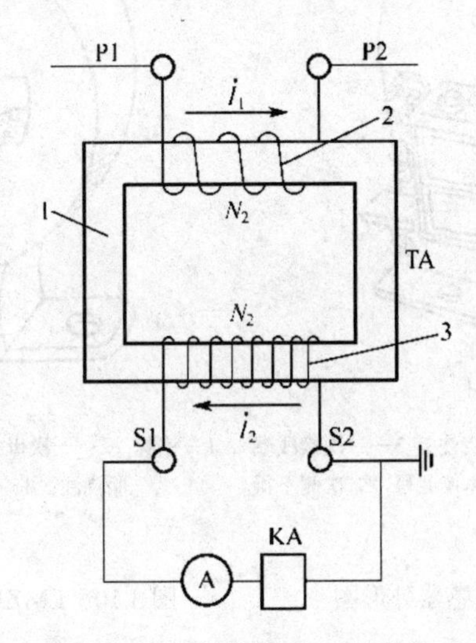

1—铁芯；2—一次绕组；3—二次绕组。

图3.8 电流互感器的基本结构原理图

2. 电流互感器的类型和型号

电流互感器的类型很多。按一次绕组的匝数分，有单匝式（包括母线式、芯柱式、套管式）和多匝式（包括线圈式、线环式、串级式）。按一次电压分，有高压和低压两大类。按用途分，有测量用和保护用两大类。按准确度级分，测量用电流互感器有0.1、0.2、0.5、1、3、5等级，保护用电流互感器有5P、10P两级。

高压电流互感器多制成不同准确度级的两个铁芯和两个二次绕组，分别接测量仪表和继电器，以满足测量和保护的不同要求。电气测量对电流互感器的准确度要求较高，且要求在一次电路短路时仪表受的冲击小，因此测量用电流互感器的铁芯在一次电路短路时应易于饱和，以限制二次电流的增长倍数。而继电保护用电流互感器的铁芯则在一次电流短路时不应饱和，使二次电流能与一次电流成比例地增长，以适应保护灵敏度的要求。

图3.9所示是户内高压LQJ—10型电流互感器的外形图。它有两个铁芯和两个二次绕组，分别为0.5级和3级，0.5级用于测量，3级用于继电保护。

图3.10所示是户内低压LMZJ1—0.5型（500～800/5A）电流互感器的外形图。它不含一次绕组，穿过其铁芯的母线就是其一次绕组（相当于1匝）。它用于500V及以下配电装置中。

以上两种电流互感器都是环氧树脂或不饱和树脂浇注绝缘的，较之老式的油浸式和干式电流互感器的尺寸小，性能好，安全可靠，现在生产的高低压成套配电装置中差不多都采用这类新型电流互感器。

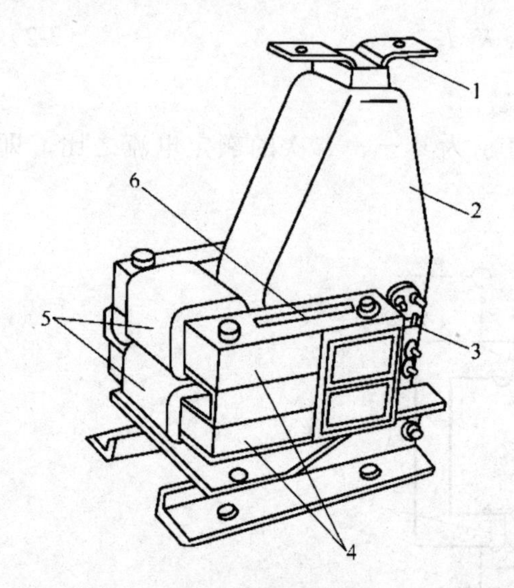

1—一次接线端子；2—一次绕组（树脂浇注）；3—二次接线端子；4—铁芯；5—二次绕组；6—警示牌（上写“二次侧不得开路”等字样）。

图 3.9　LQJ—10 型电流互感器外形图

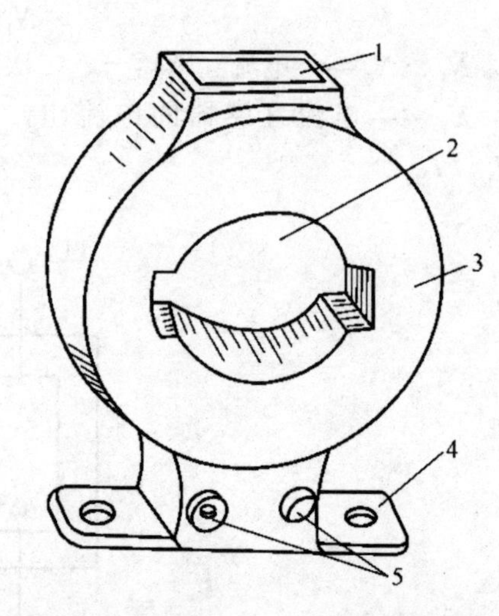

1—铭牌；2—一次母线穿孔；3—铁芯，外绕二次绕组，树脂浇注；4—安装板；5—二次接线端子。

图 3.10　LMZJ1—0.5 型电流互感器外形图

电流互感器全型号的表示和含义如下：

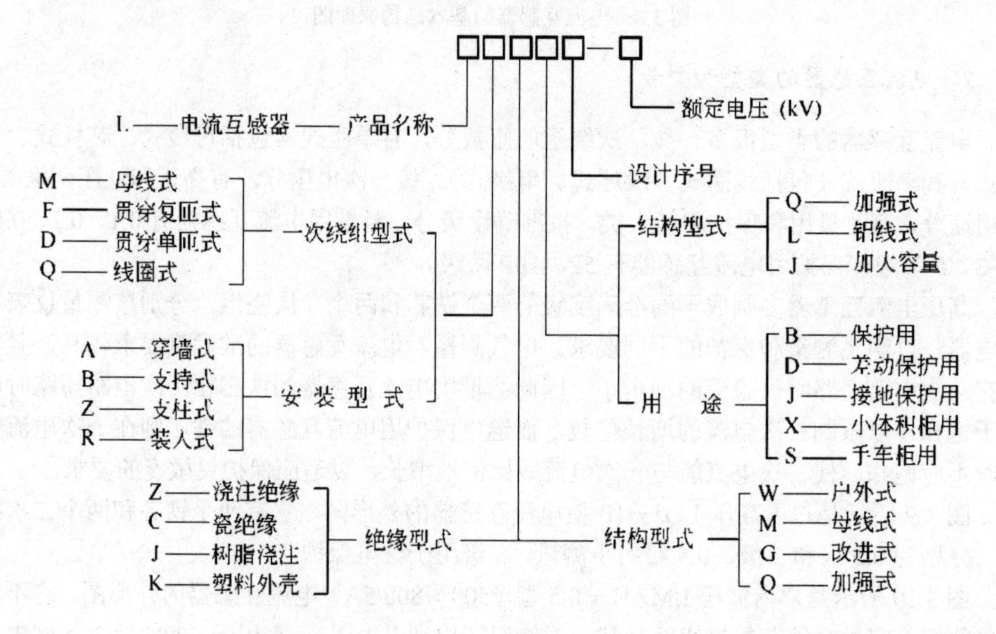

实训 3 电压和电流互感器的接线方法实训

实训目标

1．了解并掌握电压互感器的原理、用途及接线方式。

2．了解并掌握电流互感器的原理、用途及接线方式。

实训说明

1．电压互感器的接线方式

电压互感器在三相电路中有如图 3.11 所示的几种常见的接线方案。

（1）一个单相电压互感器的接线，如图 3.11（a）所示。供仪表、继电器接于一个线电压。

（2）两个单相电压互感器接成 V/V 形，如图 3.11（b）所示。供仪表、继电器接于三相三线制电路的各个线电压，广泛用在工厂变配电所的 6～10kV 高压配电装置中。

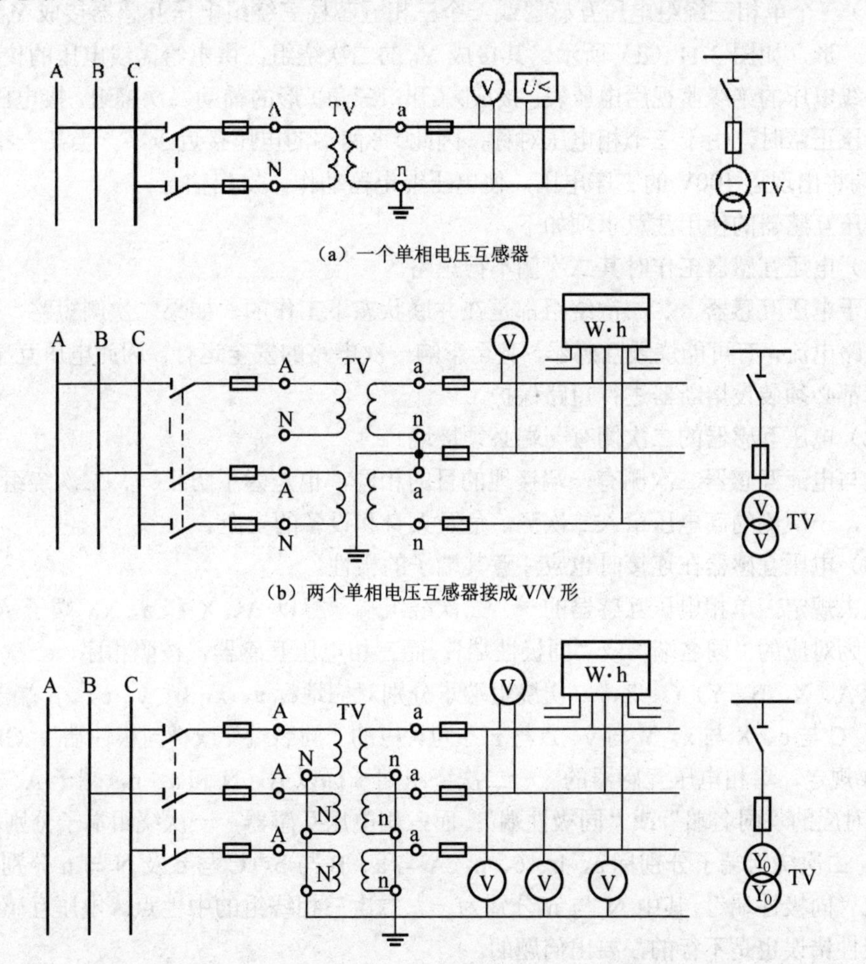

（a）一个单相电压互感器

（b）两个单相电压互感器接成 V/V 形

（c）三个单相电压互感器接成 Y_0/Y_0 形

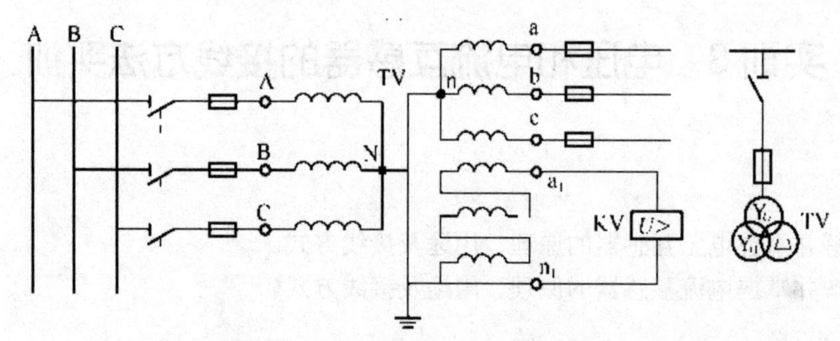

（d）三个单相三绕组或一个三相五芯柱三绕组电压互感器接成 Y_0/Y_0/▷（开口三角）形

图 3.11　电压互感器的接线方案

（3）三个单相电压互感器接成 Y_0/Y_0 形，如图 3.11（c）所示。供电给要求线电压的仪表、继电器，并供电给接相电压的绝缘监视电压表。由于小接地电流电力系统在一次电路发生单相接地时，另两个完好相的相电压要升高到线电压，所以绝缘监视电压表要按线电压选择，否则在发生单相接地时，电压表可能被烧毁。

（4）三个单相三绕组电压互感器或一个三相五芯柱三绕组电压互感器接成 Y_0/Y_0/▷（开口三角）形，如图 3.11（d）所示。其接成 Y_0 的二次绕组，供电给需线电压的仪表、继电器及需线电压的绝缘监视用电压表；接成▷（开口三角）形的辅助二次绕组，接电压继电器。一次电压正常时，由于三个相电压对称，因此▷形两端的电压接近于零。当某一相接地时，▷形两端将出现近 100V 的零序电压，使电压继电器动作，发出信号。

电压互感器的使用注意事项如下。

（1）电压互感器工作时其二次侧不得短路。

由于电压互感器一、二次绕组都是在并联状态下工作的，如果二次侧短路，将产生很大的短路电流，有可能烧毁互感器，甚至影响一次电路的安全运行。因此电压互感器的一、二次侧都必须装设熔断器进行短路保护。

（2）电压互感器的二次侧有一端必须接地。

这与电流互感器二次侧有一端接地的目的相同，也是为了防止一、二次绕组间的绝缘击穿时，一次侧的高电压窜入二次侧，危及人身和设备的安全。

（3）电压互感器在连接时也应注意其端子的极性。

过去规定，单相电压互感器的一、二次绕组端子标以 A、X 和 a、x，端子 A 与 a、X 与 x 各为对应的“同名端”或“同极性端”；而三相电压互感器，按照相序，一次绕组端子分别标 A、X，B、Y，C、Z，二次绕组端子分别对应地标 a、x，b、y，c、z。端子 A 与 a、B 与 b、C 与 c、X 与 x。Y 与 y、Z 与 z 各为对应的“同名端”或“同极性端”。GB 20840.3—2013 规定，单相电压互感器的一、二次绕组端子标以 A、N 和 a、n，端子 A 与 a、N 与 n 各为对应的“同名端”或“同极性端”；而三相电压互感器，一次绕组端子分别标 A、B、C、N，二次绕组端子分别标 a、b、c、n，A 与 a、B 与 b、C 与 c 及 N 与 n 分别为“同名端”或“同极性端”，其中 N 与 n 分别为一、二次三相绕组的中性点。电压互感器连接时端子极性错误也是不行的，要出问题的。

2. 电流互感器的接线方式

为了满足不同的控制要求，在三相电路中，电流互感器有 4 种不同的接线方式。

（1）一相式接线如图 3.12（a）所示，仅用一个电流互感器接在一相线路中，用在三相负荷平衡的低压动力线路中，供测量电流和接过负荷保护用。

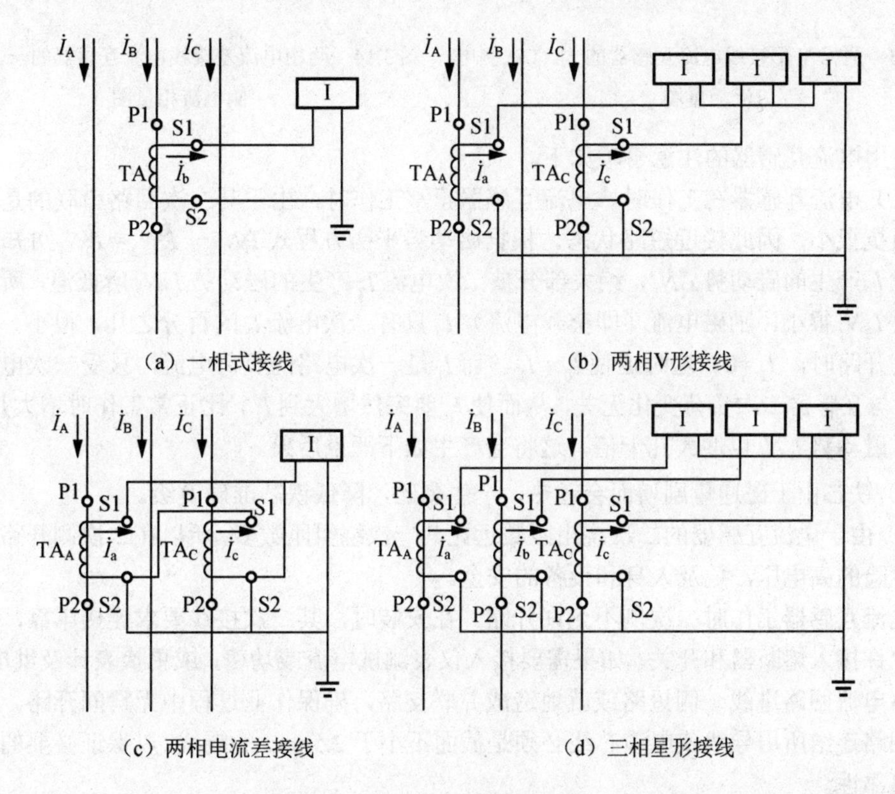

（a）一相式接线　　（b）两相V形接线

（c）两相电流差接线　　（d）三相星形接线

图 3.12　电流互感器接线方案

（2）两相 V 形接线如图 3.12（b）所示，这种接线方式称为不完全星形接线。在继电器保护装置中，这种接线称为两相两继电器接线。在中性点不接地的三相三线制电路中（如 6～10kV 的高压线路中），广泛用于测量三相电流、电能及过电流继电保护。由图 3.13 所示的相量图可知，两相 V 形接线的公共线上电流为 $\dot{I}_a+\dot{I}_c=\dot{I}_b$，反映的是未接电流互感器那一相的相电流。

（3）两相电流差接线如图 3.12（c）所示，从图 3.14 中的相量图可知，二次侧公共线上的电流为 $\dot{I}_a-\dot{I}_c$，其量值是相电流的 $\sqrt{3}$ 倍。这种接线适合于中性点不接地的三相三线制电路中（如 6～10kV 的高压线路中），用作过电流继电器保护用，也称为两相一继电器接线。

（4）三相星形接线如图 3.12（d）所示，这种接线的三个电流互感器正好反映三相电流，所以广泛用于负荷不平衡的三相四线制系统中，也用于负荷可能不平衡的三相三线制系统中，作为三相电流、电能测量和过电流保护用。

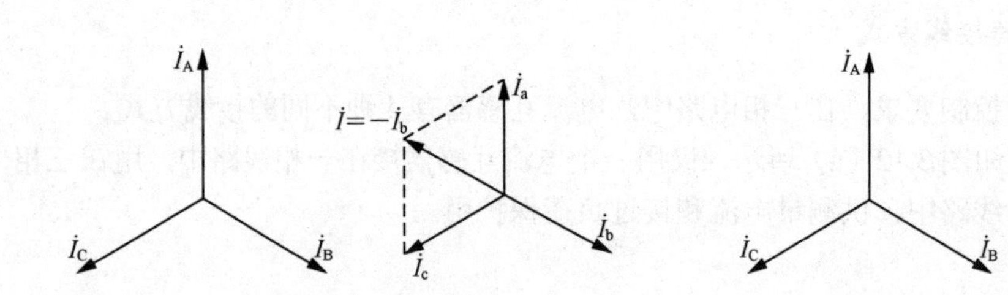

图 3.13 两相 V 形接线电流互感器的一、二次侧电流相量图

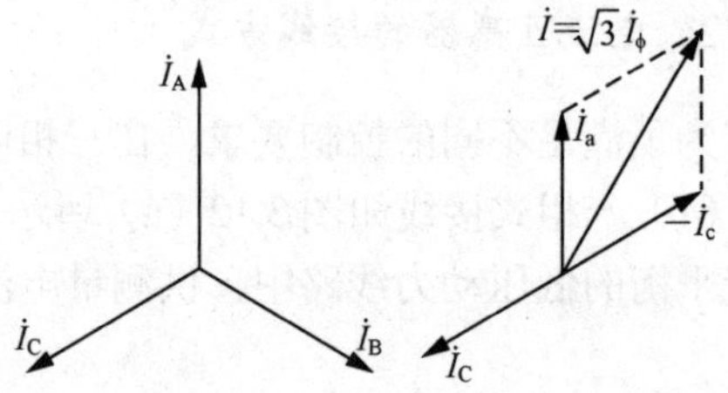

图 3.14 两相电流差接线电流互感器的一、二次侧电流相量图

使用电流互感器的注意事项如下。

（1）电流互感器在工作时，电流互感器正常工作时，由于其二次回路串联的是电流线圈，阻抗很小，因此接近短路状态。根据磁动势平衡方程式 $\dot{I}_1N_1-\dot{I}_2N_2=\dot{I}_0N_1$ 可知，其一次电流 I_1 产生的磁动势 I_1N_1，绝大部分被二次电流 I_2 产生的磁动势 I_2N_2 所抵消，所以总的磁动势 I_0N_1 很小，励磁电流（即空载电流）I_0 只有一次电流 I_1 的百分之几，很小。但是当二次侧开路时，I_2=0，这时迫使 $I_0=I_1$，而 I_1 是一次电路的负荷电流，只受一次电路负荷影响，与互感器二次负荷变化无关，从而使 I_0 要突然增大到 I_1，比正常工作时增大几十倍，使励磁磁动势 I_0N_1 也增大几十倍，这将会产生如下严重后果。

① 铁芯由于磁通量剧增而会过热，产生剩磁，降低铁芯准确度级。

② 由于电流互感器的二次绕组匝数远比其一次绕组匝数多，所以在二次侧开路时会感应出危险的高电压，危及人身和设备的安全。

电流互感器工作时二次侧不允许开路。在安装时，其二次接线要求连接牢靠，且二次侧不允许接入熔断器和开关。如果需要接入仪表测试电流或功率，或更换表计及继电器等，应先将电流回路进线一侧短路或就地造成并联支路，确保作业过程中无瞬间开路。此外，电流回路连结所用导线或电缆芯线必须是截面不小于 2.5mm^2 的铜线，以保证必要的机械强度和可靠性。

（2）电流互感器的二次侧必须一端接地。接地的目的是防止一、二次绕组之间绝缘击穿时，一次侧的高电压窜入二次侧，危及人身安全。当二次侧一端接地后，如果一次侧的高电压窜入二次侧，会造成接地短路，让保护动作。

（3）连接电流互感器时，必须注意其端子的极性。按照规定，我国互感器和变压器的绕组端子，均采用“减极性”标号法。

所谓“减极性”标号法，就是互感器按图 3.15 所示接线时，一次绕组接上电压 U_1，二次绕组感应出电压 U_2。这时将一对同名端短接，则在另一对同名端测出的电压为 $U=|U_1-U_2|$。

用“减极性”法所确定的“同名端”，实际上就是“同极性端”，即在同一瞬间，两个对应的同名端同为高电位，或同为低电位。

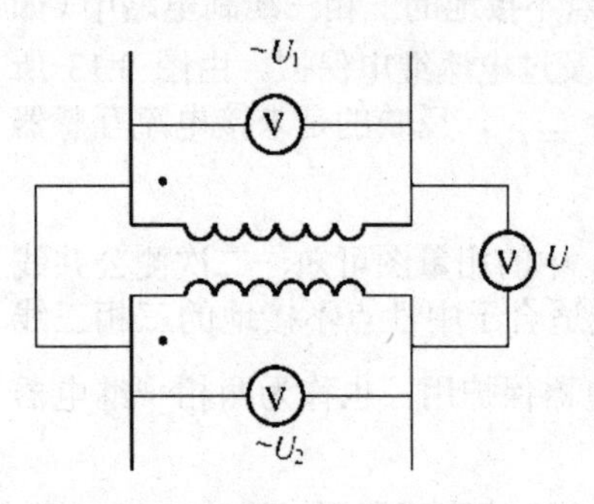

U_1 一输入电压；U_2 一输出电压。

图 3.15 互感器的“减极性”判别法

任务3.2　高压开关设备及其选择

3.2.1　高低压开关设备及其选择

1. 高压隔离开关

高压隔离开关（high-voltage disconnector，文字符号QS）的功能，主要是隔离高压电源，以保证其他设备和线路的安全检修。因此其结构特点是断开后有明显可见的断开间隙，而且断开间隙的绝缘及相间绝缘都是足够可靠的，能充分保障人身和设备的安全。但是隔离开关没有专门的灭弧装置，因此它不允许带负荷操作。然而可用来通断一定的小电流，如励磁电流（空载电流）不超过2A的空载变压器，电容电流不超过5A的空载线路以及电压互感器和避雷器电路等。

高压隔离开关按安装地点，分户内式和户外式两大类。图3.16所示是GN8-10/600型户内式高压隔离开关的外形结构图。

户内式高压隔离开关通常采用CS6型（操作机构型号含义：C为操作机构；S为手动；6为设计序号）手动操作机构进行操作，而户外式高压隔离开关则大多采用绝缘钩棒（俗称令克棒）手工操作。

图3.17所示是CS6型手动操作机构与GN8型隔离开关配合的一种安装方式。

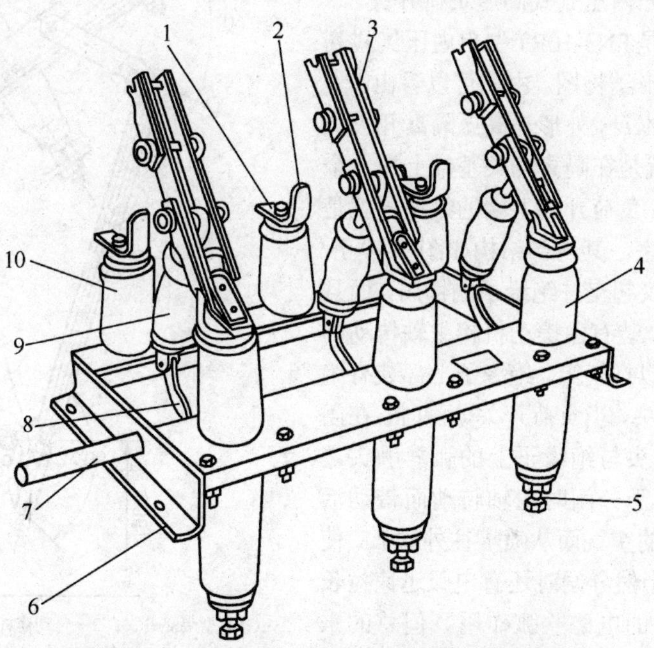

1—上接线端子；2—静触头；3—闸刀；4—绝缘套管；5—下接线端子；
6—框架 ；7—转轴；8—拐臂；9—升降瓷瓶；10—支柱瓷瓶。

图3.16　GN8-10/600型户内式高压隔离开关的外形结构图

高压隔离开关全型号的表示和含义如下：

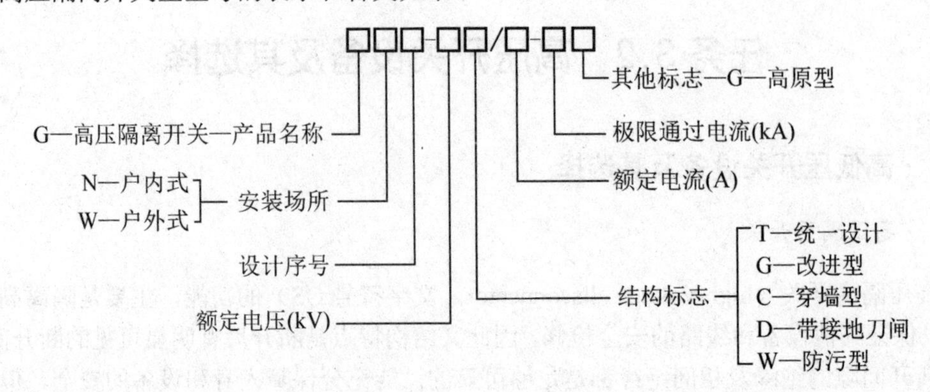

2. 高压负荷开关

高压负荷开关（high-voltage load switch，文字符号为 QL），具有简单的灭弧装置，因而能通断一定的负荷电流和过负荷电流。但是它不能断开短路电流，所以它一般与高压熔断器串联使用，借助熔断器来进行短路保护。负荷开关断开后，与隔离开关一样，也具有明显可见的断开间隙，因此它也具有隔离高压电源、保证安全检修的功能。

高压负荷开关的类型较多，这里着重介绍一种应用最多的户内压气式高压负荷开关。

图 3.18 所示是 FN3-10RT 型户内压气式高压负荷开关的外形结构图。由图可以看出，上半部为负荷开关本身，外形与高压隔离开关类似，实际上它也就是在隔离开关基础上加一个简单的灭弧装置。负荷开关上端的绝缘子就是一个简单的灭弧室，其内部结构如图 3.19 所示。该绝缘子不仅起支柱绝缘子的作用，而且内部是一个气缸，装有由操动机构主轴传动的活塞，其作用类似打气筒。绝缘子上部装有绝缘喷嘴和弧静触头。当负荷开关分闸时，在闸刀一端的弧动触头与绝缘子上的弧静触头之间产生电弧。由于分闸时主轴转动而带动活塞，压缩气缸内的空气而从喷嘴往外吹弧，使电弧迅速熄灭。当然分闸时还有电弧迅速拉长及本身电流回路的电磁吹弧作用。但总的来说，负荷开关的断流灭弧能力是有限的，只能分断一定的负荷电流和过负荷电流，因此负荷开关不能配以短路保护装置来自动跳闸，但可以装设热脱扣器用于过负荷保护。

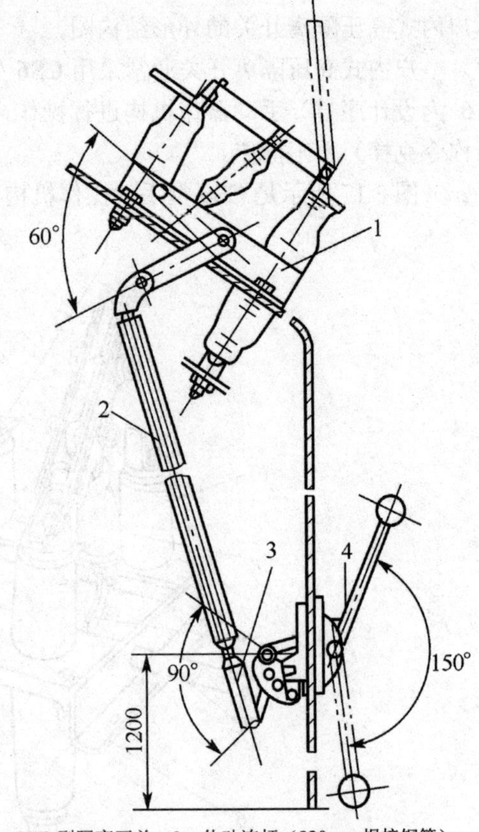

1—GN8 型隔离开关；2—传动连杆（920mm 焊接钢管）；3—调节杆；4—CS6 型手动操作机构。

图 3.17　CS6 型手动操作机构与 GN8 型隔离开关配合的一种安装方式

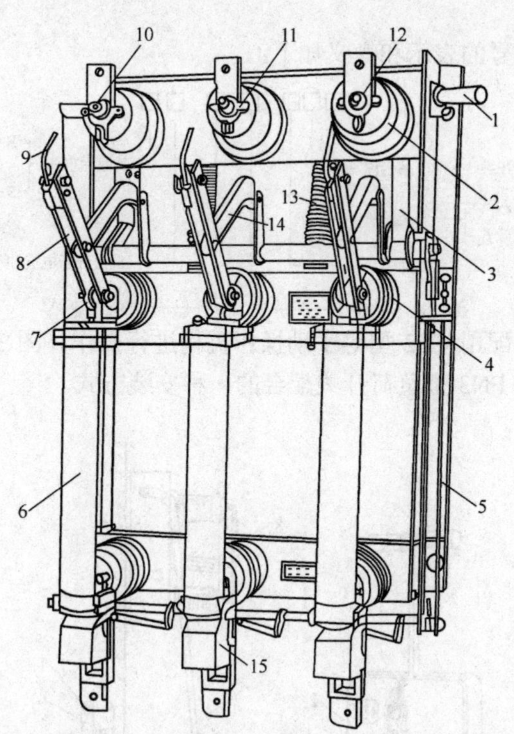

1—主轴；2—上绝缘子兼气缸；3—连杆；4—下绝缘子；5—框架；6—RN1 型高压熔断器 ；7—下触座；8—闸刀；9—弧动触头；10—绝缘喷嘴（内有弧静触头）；11—主静触头；12—上触座；13—断路弹簧；14—绝缘拉杆；15—热脱扣器。

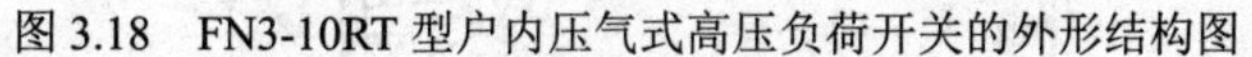

图 3.18　FN3-10RT 型户内压气式高压负荷开关的外形结构图

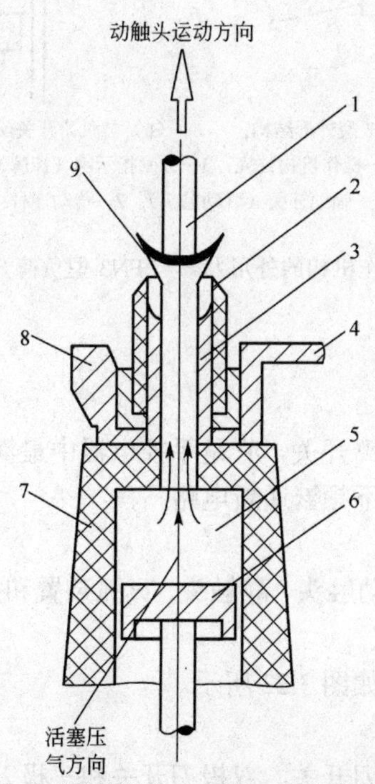

1—弧动触头；2—绝缘喷嘴；3—弧静触头；4—接线端子；5—气缸；6—活塞；7—上绝缘子；8—主静触头；9—电弧。

图 3.19　FN3-10RT 型户内压气式高压负荷开关的内部结构图

高压负荷开关全型号的表示和含义如下：

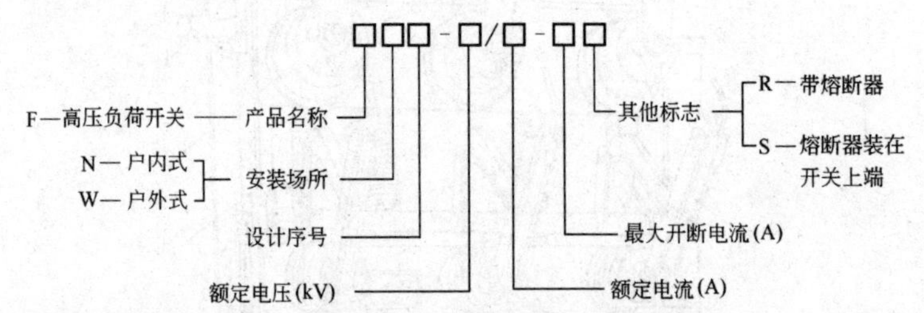

上述负荷开关一般配用 CS2 型等手动操作机构进行操作。图 3.20 所示是 CS2 型手动操作机构的外形及其与 FN3 型负荷开关配合的一种安装方式。

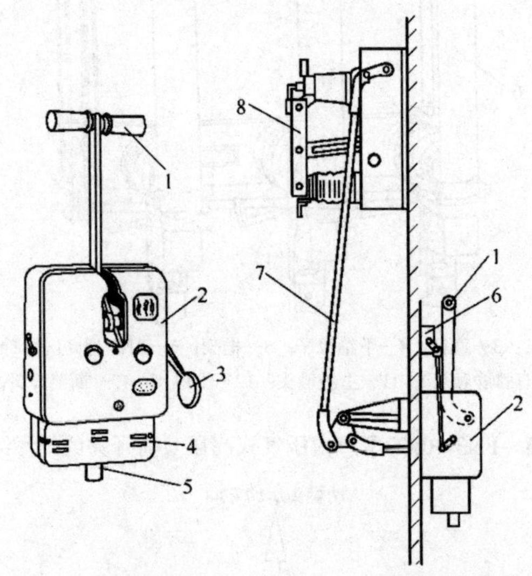

（a）CS2 型外形结构；（b）与负荷开关配合安装

1—操作手柄；2—操作机构外壳；3—分闸指示牌（掉牌）；4—脱扣器盒；5—分闸铁芯；6—辅助开关（联动触头）；7—传动连杆；8—负荷开关。

图 3.20 CS2 型手动操作机构的外形及其与 FN3 型负荷开关配合的一种安装方式

3. 低压开关设备

1）低压刀开关的作用

刀开关又称闸刀开关或隔离开关，它是手控电器中最简单且使用较广泛的一种低压电器。其主要功能：隔离电源，不频繁通断电路。

2）低压刀开关的结构

刀开关通常由绝缘底板、动触头、静触头、灭弧装置和操作机构组成，如图 3.21 所示。

3）低压刀开关的型号含义

低压刀开关的型号的含义如图 3.22 所示。

4）低压刀开关的类型

（1）按刀的极数分为单极刀开关、双极刀开关和三极刀开关。

（2）按灭弧装置分为带灭弧装置刀开关和不带灭弧装置刀开关。

（3）按刀的转换方向分为单掷刀开关和双掷刀开关。

（4）按接线方式分为板前接线刀开关和板后接线刀开关。

（5）按操作方式分为手柄操作刀开关和远距离联杆操作刀开关。

（6）按有无熔断器分为带熔断器刀开关和不带熔断器刀开关。

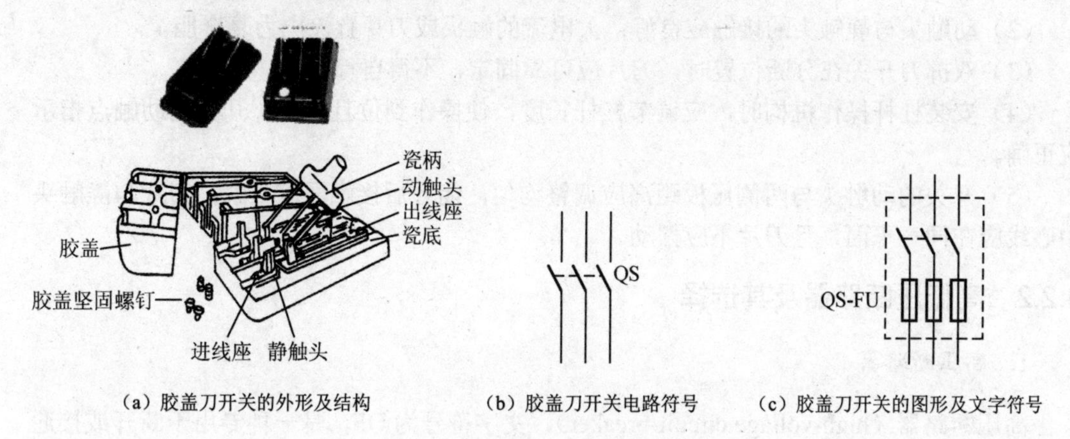

（a）胶盖刀开关的外形及结构　（b）胶盖刀开关电路符号　（c）胶盖刀开关的图形及文字符号

图 3.21　低压刀开关结构及符号

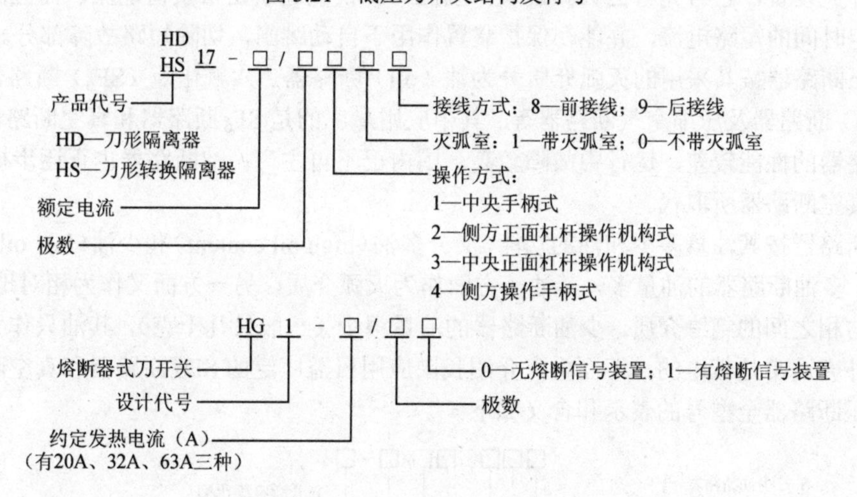

图 3.22　低压刀开关的电气符号含义

5）常用低压刀开关

（1）胶盖开关。胶盖开关是一种带熔断器的开启式负荷开关。

（2）铁壳开关。铁壳开关是带灭弧装置和熔断器的封闭式负荷开关，其图形符号及文字符号与胶盖开关相同。

6）低压刀开关选择

（1）结构形式的选择。应根据刀开关在线路中的作用和在成套装置的安装位置来确定是否带灭弧装置。如果仅用来隔离电源，则只需要选用不带灭弧装置的产品。若要分断负载电流，则应选择带灭弧装置的产品。

（2）额定电流的选择。刀开关的额定电流，一般应等于或大于所分断电路中各个负载额定电流的总和。对于电动机负载，应考虑其启动电流，所以应选用额定电流大一级的刀开关。若再考虑电路出现的短路电流，则还应选用额定电流更大一级的刀开关。

7）低压刀开关的安装

（1）开关应垂直安装。在不切断电流、有灭弧装置或用于小电流电路等情况下，可水平安装。水平安装时，分断后动触头不得自行脱落，其灭弧装置应固定可靠。

（2）动触头与静触头的接触应良好；大电流的触头或刀片宜涂电力复合脂。

（3）双掷刀开关在分断位置时，刀片应可靠固定，不得自行合上。

（4）安装杠杆操作机构时，应调节杠杆长度，使操作到位且灵活；开关辅助触点指示应正确。

（5）开关的动触头与两侧压板距离应调整均匀，闭合后接触面应压紧，刀片与静触头中心线应在同一平面，且刀片不应摆动。

3.2.2 高低压断路器及其选择

1. 高压断路器

高压断路器（high-voltage circuit-breaker），文字符号为QF，是一种专用于断开或接通电路的开关设备，它有完善的灭弧装置，因此，不仅能通断正常负荷电流，而且能接通和承受一定时间的短路电流，并能在保护装置作用下自动跳闸，切除短路故障部分。

高压断路器按其采用的灭弧介质分为油（oil）断路器、六氟化硫（SF_6）断路器、真空（vacuum）断路器及压缩空气断路器等。其中应用最广的是 SF_6 断路器和真空断路器；压缩空气断路器的性能较差，运行中故障较高，国内已不再生产；油断路器也正逐步被 SF_6 断路器和真空断路器所取代。

油断路器按其油量多少和油的功能，又分多油（high oil content）和少油（low oil content）两大类。多油断路器的油量多，其油一方面作为灭弧介质，另一方面又作为相对地（外壳）甚至相与相之间的绝缘介质。少油断路器的油量很少（一般只几千克），其油只作为灭弧介质，其外壳通常是带电的。下面重点介绍我国应用日益广泛的SF6断路器和真空断路器。

高压断路器全型号的表示和含义如下：

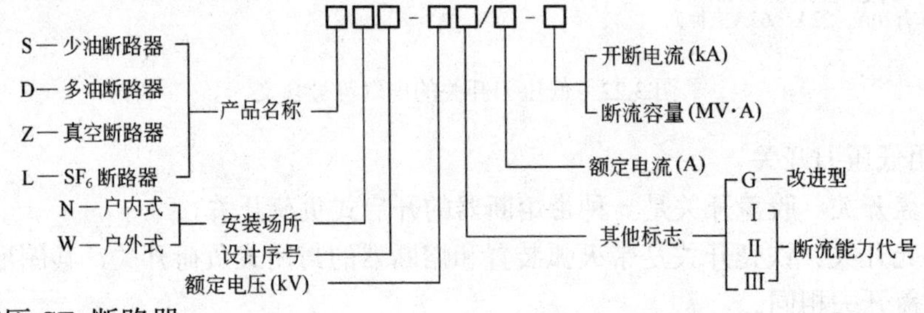

1）高压 SF_6 断路器

SF_6 断路器，是利用 SF_6 气体作灭弧和绝缘介质的一种断路器。

SF_6 是一种无色、无味、无毒且不易燃的惰性气体。在150℃以下时，化学性能相当稳定。但 SF_6 在电弧高温作用下要分解，分解出的氟（F_2）有较强的腐蚀性和毒性，且能与触头的金属蒸气化合为一种具有绝缘性能的白色粉末状的氟化物。因此这种断路器的触头一般都设计成具有自动净化的作用。然而由于上述的分解和化合作用所产生的活性杂质，大部分能在电弧熄灭后几微秒的极短时间内自动还原，而且残余杂质可用特殊的吸附剂（如活性氧化铝）清除，因此对人身和设备都不会有什么危害。SF_6 不含碳元素（C），这对于灭弧和绝缘介质来说，是极为优越的特性。而油断路器是用油作灭弧和绝缘介质的，油在电弧高温作用下要分解出碳，使油中的含碳量增高，从而降低了油的绝缘和灭弧性能。因此油断路器在运行中要经常注意监视油色，适时分析油样，必要时要更换新油。SF_6断路器就无这些麻烦。SF_6又不含氧元素（O），因此它不存在触头氧化的问题。因此SF_6断路器较之空气断路器，其触头的磨损较少，使用寿命较长。SF_6除具有上述优良的物理化学性能外，还具有优良的绝缘性能，在300kPa下，其绝缘强度与一般绝缘油的绝缘强度大体相当。SF_6气体是电负性气体，即其分子和原子具有很强的吸附自由电子的能力，可以大量吸附弧隙中参与导电的自由电子，生成负离子。由于负离子的运动要比自由电子慢得多，因此很容易和正离子复合成中性的分子和原子，大大加快了电流过零时弧隙介质强度的恢复，即SF_6在电流过零时，电弧暂时熄灭后，具有迅速恢复绝缘强度的能力，从而使电弧难以复燃而很快熄灭。

SF_6断路器的结构，按其灭弧方式分，有双压式和单压式两类。双压式具有两个气压系统，压力低的作为绝缘，压力高的作为灭弧。单压式只有一个气压系统，灭弧时，SF_6的气流靠压气活塞产生。单压式的结构简单，LN1、LN2型断路器均为单压式。

图3.23所示是LN2-10型户内式SF_6断路器的外形结构图，其灭弧室结构和工作示意图如图3.24所示。

由图3.24所示SF_6断路器灭弧室结构可以看出，断路器的静触头和灭弧室中的压气活塞是相对固定不动的。分闸时，装有动触头和绝缘喷嘴的气缸由断路器操作机构通过连杆带动，离开静触头，造成气缸与活塞的相对运动，压缩SF_6气体，使之通过喷嘴吹弧，从而使电弧迅速熄灭。

SF_6断路器与油断路器比较，具有断流能力大、灭弧速度快、绝缘性能好和检修周期长等优点，适于频繁操作，且无易燃易爆危险；但其缺点是，要求制造加工的精度很高，对其密封性能要求更严，因此价格较贵。

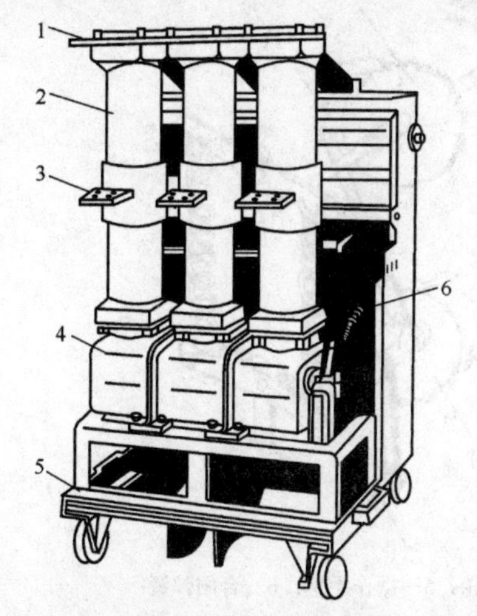

1—接线端子；2—绝缘筒（内有气缸和触头）；3—下接线端子；4—操动机构箱；5—小车；6—断路弹簧。

图3.23　LN2-10型户内式SF_6断路器

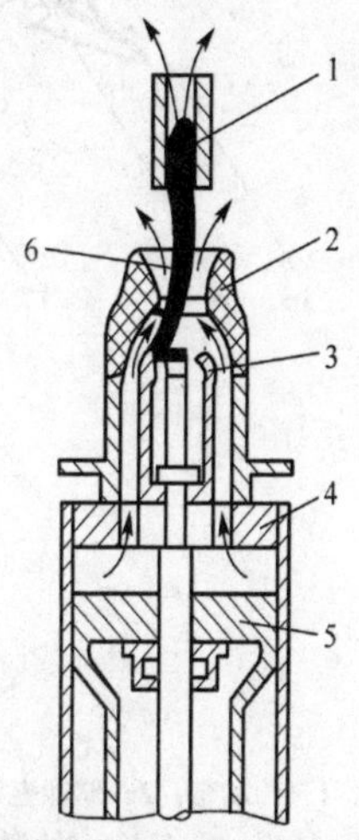

1—静触头；2—绝缘喷嘴；3—动触头；4—气缸（连同动触头由操动机构传动）；5—压气活塞（固定）；6—电弧。

图3.24　SF_6断路器灭弧室结构和工作示意图

SF_6 断路器主要用于需频繁操作及有易燃易爆危险的场所，特别是用作全封闭式组合电器。

SF_6 断路器配用 CD10 等型电磁操动机构或 CT7 等型弹簧操作机构。

图 3.25 所示是 CT7 型弹簧操作机构的外形尺寸图，图 3.26 所示是其操作传动机构内部结构示意图。

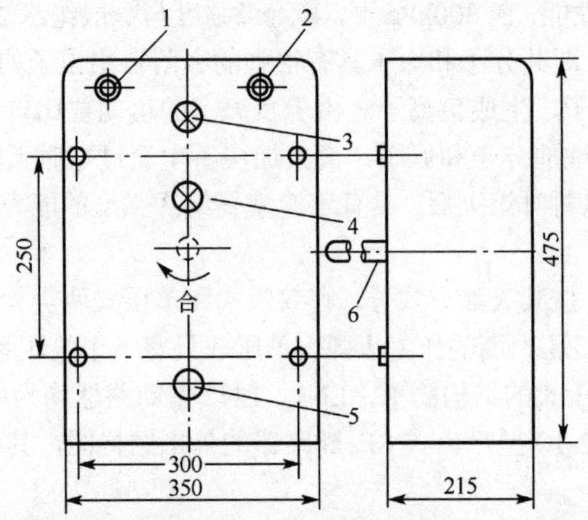

1—合闸按钮；2—分闸按钮；3—储能指示灯；4—分合闸指示灯；5—手动储能转轴；6—输出轴。

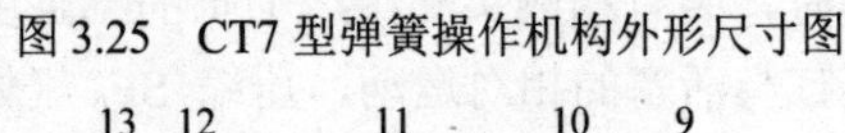

图 3.25　CT7 型弹簧操作机构外形尺寸图

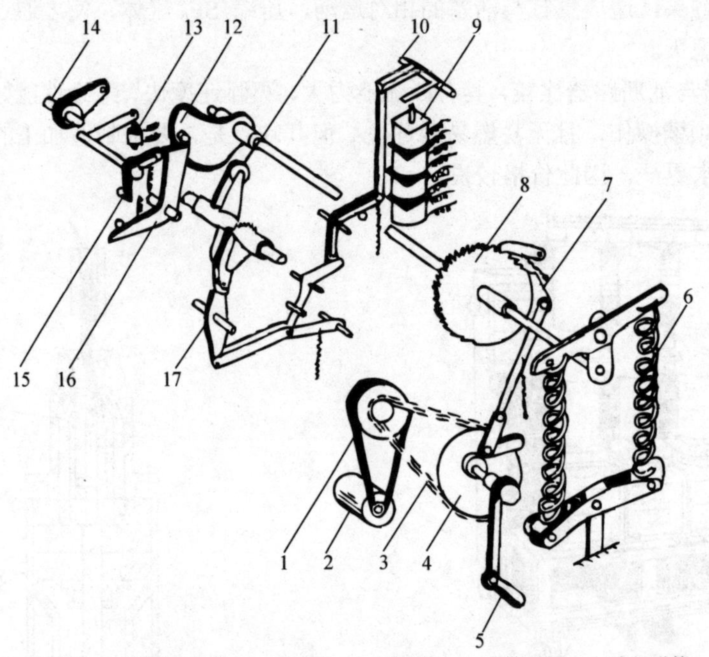

1—传动带；2—储能电动机；3—传动链；4—偏心轮；5—操作手柄；6—合闸弹簧；
7—棘爪；8—棘轮；9—脱扣器；10—连杆；11—拐臂；12—偏心凸轮；13—合闸电磁铁；
14—输出轴；15—掣子；16—杠杆；17—连杆。

图 3.26　CT7 型弹簧操作传动机构内部结构示意图

2）高压真空断路器

高压真空断路器是利用“真空”气压（10^2～10^6Pa）为灭弧的一种断路器，其触头装在真空灭弧室内。由于真空中不存在气体游离的问题，所以该断路器的触头断开时很难发生电弧。但是在感性电路中，灭弧速度过快，瞬间切断电流i将使$\mathrm{d}i/\mathrm{d}t$极大，从而使电路出现过电压（$u_{\mathrm{L}}=L\mathrm{d}i/\mathrm{d}t$），这对供电系统是很不利的。因此，该“真空”不能是绝对的真空，而能在触头断开时因高电场发射和热电发射而产生一点电弧，该电弧称为“真空电弧”，它能在电流第一次过零时熄灭。这样，燃弧时间既短（至多半个周期），又不致产生很高的过电压。

图3.27所示是ZN3-10型户内式高压真空断路器的外形结构图，其真空灭弧室结构图如图3.28所示。真空灭弧室的中部，有一对圆盘状的触头。在触头刚分离时，由于高电场发射和热电发射而使触头间发生电弧。电弧温度很高，可使触头表面产生金属蒸气。随着触头的分开和电弧电流的减小，触头间的金属蒸气密度也逐渐减小。当电弧电流过零时，电弧暂时熄灭，触头周围的金属离子迅速扩散，凝聚在四周的屏蔽罩上，以致在电流过零后只在个微秒的极短时间内，触头间隙实际上又恢复了原有的高真空度。因此，当电流过零后虽很快加上高电压，触头间隙也不会再次击穿，即真空电弧在电流第一次过零时就能完全熄灭。

真空断路器具有体积小、动作快、寿命长、安全可靠和便于维护检修等优点，但价格较贵，主要适用于频繁操作的场所。

真空断路器与SF_6断路器一样，配用CD10等型电磁操动机构或CT7等型弹簧操动机构。

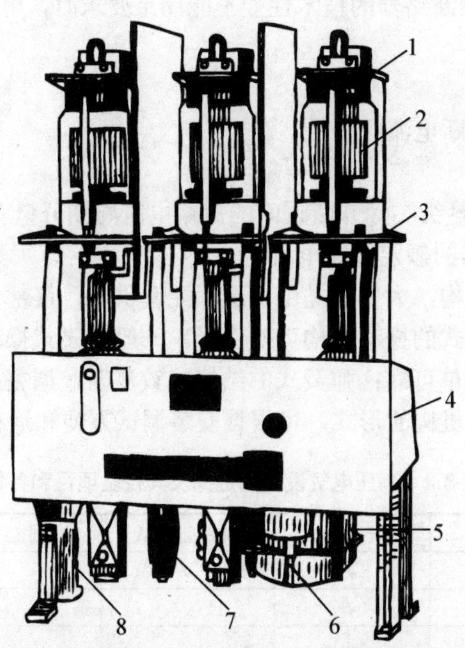

1—上接线端子（后面出线）；2—真空灭弧室（内有触头）；3—下接线端子（后面出线）；4—操作机构箱；5—合闸电磁铁；6—分闸电磁铁；7—断路弹簧；8—底座。

图3.27 ZN3-10型户内式高压真空断路器的外形结构图

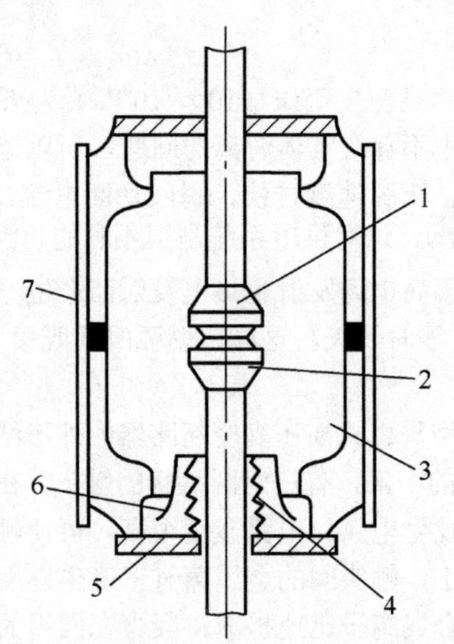

1—静触头；2—动触头；3—屏蔽罩；4—波纹管；5—与外壳封接的金属法兰盘；6—波纹管屏蔽罩；7—玻壳。

图 3.28 ZN3-10 型户内式高压真空断路器的真空灭弧室结构

3）高压断路器的选择、校验条件如表 3.2 所示。在选择时还应注意以下几点。

1）断路器种类和形式的选择

高压断路器应根据断路器安装地点、环境和使用技术条件等要求选择其种类和形式。由于少油断路器制造简单、价格便宜、维护工作量少，故 3～220kV 一般采用少油断路器；对于 110～330kV，当少油断路器的技术性能不能满足要求时，可以选用压缩空气或 SF_6 断路器。

2）按开断电流选择

高压断路器的额定开断电流应满足

$$I_{Nk} \geqslant I_k \tag{3-3}$$

式中 I_k——高压断路器触头实际开断瞬间的短路电流周期分量有效值；

I_{Nk}——高压断路器的额定开断电流。

高压断路器的操动机构，大多数是由制造厂配套供应，仅部分少油断路器有电磁式、弹簧式或液压式等几种形式的操动机构可供选择。一般电磁式操动机构虽需配有专用的直流合闸电源，但其结构简单可靠；弹簧式的结构比较复杂，调整要求较高；液压操动机构加工精度要求较高。操动机构的形式，可根据安装调试方便和运行可靠性进行选择。

表 3.2 高压电气设备的选择及其校验项目和条件

电气设备名称	电压/kV	电流/A	断流能力/kA	热稳定度	动稳定度	其他项目
高压熔断器	√	√	√	—	—	选择性
高压断路器	√	√	√	√	√	操动机构
高压隔离开关	√	√	—	√	√	操动机构
高压负荷开关	√	√	√	√	√	操动机构
电流互感器	√	√	—	√	√	准确度及二次负荷
电压互感器	√	—	—	—	—	

续表

电气设备名称	电压/kV	电流/A	断流能力/kA	热稳定度	动稳定度	其他项目
母线	—	√	—	√	√	截面形状
支柱绝缘子	√	—	—	—	√	
套管绝缘子	√	√	—	√	√	
校验条件	$U_N \geqslant U_{Ns}$	$I_N \geqslant I_{max}$	$I_{N\cdot k} \geqslant I_k$			

2. 低压断路器（SIEMENS 3WL）

1）低压断路器的功能

低压断路器是低压配电系统中最常用的电器之一，又称为低压自动开关。它能接通、分断线路正常的线路电流，也能分断线路故障情况下的过载或短路电流。低压断路器是用于交流电压1200V、直流电压1500V及以下电压范围的断路器。

低压断路器按灭弧介质分类，有空气断路器和真空断路器等；按用途分类，有配电用断路器、电动机保护用断路器、照明用断路器和漏电保护用断路器等。

配电用低压断路器按保护性能分，有非选择型和选择型两类。非选择型断路器，一般为瞬时动作，只作短路保护用；也有的为长延时动作，只作过负荷保护。选择型断路器，有两段保护、三段保护和智能化保护。两段保护为瞬时—长延时特性或短延时—长延时特性。三段保护为瞬时—短延时—长延时特性。瞬时和短延时特性适于短路保护，长延时特性适于过负荷保护。具有通信功能的智能型低压断路器（SIEMENS 3WL）外形如图3.29所示。

图3.29 智能型低压断路器（SIEMENS 3WL）外形

2）典型低压断路器的工作过程分析

低压断路器是一个比较复杂的电器，下面先通过一个示意图（图3.30）来了解其主要结构组成和工作原理。

当线路出现故障时，其过电流脱扣器动作，使开关跳闸。当出现过负荷故障时，串联在一次线路上的加热电阻8加热，使断路器中的热脱扣器（双金属片）7弯曲，也使开关跳闸。当线路电压严重下降或电压消失时，其失电压脱扣器5动作，同样也使开关跳闸。

如果按下脱扣按钮 9 或 10，则使分励脱扣器 4 通电或者使失电压脱扣器 5 失电，使开关远距离跳闸。

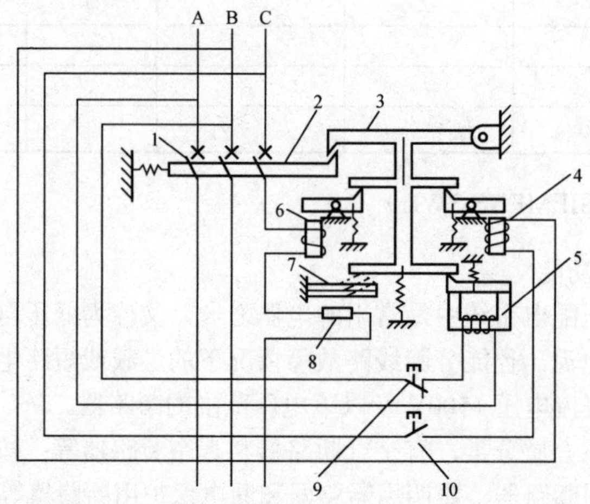

1—主接头；2—跳钩；3—锁扣；4—分励脱扣器；5—失电压脱扣器；6—过电流脱扣器；7—热脱扣器（双金属片）；8—加热电阻；9—脱扣按钮（常闭）；10—脱扣按钮（常开）。

图 3.30　低压断路器的原理与接线图

3）SIEMENS 3WL 系列低压断路器的结构

SIEMENS 3WL 系列低压断路器结构如图 3.31 所示。

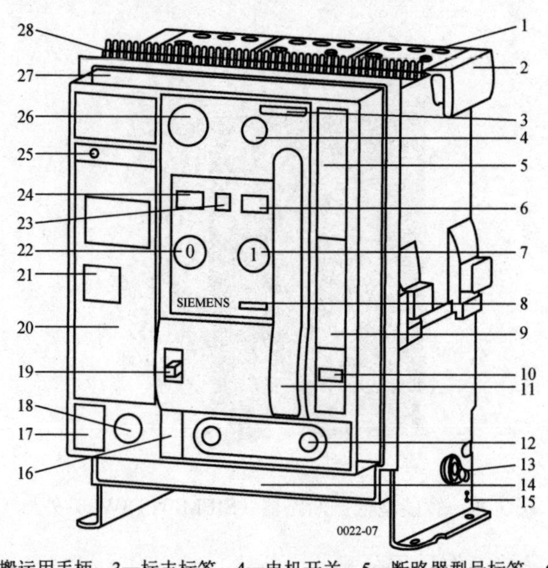

1—灭弧罩；2—搬运用手柄；3—标志标签；4—电机开关；5—断路器型号标签；6—储能指示器；7—机械合闸按钮；8—电流额定值；9—手柄；10—分合闸动作计数器；11—（手动）弹簧储能杆；12—手柄；13—抽出式单元的轴；14—选项标签；15—接地端子；16—位置指示器；17—接地故障表；18—手柄安全锁；19—手柄机械脱扣器；20—过电流脱扣器；21—额定插件；22—机械分闸按钮或紧急分闸蘑菇头按钮；23—“合闸准备就绪”指示器；24—断路器合闸/分闸指示器；25—脱扣指示器（复位按钮）；26—闭锁设备“安全断开”；27—前面板；28—辅助触头连接器。

图 3.31　断路器结构

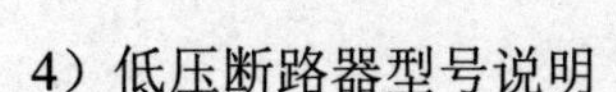

4）低压断路器型号说明

国产断路器型号的含义和表示方式如下：

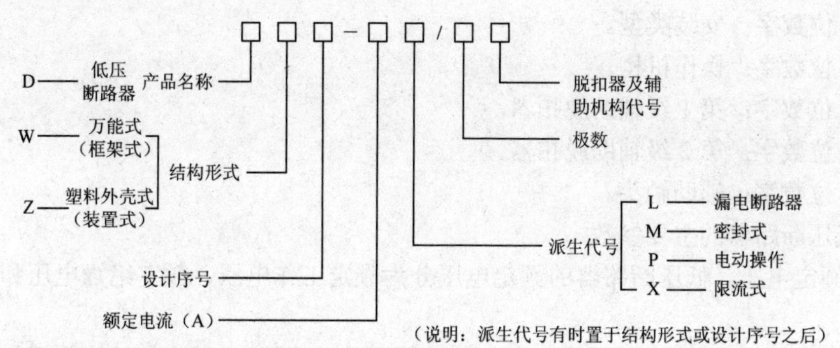

WL系列断路器型号含义和表达方式如下：

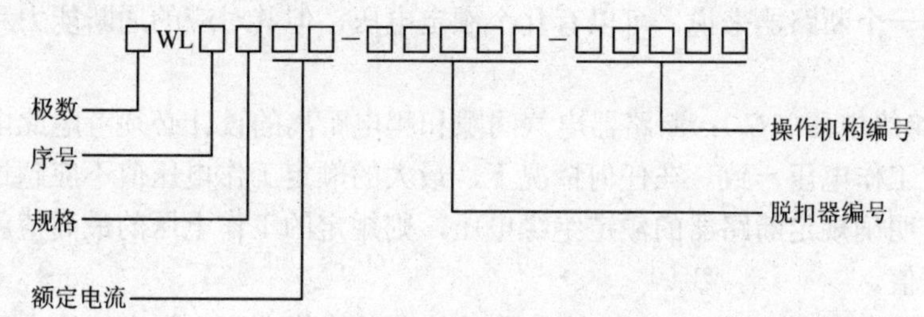

举例如下：

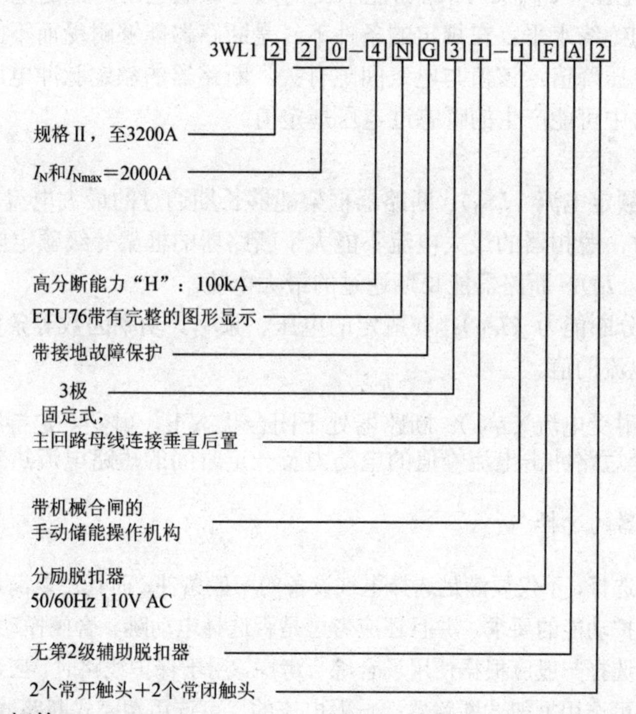

第5位数字：规格。

第6位和第7位数字：额定电流 I_N 和最大断路器额定电流 I_{Nmax}。

第8位数字：分断能力等级。

第9位数字：过电流脱扣器。

第 10 位数字：过电流脱扣器补充。

第 11 位数字：极数。

第 12 位数字：安装类型。

第 13 位数字：操作机构。

第 14 位数字：第 1 级辅助脱扣器。

第 15 位数字：第 2 级辅助脱扣器。

第 16 位数字：辅助触头。

5）低压断路器的主要参数

（1）额定电压。低压断路器的额定电压分为额定工作电压、额定绝缘电压和额定脉冲电压。

① 额定工作电压（U_N）：断路器正常工作的最大电压值，对多相线路来说，是指相间电压。对于同一个断路器来说，可以有几个额定电压，但其对应的通断能力和使用类别不一样。

② 额定绝缘电压（U_i）：断路器电气间隙和爬电距离的设计必须考虑此电压，一般和断路器的额定工作电压一致。在任何情况下，最大的额定工作电压值不应超过额定绝缘电压值。若没有明确规定断路器的额定绝缘电压，则规定的工作电压的最高值就被认为是其额定绝缘电压值。

③ 额定脉冲电压（U_{imp}）：断路器能承受的短时峰值电压，额定绝缘电压和额定脉冲电压决定断路器的绝缘水平。在规定的条件下，是断路器能够耐受而不击穿的具有规定形状和极性的冲击电压峰值。该值与电气间隙有关。断路器的额定脉冲电压应等于或大于该断路器所处的电路中可能产生的瞬态过电压规定值。

（2）额定电流。

① 框架等级额定电流（I_{NM}）：断路器框架能够长期通过的最大电流。当一个断路器配带不同的脱扣器时，脱扣器的最大电流不能大于断路器的框架等级额定电流。

② 额定电流（I_N）：断路器能长期通过的最大电流。

③ 额定短路分断能力（I_{CN}）：在规定的电压、频率、功率因数等条件下，断路器能够分断的预期短路电流的值。

④ 额定短路耐受电流（I_{CW}）：断路器处于闭合状态下，耐受一定持续时间短路电流的能力。它包括承受短路冲击电流峰值的电动力及一定时间的短路电流热效应的能力。

3. 低压断路器的选择

低压断路器的选择，不仅要满足选择电气设备的一般条件，而且还要满足正确实现过电流、过负荷及失压等保护功能的要求，并且还应考虑是否选择电动跳、合闸操动机构。

断路器的类型选择一般应根据使用场合综合考虑。用于保护线路时，应选用配电用断路器，如果线路电流大，可选用框架式断路器；一般电流的，可选用塑壳式断路器；电流较小的，可选择小型断路器。

用于保护电动机时，可选用电动机专用断路器，电流可以直接整定调节，也可选择普通断路器加热继电器配合保护的形式。

电动机功率较大时，选用塑壳式断路器，功率较小时，可选用模数化小型断路器。

用于保护照明线路时，通常选用塑壳式断路器和小型断路器。

在照明线路的插座回路中，应选择漏电保护断路器。

1）一般选用原则

（1）额定电压、额定电流的选择

额定电压应不低于被保护线路的额定电压；额定电流应不低于它所装设的脱扣器的额定电流，热脱扣器的额定电流也应不小于线路的计算电流。

（2）前后低压断路器的配合

为了满足前后低压断路器选择性的要求，前一级低压断路器的脱扣器的动作电流应比后一级低压断路器的动作电流大一等级以上。而前一级低压断路器的脱扣器宜采用带短延时的过流脱扣器，后一级低压断路器则采用瞬时脱扣器。

低压断路器与熔断器之间的选择性配合，可按其保护特性曲线来检验，前一级低压断路器可考虑－30%～－20%的负偏差，后一级低压熔断器可考虑＋30%～50%的正偏差。在后一级熔断器出口发生三相短路时，前一级动作时间大于后一级动作时间，则说明能实现选择性动作。

（3）低压断路器的额定短路通断能力应大于或等于线路中可能出现的最大短路电流，一般按有效值计算。

（4）线路末端单相对地短路电流等于或大于 1.25 倍低压断路器瞬时（或短延时）脱扣器整定电流。

（5）低压断路器欠电压脱扣器额定电压等于线路额定电压。

（6）低压断路器分励脱扣器额定电压等于控制电源电压。

2）选择注意事项

选用配电用低压断路器时，除应考虑一般的选用原则外，还应注意以下几点。

（1）长延时动作电流整定值应不大于导线容许载流量。对于采用电线电缆的情况，可取电线电缆容许载流量的 80%。

（2）3 倍长延时动作电流整定值的可返回时间不小于线路中起动电流最大的电动机起动时间。

（3）短延时动作电流整定值应不小于 $1.1\times(I_{jk}+1.35KI_{ND})$。其中，$I_{jk}$ 为线路的计算电流；K 为电动机的起动电流倍数；I_{ND} 为电动机的额定电流。

（4）瞬时动作电流整定值应不小于 $1.1\times(I_{jk}+K_{I}I_{NDM})$。其中，$K_{I}$ 为电动机起动电流的冲击系数，一般取 1.7～2；I_{NDM} 为最大一台电动机的额定电流。

3.2.3　漏电断路器

漏电断路器（residual current circuit-breaker）:电路中漏电电流超过预定值时能自动动作的开关。常用的漏电断路器分为电压型和电流型两类，而电流型又分为电磁型和电子型两种。漏电断路器用于防止人身触电，应根据直接接触和间接接触两种触电防护的不同要求来选择。电压型漏电断路器用于变压器中性点不接地的低压电网。其特点是当人身触电时，零线对地出现一个比较高的电压，引起继电器动作，电源开关跳闸。电流型漏电断路器主要用于变压器中性点接地的低压配电系统，其特点是当人身触电时，由零序电流互感器检测出一个漏电电流，使继电器动作，电源开关断开。

漏电断路器主要有零序电流互感器、电子组件板、漏电脱扣器及带有过载和短路保护的断路器组成。漏电断路器的漏电保护部分，由零序电流互感器（感测部分）、运算控制器（控制部分）和电磁脱扣器（动作，执行部分）组成。被保护的主电路所有相，零线都穿过零序电流互感器的铁芯，组成零序电流互感器一次侧。

漏电断路器选用原则如下。

1. 根据使用目的和电气设备所使用场所来选择

1）直接接触触电的防护

因直接接触触电的危害比较大，引起的后果严重，所以要选用灵敏度较高的漏电断路器，对电动工具、移动式电气设备和临时线路，应在回路中安装动作电流为 30mA，动作时间在 0.1s 之内的漏电断路器。对家用电器较多的居民住宅，最好把漏电断路器安装在进户电能表后。

2）间接接触触电防护

不同场所的间接接触触电，能对人身造成不同程度的伤害，所以，不同场所应安装不同的漏电断路器。对容易触电的危害性较大的场所，要求用灵敏度比较高的漏电断路器。在潮湿场所比在干燥场所触电的危险性要大得多，一般应安装动作电流为 15～30mA，动作时间在 0.1s 之内的漏电断路器。对于水中的电器设备，应安装动作电流为 6～10mA，动作时间在 US 之内的漏电断路器。对于操作人员必须站在金属物体上或金属容器内的电气设备，只要电压高于 24V,就应安装动作电流为 15mA 以下，动作时间在 US 之内的漏电断路器。对电压为 220V 或 380V 的固定电气设备，当外壳接地电阻在 500Ω 以下时，单机可安装动作电流为 30mA，动作时间在 0.19 之内的漏电断路器。对额定电流在 100A 以上的大型电气设备或带有多台用电设备的供电回路，可安装动作电流为 50～100mA 的漏电断路器，对用电设备的接地电阻在 1000 以下时，可安装动作电流为 200～500mA 的漏电断路器。

2. 根据电路和设备的正常泄漏电流来选择

（1）单机配用的漏电断路器的动作电流应大于设备正常运行时泄漏电流的 4 倍。

（2）用于分支线路的漏电断路器，动作电流应大于线路正常运行时泄漏电流的 2.5 倍，同时也要大于线路中泄漏电流最大的电气设备的泄漏电流的 4 倍。

（3）主干线或全网总保护的漏电断路器，其动作电流应大于电网正常运行时泄漏电流的 2.5 倍。

如果不容易测量线路或电气设备的泄漏电流，则单相 220V 电源供电的电气设备应选用二极二线式或单极二线式漏电断路器，三相三线制 380V 电源供电的电气设备应选用三极四线式或四极四线式漏电断路器。

任务3.3 高低压保护设备及其选择

3.3.1 高低压熔断器及其选择

1. 高压熔断器

熔断器（fuse，文字符号为FU）是一种在电路电流超过规定值并经一定时间后，使其熔体（fuse-element，文字符号FE）熔化而分断电流、断开电路的一种保护电器。熔断器的功能主要是对电路及电路设备进行短路保护，有的熔断器还具有过负荷保护的功能。

工厂供电系统中，室内广泛采用 RN1、RN2 等型高压管式熔断器，室外则广泛采用RW4-10、RW10（F）-10等型高压跌开式熔断器和RW10-35等型高压限流熔断器。

高压熔断器全型号的表示和含义如下：

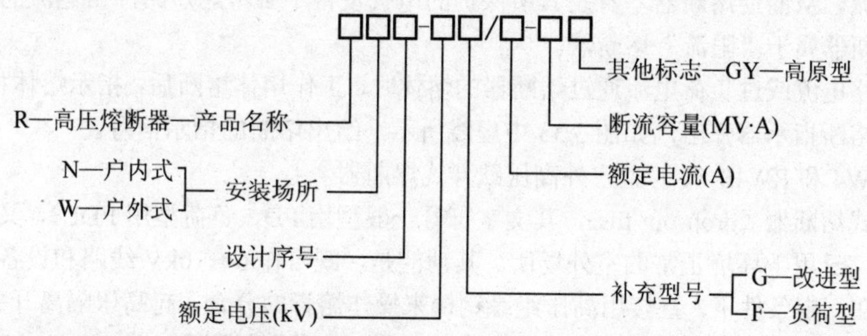

1）RN1和RN2型户内高压管式熔断器

RN1 和 RN2 型的结构基本相同，都是瓷质熔管内充石英砂硅砂填料的密闭管式熔断器，其外形结构如图3.32所示。

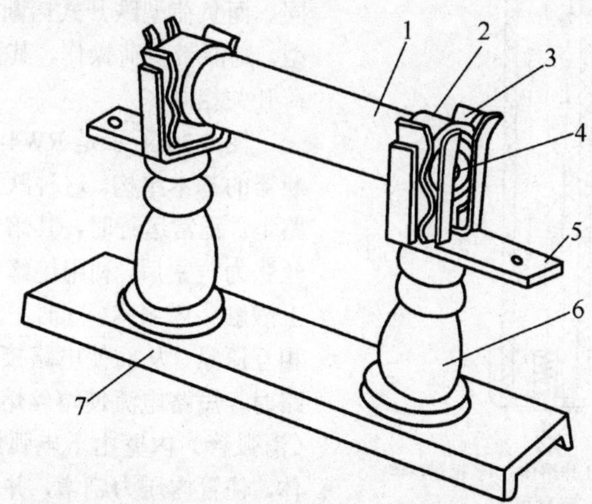

1—瓷熔管；2—金属管帽；3—弹性触座；4—熔断指示器；5—接线端子；6—支柱瓷瓶；7—底座。

图3.32 RN1和RN2型户内高压管式熔断器外形结构图

RN1 型主要用作高压电路和设备的短路保护，并能起过负荷保护的作用，其熔体要通过主电路的大电流，因此其结构尺寸较大，额定电流可达 100A。而 RN2 型只用作高压电压互感器一次侧的短路保护。由于电压互感器二次侧全部连接阻抗很大的电压线圈，致使它接近于空载工作，其一次侧电流很小，因此 RN2 型的结构尺寸较小，其熔体额定电流一般为 0.5A。

RN1 和 RN2 型熔断器熔管的断面示意图如图 3.33 所示。由图可知，熔断器的工作熔体（铜熔丝）上焊有小锡球。锡是低熔点金属，过负荷时锡球受热首先熔化，包围铜熔丝，铜锡分子相互渗透而形成熔点较铜的熔点低的铜锡合金，使铜熔丝能在较低的温度下熔断，这就是所谓“冶金效应”（metallurgical effect）。它使熔断器能在不太大的过负荷电流和较小的短路电流下动作，从而提高了保护灵敏度。又由图 3.33 可知，该熔断器采用多根熔丝并联，熔断时能产生多根并行的电弧，利用粗弧分细灭弧法可加速电弧的熄灭。而且该熔断器熔管内是充填有石英砂的，熔丝熔断时产生的电弧完全在石英砂内燃烧，因此其灭弧能力很强，能在短路后不到半个周期即短路电流未达冲击值 i_{sh} 之前即能完全熄灭电弧、切断短路电流，从而使熔断器本身及其所保护的电气设备不必考虑短路冲击电流的影响，因此这种熔断器属于“限流”熔断器。

当短路电流或过负荷电流通过熔断器的熔体时，工作熔体熔断后，指示熔体相继熔断，其红色的熔断指示器弹出，如图 3.33 中虚线所示，给出熔断的指示信号。

2）RW4 和 RW10（F）型户外高压跌开式熔断器

跌开式熔断器（drop-out fuse，其文字符号一般型用 FD，负荷型用 FDL），又称跌落式熔断器，广泛用于环境正常的室外场所。其功能是，既可作 6～10kV 线路和设备的短路保护，又可在一定条件下，直接用高压绝缘钩棒来操作熔管的分合，起高压隔离开关的作用。

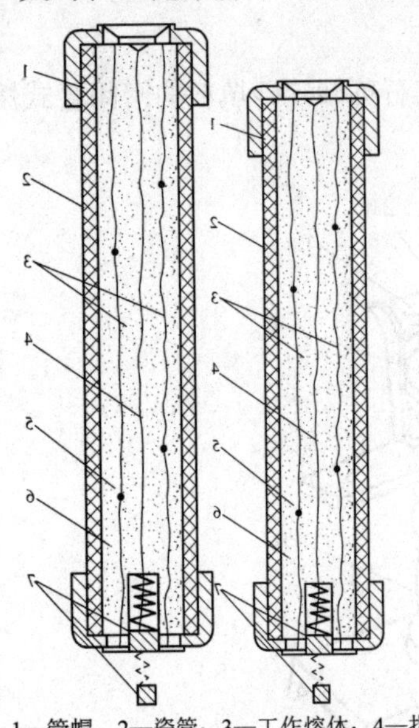

1—管帽；2—瓷管；3—工作熔体；4—指示熔体；
5—锡球；6—石英砂填料；
7—熔断指示器（虚线表示熔断指示器在熔体熔断时弹出）。

图 3.33　RN1 和 RN2 型熔断器熔管的断面示意图

一般的跌开式熔断器如 RW4-10（G）型等，只能无负荷操作，或通断小容量的空载变压器和空载线路等，其操作要求与高压隔离开关相同。而负荷型跌开式熔断器如 RW10-10（F）型，则能带负荷操作，其操作要求则与高压负荷开关相同。

图 3.34 所示是 RW4-10（G）型跌开式熔断器的基本结构。这种跌开式熔断器串接在线路上。正常运行时，其熔管上端的动触头借熔丝张力拉紧后，利用绝缘钩棒将此动触头推入上静触头内锁紧，同时下动触头与下静触头也相互压紧，从而使电路接通。当线路上发生短路时，短路电流使熔丝熔断，形成电弧。熔管（消弧管）内壁由于电弧烧灼而分解出大量气体，使管内压力剧增，并沿管道形成强烈的气流纵向吹弧，使电弧迅速熄灭。熔管的主动触头因熔丝熔断后失去张力而下翻，使锁紧机构释放熔管，在触头弹力及熔管自重的作用下，

回转跃升，造成明显可见的断开间隙。

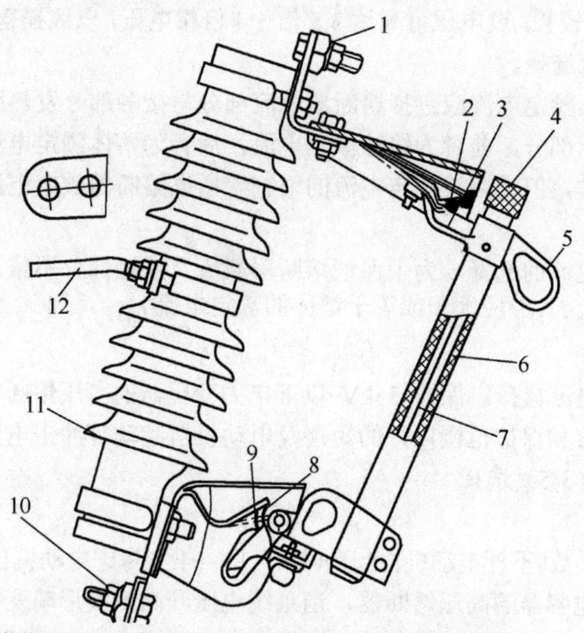

1—上接线端子；2—上静触头；3—上动触头；4—管帽（带薄膜）；5—操作环；
6—熔管（外层为酚醛纸管或环氧玻璃布管，内套纤维质消弧管）；7—铜熔丝；8—下动触头；
9—下静触头；10—下接线端子；11—绝缘瓷瓶；12—固定安装板。

图3.34　RW4-10（G）型跌开式熔断器的基本结构

这种跌开式熔断器还采用了“逐级排气”结构。其熔管上端在正常运行时是被一薄膜封闭的，可以防止雨水浸入。在分断小的短路电流时，由于上端封闭而形成单端排气，使管内保持足够大的气压，这样有利于熄灭小的短路电流所产生的电弧。而在分断大的短路电流时，由于管内产生的气压大，使上端薄膜冲开而形成两端排气，这样有助于防止分断大的短路电流时可能造成的熔管爆裂，从而较好地解决了自产气熔断器分断大小故障电流的矛盾。

RW10-10（F）型跌开式熔断器是在一般跌开式熔断器的上静触头上面加装一个简单的灭弧室，因而能够带负荷操作。这种负荷型跌开式熔断器既能实现短路保护，又能带负荷操作，且能起隔离开关的作用，因此有推广应用的趋向。

跌开式熔断器依靠电弧燃烧使产气消弧管分解产生的气体来熄灭电弧，即使是负荷型跌开式熔断器加装有简单的灭弧室，其灭弧能力都不强，灭弧速度不快，不能在短路电流达到冲击值之前熄灭电弧，因此它属于“非限流”熔断器。

3）高压熔断器的选择

高压熔断器在选择时应注意以下几点。

（1）按额定电压选择。

对于一般的高压熔断器，其额定电压必须大于或等于电网的额定电压。而对于充填石英砂的限流熔断器，只能用在等于其额定电压的电网中，因为这种类型的熔断器在电流达到最大值之前就将电流截断，致使熔体熔断时产生过电压。过电压的倍数与电路的参数及熔体的长度有关，一般在等于额定电压的电网中为2.0倍～2.5倍，但如在低于其额定电压的电网中，由于熔体较长，过电压可高达3.5倍～4倍相电压，以致损害电网中的电气设备。

（2）按额定电流选择。

对于熔断器，其额定电流应包括熔断器载流部分与接触部分发热所依据的电流和熔体发热所依据的电流两部分，前者为熔管额定电流，后者为熔体额定电流。同一熔管可装配不同额定电流的熔体，但受熔管额定电流的限制。所以熔断器额定电流的选择包括这两部分电流的选择。

（1）熔管额定电流的选择。为了保证熔断器载流及接触部分不致过热和损坏，高压熔断器的熔管额定电流 $I_{N.FEgt}$ 应大于或等于熔体的额定电流 $I_{N.FE}$，即

$$I_{N.FEgt} \geqslant I_{N.FE} \tag{3-4}$$

（2）熔体额定电流选择。保护35kV以下电力变压器的高压熔断器，为了防止熔体在通过变压器励磁涌流和保护范围以外的短路及电动机自起动等冲击电流时误动作，其熔体的额定电流可按式（3-5）选择

$$I_{N.FE} = K_1 I_{max} \tag{3-5}$$

式中　K_1——可靠系数（不计电动机自起动时 K_1=1.1～1.3；考虑电动机自起动时 K_1=1.5～2）。

用于保护电力电容器的高压熔断器，当系统电压升高或波形畸变引起回路电流增大或运行过程中产生涌流时不应误动作，其熔体额定电流可按式（3-6）选择

$$I_{N.FE} = K_2\ I_{Ngc} \tag{3-6}$$

式中　K_2——可靠系数（对限流式高压熔断器，当一台电力电容器时 K_2=1.5～2.0；当一组电力电容器时 K_2=1.3～1.8）；

$I_{N.C}$——电力电容器回路的额定电流。

2. 低压熔断器

低压熔断器的功能，主要是实现低压配电系统的短路保护，有的熔断器也能实现过负荷保护。

低压熔断器的类型很多，如插入式（RC型）、螺旋式（RL型）、无填料密闭管式（RM型）、有填料封闭管式（RT型）以及引进技术生产的有填料管式gF、aM系列、高分断能力的NT型等。

国产低压熔断器全型号的表示和含义如下：

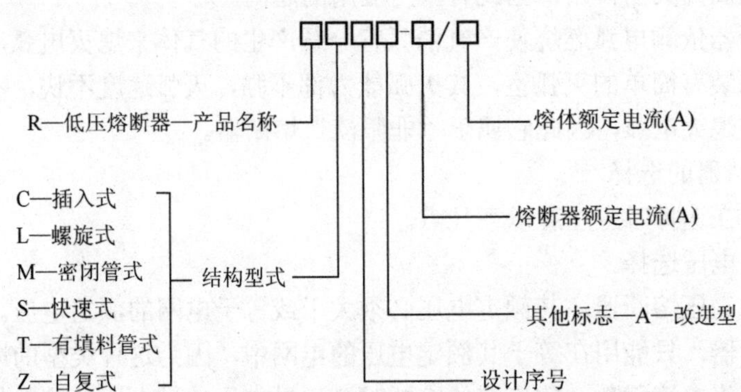

下面主要介绍低压配电系统中应用较多的密闭管式（RM10）和有填料封闭管式（RTO）

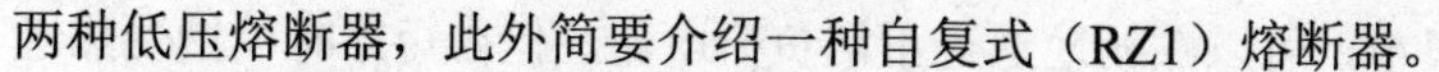

两种低压熔断器，此外简要介绍一种自复式（RZ1）熔断器。

1）RM10 型低压密闭管式熔断器

RM10 型低压密闭管式熔断器由纤维熔管、变截面锌熔片和触头底座等部分组成，其熔管结构如图 3.35（a）所示，其熔管内安装的变截面锌熔片如图 3.35（b）所示。锌熔片之所以冲制成宽窄不一的变截面，目的在于改善熔断器的保护性能。短路时，短路电流首先使熔片窄部（阻值较大）加热熔断，使熔管内形成几段串联短弧，而且中段熔片熔断后跌落，迅速拉长电弧，从而使电弧迅速熄灭。在过负荷电流通过时，由于电流加热时间较长，熔片窄部散热较好，因此往往不在窄部熔断，而在宽窄之间的斜部熔断。根据熔片熔断的部位，即可大致判断熔断器熔断的故障电流性质。

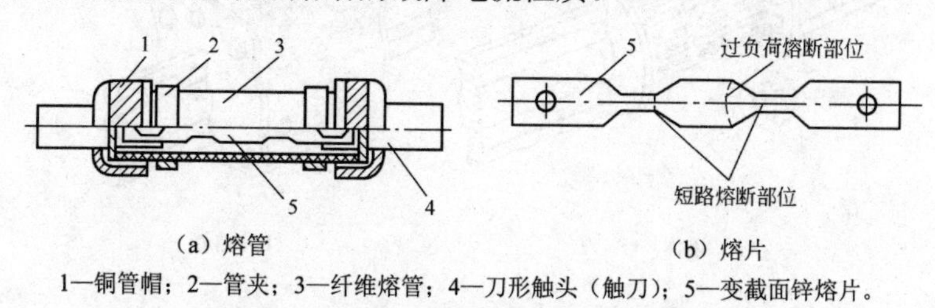

（a）熔管　　（b）熔片

1—铜管帽；2—管夹；3—纤维熔管；4—刀形触头（触刀）；5—变截面锌熔片。

图 3.35　RM10 型低压密闭管式熔断器

当其熔片熔断时，纤维管的内壁将有极少部分纤维物质因电弧烧灼而分解，产生高压气体，压迫电弧，加强离子的复合，从而改善了灭弧性能。但总的来说，这种熔断器的灭弧断流能力仍不强，不能在短路电流到达冲击值 i_{sh} 之前完全熄弧，因此这种熔断器属非限流熔断器。

这种熔断器由于其结构简单、价格低廉及更换熔片方便，因此现在仍较普遍地应用在低压配电装置中。

2）RTO 型低压有填料封闭管式熔断器

RTO 型低压有填料封闭管式熔断器主要由瓷熔管、栅状铜熔体和触头底座等几部分组成，如图 3.36 所示。其栅状铜熔体系由薄铜片冲压弯制而成，具有引燃栅。由于引燃栅的等电位作用，可使熔体在短路电流通过时形成多根并列电弧。同时熔体又具有变截面小孔，可使熔体在短路电流通过时又将长弧分割为多段短弧。而且所有电弧都在石英砂内燃烧，可使电弧中的正负离子强烈复合。因此这种熔断器的灭弧断流能力很强，属限流熔断器。由于该熔体中段弯曲处具有“锡桥”，利用其“冶金效应”来实现对较小短路电流和过负荷的保护。熔体熔断后，有红色的熔断指示器从一端弹出，便于运行人员检视。

RTO 型低压有填料封闭管式熔断器由于其保护性能好和断流能力大，因此广泛应用在低压配电装置中。但是其熔体为不可拆式，熔断后整个熔管更换，不够经济。

3）RZ1 型低压自复式熔断器

一般熔断器包括上述 RM 型和 RT 型熔断器，都有一个共同缺点，就是在熔体一旦熔断后，必须更换熔体才能恢复供电，因而使停电时间延长，给配电系统和用电负荷造成一定的停电损失。这里介绍的自复式熔断器弥补了这一缺点，既能切断短路电流，又能在故障消除后自动恢复供电，无须更换熔体。

我国设计生产的 RZ1 型低压自复式熔断器如图 3.36 所示。它采用金属钠（Na）作熔体。在常温下，钠的电阻率很小，可以顺畅地通过正常负荷电流，但在短路时，钠受热迅速气化，其电阻率变得很大，从而可限制短路电流。在金属钠气化限流的过程中，装在熔断器一端的活塞将压缩氩气而迅速后退，降低由于钠气化产生的压力，以防熔管爆裂。在限流动作结束后，钠蒸气冷却，又恢复为固态钠；而活塞在被压缩的氢气作用下，迅速将金属钠推回原位，使之恢复正常工作状态。这就是自复式熔断器能自动切断（限制）短路电流后又能自动恢复正常工作状态的基本原理。

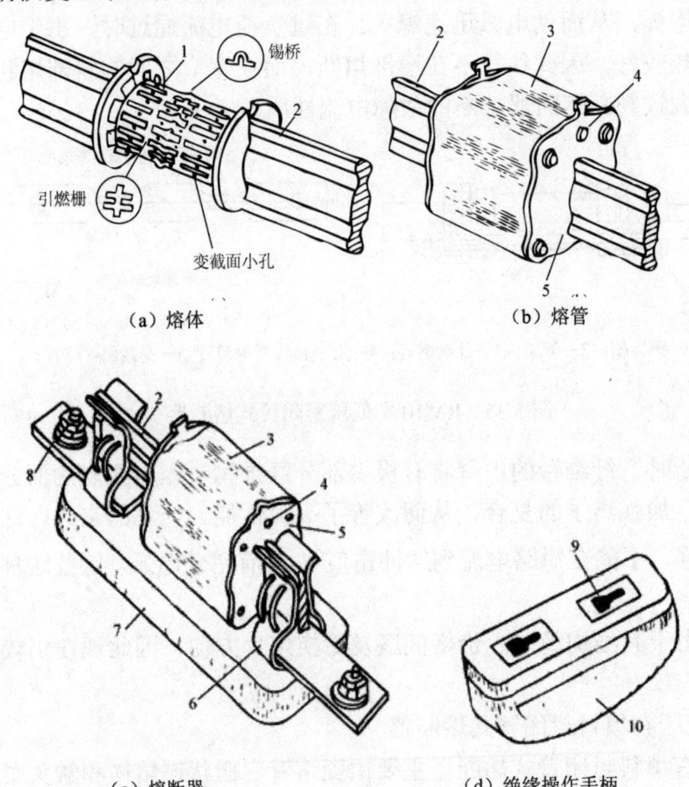

（a）熔体　　（b）熔管

（c）熔断器　　（d）绝缘操作手柄

1—栅状铜熔体；2—刀形触头（触刀）；3—瓷熔管；4—熔断指示器；5—盖板；6—弹性触座；7—瓷质底座；8—接线端子；9—扣眼；10—绝缘拉手手柄。

图 3.36　RTO 型低压有填料封闭管式熔断器

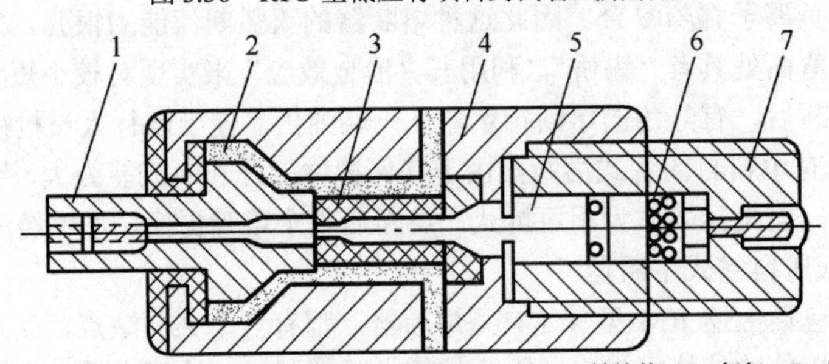

1—接线端子；2—云母玻璃；3—氧化钕瓷管；4—不锈钢外壳；5—钠熔体；6—氩气；7—接线端子。

图 3.37　RZ1 型低压自复式熔断器

自复式熔断器通常与低压断路器配合使用，甚至组合为一种电器。我国生产的

DZ10-100R 型低压断路器，就是 DZ10-100 型低压断路器与 RZ1-100 型自复式熔断器的组合，利用自复式熔断器来切断短路电流，而利用低压断路器来通断电路和实现过负荷保护，从而既能有效地切断短路电流，又能减轻低压断路器的工作，提高供电可靠性。不过目前尚未得到推广应用。

3.3.2　避雷器及其选择

避雷器是用来防止雷电产生的过电压沿线路侵入变配电所或其他建筑物内，以免危及被保护设备的绝缘。避雷器应与被保护设备并联，装在被保护设备的电源侧，如图 3.38 所示。

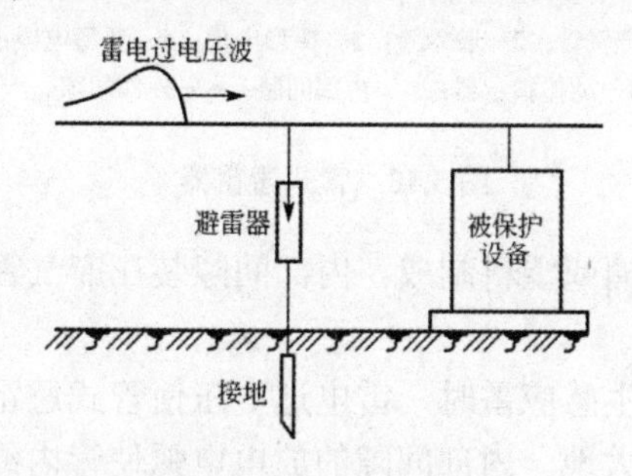

图 3.38　避雷器的连接

避雷器的放电电压低于被保护设备绝缘的耐压值。当有沿线入侵的过电压波时，将首先使避雷器击穿对地放电，从而保护了设备的绝缘。

避雷器按发展历史和保护性能的改进过程，主要有保护间隙、管式避雷器、阀式避雷器和金属氧化物避雷器等类型。

（1）保护间隙。它是最简单经济的防雷设备。常见的两种角型结构如图 3.39 所示。

其中一个电极接于线路，另一个电极接地。当线路出现过电压时，间隙击穿放电，将雷电流泄入大地。为了防止间隙被外物（如鼠、鸟等）短接而误动作，通常在其接地引下线中还串接一辅助间隙，以保证安全运行。

保护间隙的缺点是保护性能差，灭弧能力弱，所以仅用于不重要和单相接地不会导致严重后果的场合。例如低压电网和中性点不接地电网中。对装有保护间隙的线路，一般还要求装设自动重合闸装置与它配合使用，以提高供电的可靠性。

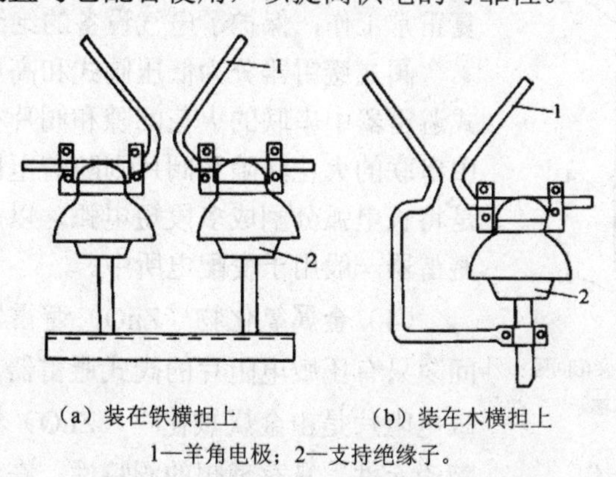

（a）装在铁横担上　　（b）装在木横担上

1—羊角电极；2—支持绝缘子。

图 3.39　角型间隙

（2）管式避雷器。由产气管、内部间隙和外部间隙 3 部分组成，如图 3.40 所示。

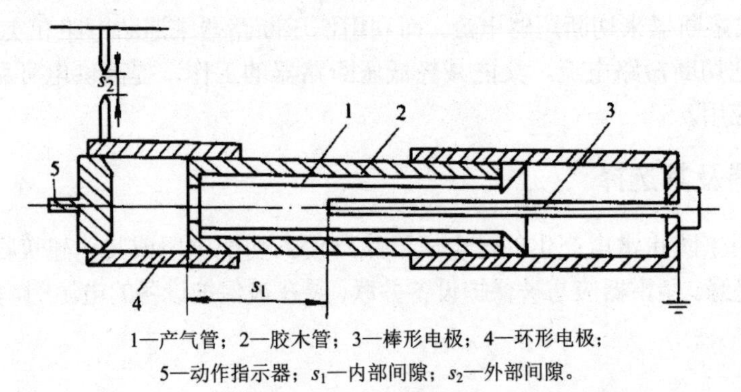

1—产气管；2—胶木管；3—棒形电极；4—环形电极；
5—动作指示器；s_1—内部间隙；s_2—外部间隙。

图 3.40　管式避雷器

产气管由纤维、有机玻璃或塑料制成。内部间隙装在产气管内，一个电极为棒形，另一个电极为环形。

当线路上遭受雷击或发生感应雷时，雷电过电压使管式避雷器的内外间隙击穿，强大的雷电流通过接地装置流入大地。内部间隙的放电电弧使管内纤维材料分解出大量气体，气体压力升高，并由管口喷出，形成强烈的吹弧作用，当电流过零时电弧熄灭。这时外部间隙也迅速恢复了正常的绝缘，使避雷器与供电系统隔离，系统恢复正常运行。

管式避雷器具有简单经济，残压很小的优点，但它动作时有电弧和气体从管中喷出，因此，它只能用于室外架空场所，主要是架空线路上。

（3）　阀式避雷器。由火花间隙和阀片组成，装在密封的磁套管内，如图 3.41 所示。

火花间隙由铜片冲制而成，每对间隙用云母垫圈隔开。正常情况下，火花间隙阻止线路工频电流通过，但在过电压作用下，火花间隙被击穿放电。阀片是用陶瓷材料黏固起来的电工用金刚砂（碳化硅）颗粒组成的，它具有非线性特性。当电压正常时，阀片电阻很大；当过电压作用时，阀片则呈现很小的电阻。因此在线路上出现过电压时，阀式避雷器的火花间隙击穿，阀片使雷电畅通地泄入大地。当过电压消失后，线路又恢复工频电压时，阀片呈现很大的电阻，使火花间隙绝缘迅速恢复，并切断工频续流，从而线路恢复正常工作，保护了电气设备的绝缘。

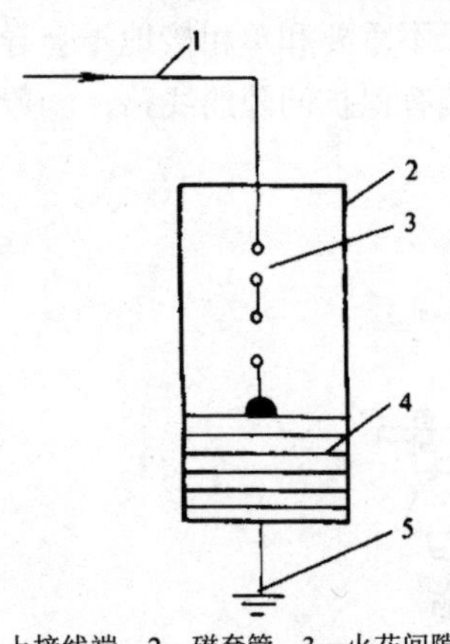

1—上接线端；2—磁套管；3—火花间隙；
4—阀电阻片；5—下接线端。

图 3.41　阀式避雷器

阀式避雷器分为低压阀式和高压阀式避雷器。低压阀式避雷器中串联的火花间隙和阀片少，而高压阀式避雷器中串联的火花间隙和阀片则随着电压的升高而增加。目的是将长电弧分割成多段短电弧，以加速电弧的熄灭。阀式避雷器一般用于变配电所中。

（4）金属氧化物（ZnO）避雷器。它是一种没有火花间隙只有压敏电阻片的阀式避雷器，又称压敏避雷器。压敏电阻片是由金属氧化物（ZnO）烧结制成的多晶半导体陶瓷元件，具有理想的阀特性。在工频电压下，它呈现极大的电阻，能有效地阻断工频续流，因此无须火花间隙来熄灭由工频续流引起的电弧，而在雷击过电压作用下，其电阻又变得很小，能很好地泄放雷电流。

ZnO避雷器具有结构简单，体积小，通流容量大，保护特性优越等优点，因此广泛用于低压设备的防雷保护，如配电变压器低压侧、低压电机的防雷等。随着其制造成本的降低，它在高压系统中也开始应用，如高压电机的防雷保护。

任务3.4　成套配电装置

3.4.1　高低压配电柜

1. 高压开关柜

高压开关柜（high-voltage switchgear）是按一定的线路方案将有关一、二次设备组装在一起而成的一种高压成套配电装置，其中安装有高压开关设备、保护电器、监测仪表和母线、绝缘子等。高压开关柜主要用于控制和保护发电机、变压器和高压线路。

从20世纪80年代以来，我国设计生产了一些符合IEC标准的新型高压开关柜，其型号表示和含义如下。

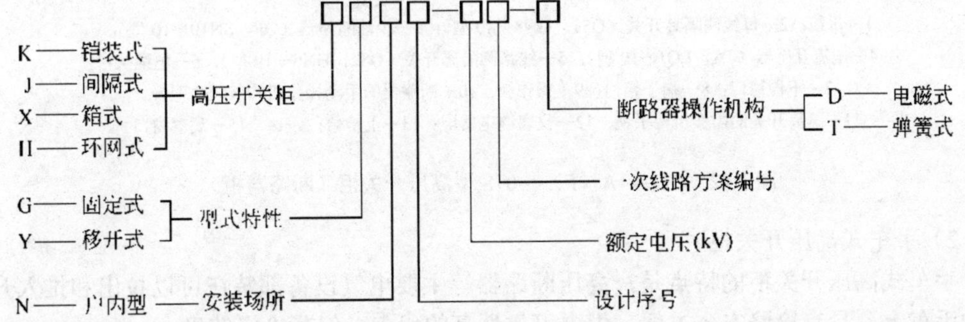

高压开关柜按主开关的安装方式分为：固定式和移开式（又称手车式）。高压开关柜按开关柜隔室结构分为：铠装式、间隔式和箱式。高压开关柜按柜内绝缘介质分为：空气绝缘和复合绝缘。

高压开关柜内配用的柜型和主开关的选择，应根据工程设计、造价、使用场所、保护对象来确定。

1）固定式高压开关柜

在一般中小型工厂中普遍采用较为经济的固定式高压开关柜。我国现在大量生产和广泛应用的固定式高压开关柜主要为GG—1A（F）型。这种防误型开关柜装设了防止电气误操作和保障人身安全的闭锁装置，即所谓“五防”——防止误分、误合断路器；防止带负荷误拉、误合隔离开关；防止带电误挂接地线；防止带接地线误合隔离开关；防止人员误入带电间隔。图3.42所示为GG—1A（F）—07S型固定式高压开关柜的结构图。

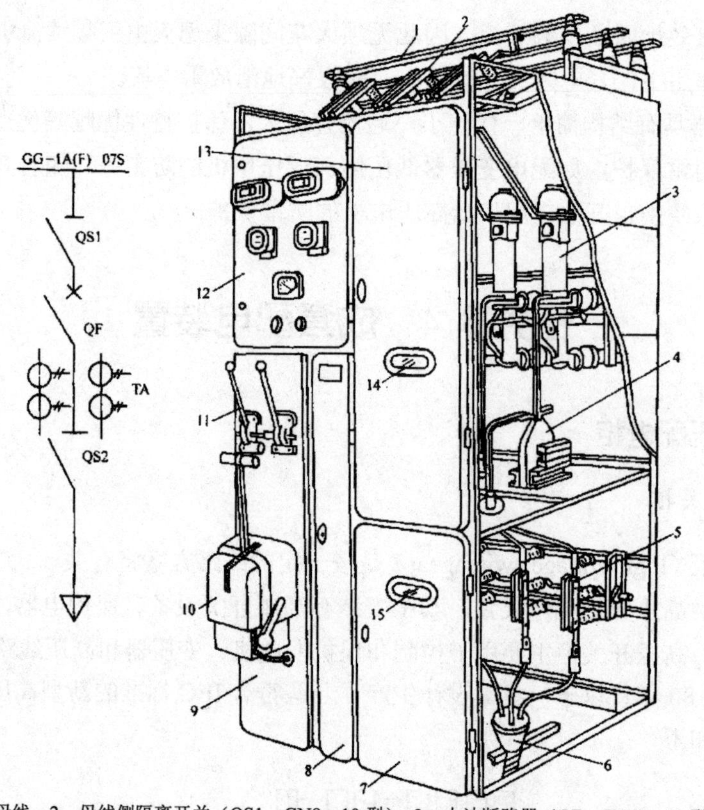

1—母线；2—母线侧隔离开关（QS1，GN8—10 型）；3—少油断路器（QF，SN10—10 型）；
4—电流互感器（TA，LQJ—10 型）；5—线路侧隔离开关（QS2，GN6—10 型）；6—电缆头；
7—下检修门；8—端子箱门；9—操作板；10—断路器的手动操作机构（CS2 型）；
11—隔离开关的操作机构手柄；12—仪表继电器屏；13—上检修门；14、15—观察窗口。

图 3.42　GG—1A（F）—07S 型高压开关柜（断路器柜）

2）手车式高压开关柜

手车式高压开关柜的特点是，高压断路器等主要电气设备都装在可以拉出和推入开关柜的手车上，具有检修安全方便、供电可靠性高的优点，但其价格较贵。

以 KYN28－12 型铠装式金属封闭开关设备为例对手车式高压开关柜进行说明。开头柜由固定的柜体和可抽出部件（简称手车）两大部分组成，柜体的外壳和各功能单元的金属隔板均采用螺栓连接。其内部安装的电气元件如图 3.43 所示。开关柜外壳防护等级是 IP4X，断路器室门打开时的防护等级为 IP2X。开关柜可配用真空断路器手车，也可配用固定式负荷开关。

开关设备按用途可分为若干功能单元。

外壳与隔板：开关柜的外壳和隔板是由覆铝锌钢板经计算机数控（CNC）机床加工和多重折弯之后组装而成，因此装配好的开关柜能保持尺寸上的统一性。它具有很强的抗腐蚀与抗氧化作用，并具有比同等钢板更高的机械强度。开关柜被隔板分隔成手车隔室、母线隔室。电缆隔室、仪表隔室（低压室），每一隔室外壳均独立接地。开关柜的门采用喷塑工艺，使其表面抗冲击、耐腐蚀，保证了外形的美观。

手车：手车骨架采用钢板经 CNC 机床加工后铆接而成。根据用途，手车可分为断路器手车、电压互感器手车、计量手车等。各类手车的高度与深度统一，相同规格的手车能互换。手车在柜内有隔离/试验位置和工作位置，每一位置均设有定位装置，以保证手车处于以上特定位置时不能随便移动，而移动手车时必须解除位置闭锁，断路器手车在移动之前须使断路器先分闸。

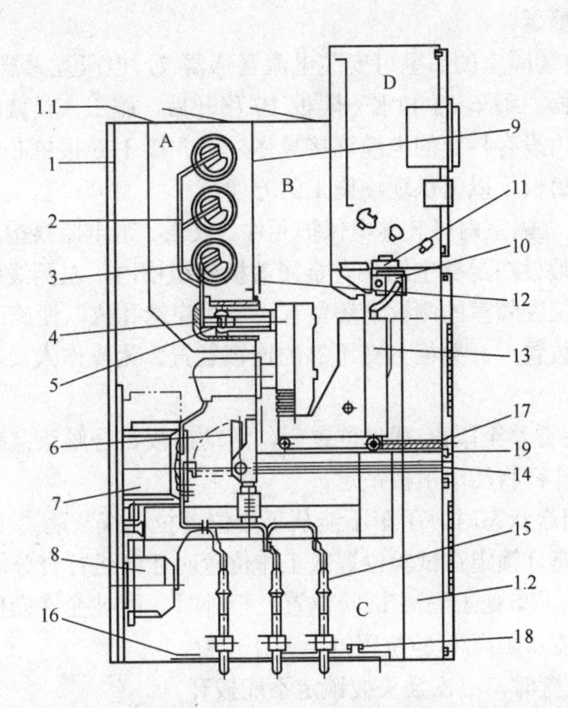

1—外壳；1.1—压力释放板；1.2、控制电缆盖板；2—分支母线；3—母线；4—静触头装置；5—弹簧触头；6—接地开关；7—电流互感器；8—电压互感器；9—装卸式隔板；10—二次插头；11—辅助开关；12—活动帘板；13—可抽出式手车；14—接地闸刀操作机构；15—电缆密封终端；16—底板；17—丝杆机构；18—接地主母线；19—装卸式水平隔板；A—母线隔室；B—断路器隔室；C—电缆隔室；D—仪表隔室。

图 3.43 KYN28-12 馈线开关柜基本结构剖面图

开关柜内的隔室构成如下。

① 断路器隔室：在断路器室 B 安装了供断路器手车滑行的导轨。手车能在工作位置、试验/隔离位置之间移动。活动帘板 12 由金属板制成，安装在手车室的后壁上。手车从隔离/试验位置移动至工作位置过程中，装在静触头装置 4 前的活动帘板自动地打开，反方向移动手车，活动帘板自动闭合，把静触头盒封闭起来，从而保障了操作人员不触及带电体。手车在开头柜的门关闭情况下被操作，通过观察窗可以看到手车在柜内所处的位置，同时也能看到手车上的 ON（断路器合闸）/OFF（断路器分闸）操作按钮和 ON/OFF 机械位置指示器以及储能/释能状况指示器。

② 可抽出式断路器手车：车架由钢板组装而成，手车上装有真空断路器和其他辅助设备。带有弹簧触指系统的一次动触头 5 通过臂杆装在断路器的出线端子上，断路器操作机构的控制按钮和分合闸位置指示等均设在手车面板上，以方便操作。手车进入开关柜内到达隔离/试验位置时，手车外壳与开关相接地系统可靠接通，仪表保护和控制线路也通过二

次插头 10 与开关柜连通。

③ 母线隔室：母线 3 由绝缘套管支撑从一个开关柜引至另一个开关柜，通过分支母线 2 和静触头盒相连接。主母线与联络母线为矩形截面的圆角铜排。用于大电流负荷时需要用 2 根矩形母线。全部母线用热缩套管覆盖。全绝缘母线系统极大地减少母线室内部故障的发生概率。排列各柜体的母线室互相隔离，万一柜内发生内部故障，游离气体不会导入相邻柜体，避免故障蔓延。

④ 电缆隔室：电缆隔室的后壁可安装电流互感器 7，电压互感器 8，接地开关 6，电缆室内也能安装避雷器。手车 13 和水平隔板 19 移开后，施工人员就能从正面进入开关柜安装电缆，在电缆室内设有特定的电缆连接导体，可并接 1~6 根单芯电缆，同时在其下部还配制可拆卸的金属封板，以提供现场施工的方便。

⑤ 仪表隔室：仪表隔室内可装继电保护元件、仪表、带电监察指示器以及特殊要求的二次设备。控制线路敷设在足够空间并有金属盖板的线槽内，左侧线槽是为控制小母线的引进和引出预留的。仪表隔室的侧板上还留有小母线穿越孔位以便施工。

防止误操作连锁装置：开关柜具有可靠的连锁装置，为操作人员与设备提供可靠的安全保护，其作用如下。

① 手车从工作位置移至隔离/试验位置后，活动帘板将静触头盒隔开，防止误入带电隔室。检修时，可用挂锁将活动帘板锁定。

② 断路器处于闭合状态时，手车不能从工作位置拉出或从隔离/试验位置推至工作位置；断路器在手车已充分锁定在试验位置或工作位置时才能进行合分闸操作。

③ 接地开关仅在手车处于隔离/试验位置及柜外时才能被允许操作，当接地开关处于合闸状态时，手车不能从隔离/试验位置推至工作位置。

④ 手车在工作位置时，二次插头被锁定不能拔开。

压力释放装置：在手车隔室、母线隔室和电缆隔室的上方均设有压力释放装置，当断路器或母线发生内部故障电弧时，伴随电弧的出现，开关柜内部气压升高，顶部装配的压力释放金属板将被自动打开，释放压力和排泄气体，以确保操作人员和开关柜的安全。

二次插头与手车的位置连锁：开关柜上的二次线与手车的二次线的连接是通过二次插头来实现的。二次插头的动触头端导线外套一个尼龙波纹管与手车相连，二次静触头座装设在开关柜断路器隔室的右上方。手车只有在试验/隔离位置时，才能插上和解除二次插头，手车处于工作位置时由于机械连锁作用，二次插头被锁定，不能解除。

带电显示装置：开关柜内设有带电显示装置。该装置由高压传感器和显示器两部分组成。传感器安装在母线或馈线侧，显示器安装在开关柜仪表室门上，当需检测 A、B、C 三相是否带电时，可按下显示器的按钮，如果显示器动作，则表示母线或馈线侧带电，反之，则说明不带电。

2. 低压配电柜

1）固定式低压配电柜

固定式低压配电柜的屏面上部安装测量仪表，中部装闸刀开关的操作手柄，柜下部为外开的金属门。柜内上部有继电器、二次端子和电度表。母线装在柜顶，自动空气开关和电流互感器都装在柜后。

固定式低压配电柜一般离墙安装，单面（正面）操作，双面维护。如 GGD 型的低压配电柜，它是本着安全、经济、合理、可靠的原则设计的新型低压配电柜，其分断能力高，动热稳定性好，电气方案灵活，组合方便，实用性强，结构新颖，防护等级高等特点。

GGD 型低压配电柜的基本结构采用冷弯型钢和钢板焊接而成。屏面上方为仪表门，宽为 1000mm 和 1200mm 柜正面采用不对称的双门结构，600mm 和 800mm 宽的柜采用整门结构，柜体后面采用对称双门结构，既安全，又便于检修，同时也提高了整体的美观性。为加强通风和散热，在柜体的下部、后上部和顶部均有通风散热孔；主母线排列在柜的后上方，柜体的顶盖在需要时可以拆下，便于现场主母线的装配和调整。柜的外形及安装尺寸如图 3.44 所示。

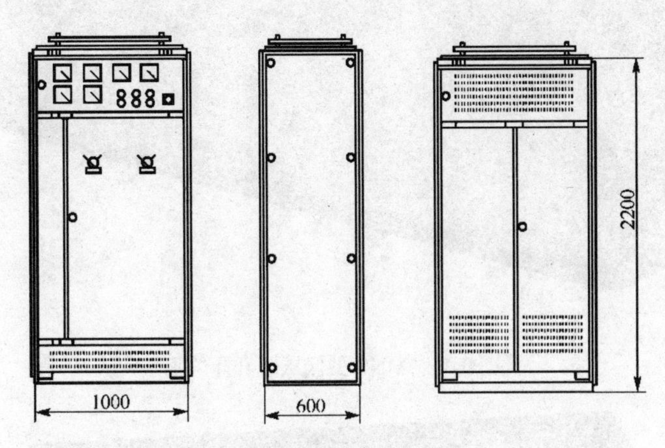

（a）GGD 型低压配电柜外形尺寸

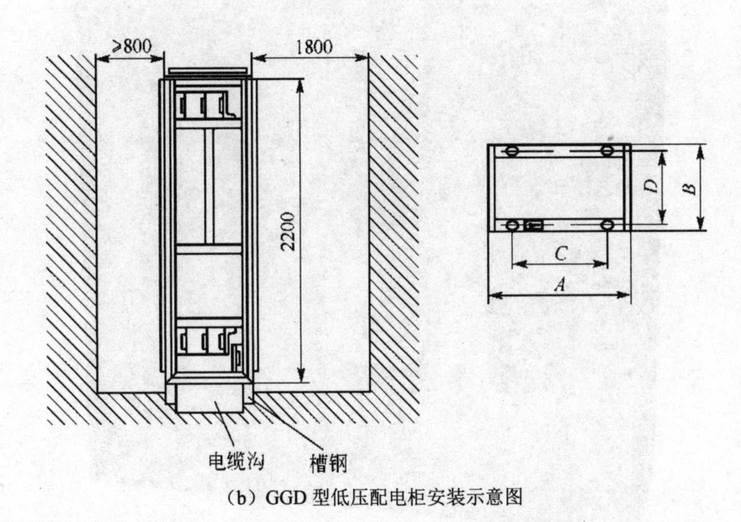

（b）GGD 型低压配电柜安装示意图

图 3.44　GGD 型低压配电柜外形及安装示意图

2）抽屉式低压配电柜

抽屉式低压开关柜为封闭式结构，主要设备均放在抽屉内或手车上。当回路故障时，可换上备用手车或抽屉，迅速恢复供电以提高供电的可靠性和便于检修。目前常用的有 MNS 型低压成套开关柜（图 3.45）、GCS（图 3.46）、GCK 型抽屉式开关柜、DOMINO、

CUBIC 型组合式低压开关柜等。

图 3.45　MNS 型低压成套开关柜

图 3.46　GCS 型低压配电柜

MNS 型低压成套开关柜是按瑞士 ABB 公司转让技术制造的产品。它的基本柜架为组合装配式结构，柜架的全部结构件都经过镀锌处理，通过自攻锁紧螺钉或 8.8 级六角螺钉紧固互相连接成基本柜架，再按方案变化需要，加上相应的门、封板，隔板，安装支架，

以及母线，功能单元等部件，组装成一套完整的装置，装置内零部件尺寸、隔室尺寸实行模数化（模数单位 E=25mm。

3.4.2 低压配电柜的应用

低压配电柜的额定电流是交流 50Hz，额定电压 380v 的配电系统作为动力、照明及配电的电能转换及控制之用。

（1）低压配电柜型号

低压配电柜主导产品型号是标定产品，在我国由原机械电子工业部、能源部等有关国家部门设计定型，指定厂家按统一图样生产制造，也有一些引进产品或厂家自己的型号。

低压配电柜分类方法并不唯一，按框架结构分为组合式、抽屉式或抽出式；按维护方式分为单面维护式和双面维护式；按密闭方式可分为全封闭式或开启式等。

低压配电柜外壳的防护等级为 IP20～IP54，额定工作电压为 380V 和 660V，额定工作频率为 50Hz 或 60Hz。

（2）选型参考因素

低压配电柜的选型应联系具体的建筑物类别、用电负荷等级、性质（阻、容、抗）、设备安装容量、近期需要系数 K_d、增容的可能性、电源情况、进线方式、馈线情况、短路电流、保护接地形式、资金状况及可期待效益比等情况，进行综合比较确定。

项目 4 电力线路及变配电所主接线

任务 4.1 导线和电缆线横截面的选择与校验

为了保证用户供电系统安全、可靠、优质、经济地运行，选择导线和电缆截面时必须满足下列条件。

（1）发热条件。导线和电缆（包括母线）在通过正常最大负荷电流即线路计算电流时要产生热量，其发热温度不应超过其正常运行的最高允许温度。

① 三相系统相线截面的选择。

电流通过导线或电缆（包括母线）时，要产生功率损耗，使导线发热。导线的正常发热温度不得超过额定负荷时的最高允许温度。

按发热条件选择三相系统中的相线截面时，应使其允许载流量 I_{al} 不小于通过相线的计算电流 I_{30}，即

$$I_{al} \geqslant I_{30} \tag{4-1}$$

按发热条件选择导线所用的计算电流 I_{30} 时，对降压变压器高压侧的导线，应取为变压器额定一次电流 $I_{1N.T}$。对电容器的引入线，由于电容器充电时有较大的涌流，因此应取为电容器额定电流的 I_{NC} 的 1.35 倍。

② 中性线和保护线截面的选择。

中性线（N 线）截面的选择：三相四线制系统中的中性线，要通过系统的不平衡电流和零序电流，因此中性线的允许载流量，不应小于三相系统的最大不平衡电流，同时应考虑谐波电流的影响。

一般三相四线制线路的中性线截面 A_0，应不小于相线截面 A_φ 的 50%，即

$$A_0 \geqslant 0.5A_\varphi \tag{4-2}$$

而由三相四线路引出的两相三线线路和单相线路，由于其中性线电流与流过相线电流相等，因此中性线截面 A_0 和相线截面 A_φ 相等，即

$$A_0 = A_\varphi \tag{4-3}$$

对于三次谐波电流相当突出的三相四线制线路，由于各相的三次谐波电流都要通过中性线，使得中性线电流可能接近甚至超过相电流，因此这种情况下，中性线截面 A_0 宜等于

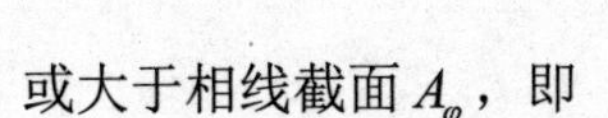

或大于相线截面 A_φ，即

$$A_0 \geqslant A_\varphi \tag{4-4}$$

保护线（PE 线）截面的选择：保护线要考虑三相系统发生单相短路故障时单相短路电流通过时的短路热稳定度。

根据短路热稳定度的要求，保护线截面 A_{PE}。

当 $A_\varphi \leqslant 16\text{mm}^2$ 时

$$A_{PE} \geqslant A_\varphi \tag{4-5}$$

当 $16\text{mm}^2 < A_\varphi \leqslant 35\text{mm}^2$ 时

$$A_{PE} \geqslant 16\text{mm}^2 \tag{4-6}$$

当 $A_\varphi > 35\text{mm}^2$ 时

$$A_{PE} \geqslant 0.5\,A_\varphi \tag{4-7}$$

保护中性线（PEN 线）截面的选择：保护中性线兼有保护线和中性线的双重功能，因此其截面选择应同时满足上述保护线和中性线的要求，取其中的最大值。

（2）电压损耗条件。导线和电缆在通过正常最大的负荷电流即线路计算电流时产生电压损耗，其电压损耗不应超过正常运行时允许的电压损耗。对于较短的高压线路，可不进行电压损耗校验。

由于线路存在着阻抗，所以在负荷电流通过线路时要产生电压损耗。因此按规定，高压配电线路的电压损耗，一般不超过线路额定电压的 5%；从变压器低压侧母线到用电设备受电端的低压线路的电压损耗，一般不超过用电设备额定电压的 5%；对视觉要求较高的照明线路，则为 2%～3%。如线路的电压损耗值超过了允许值，则应适当加大导线的截面，使之满足允许的电压损耗要求。

按电压损耗条件选择导线截面，首先要掌握电压损耗的计算方法，然后再根据负荷情况作具体计算。

①集中负荷的三相线路电压损耗计算。

如图 4.1 所示，带有两个集中负荷的三相线路。线路图中的负荷电流都用小写 i 表示，各线段电流都用大写电流 I 表示。各线段的长度、每相电阻和电抗分别用小写 l、r 和 x 表示。各负荷点至线路首端的长度、每相电阻和电抗分别用大写 L、R 和 X 表示。

以线路末端的相电压 $U_{\varphi2}$（这里将相量 $U_{\varphi2}$ 简写为 U，其余相量亦同）为参考轴，绘制线路的电压、电流相量图，如图 4.1（b）所示。由于线路上的电压降相对线路电压来说很小，所以 $U_{\varphi1}$ 与 $U_{\varphi2}$ 间的相位差 θ 实际很小，因此负荷电流 i_1 与电压 $U_{\varphi1}$ 间的相位差 φ_1 可近似地绘成 i_1 与 $U_{\varphi2}$ 间的相位差。

根据电工理论，图 4.1（b）所示相量图的作图步骤为在水平方向作矢量 $\overrightarrow{Oa}=U_{\varphi2}$；由 O 点画出 i_1 和 i_2，使 i_1 和 i_2 分别滞后 $U_{\varphi2}$ 相位角 φ_1 和 φ_2；由 a 点作矢量 $\overrightarrow{ab}=i_2r_2$，平行于 i_2；由 b 点作矢量 $\overrightarrow{bc}=i_2x_2$，超前于 i_2 90°；连接 $\overrightarrow{Oc}$，即得 $U_{\varphi1}$；由 c 点作矢量 $\overrightarrow{cd}=i_2r_1$，平行于 i_2；由 d 点作矢量 $\overrightarrow{de}=i_2x_1$，超前于 i_2 90°；由 e 点作矢量 $\overrightarrow{ef}=i_1r_1$，平行于 i_1；由 f 点作矢量 $\overrightarrow{fg}=i_1x_1$，超前于 i_1 90°；连接 $\overrightarrow{Og}$，即得 $U_{\varphi0}$；以 O 为圆心，Og 为半径作圆弧，交参考轴（Oa 的延长线）于 h；连接 $\overrightarrow{ag}$，即得全线路的电压降；而 $\overrightarrow{ah}$ 即为全线路的电压损耗。

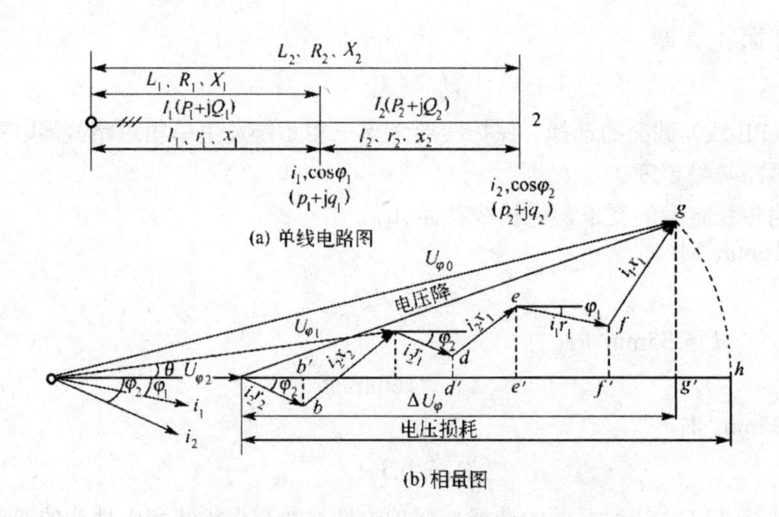

图 4.1　带有两个集中负荷的三相线路

由相量图可知，线路电压降为线路首端电压与末端电压的相量差；线路电压损耗为线路首端电压与末端电压的代数差。

电压降在参考轴上的水平投影用 ΔU_{φ} 表示，在用户供电系统中由于线路的电压降相对于线路电压来说很小，因此可近似地认为 ΔU_{φ} 就是电压损耗。这样每相的电压损耗可用下式计算：

$$
\begin{aligned}
\Delta U_{\varphi} &= \overline{ab'} + \overline{b'c'} + \overline{c'd'} + \overline{d'e'} + \overline{e'f'} + \overline{f'g'} \\
&= i_2 r_2 \cos\varphi_2 + i_2 x_2 \sin\varphi_2 + i_2 r_1 \cos\varphi_2 + i_2 x_1 \sin\varphi_2 + i_1 r_1 \cos\varphi_1 + i_1 x_1 \sin\varphi_1 \\
&= i_2 (r_1 + r_2)\cos\varphi_2 + i_2 (x_1 + x_2)\sin\varphi_2 + i_1 r_1 \cos\varphi_1 + i_1 x_1 \sin\varphi_1 \\
&= i_2 R_2 \cos\varphi_2 + i_2 X_2 \sin\varphi_2 + i_1 R_1 \cos\varphi_1 + i_1 X_1 \sin\varphi_1
\end{aligned}
$$

将相电压损耗 ΔU_{φ} 换算为线电压损耗 ΔU 为

$$
\begin{aligned}
\Delta U &= \sqrt{3}\ \Delta U_{\varphi} \\
&= \sqrt{3}\ (i_2 R_2 \cos\varphi_2 + i_2 X_2 \sin\varphi_2 + i_1 R_1 \cos\varphi_1 + i_1 X_1 \sin\varphi_1) \qquad (4\text{-}8)
\end{aligned}
$$

对带任意个集中负荷的计算公式为

$$\Delta U = \sqrt{3}\sum(iR\cos\varphi + iX\sin\varphi) = \sqrt{3}\sum(i_{\mathrm{a}} R + i_{\mathrm{r}} X) \qquad (4\text{-}9)$$

式中　i_{a}——负荷电流的有功分量；

i_{r}——负荷电流的无功分量。

若电压损耗用各线段的负荷电流、负荷功率、线段功率来表示，其计算公式如下：

a．用各线段中的负荷电流表示，则

$$\Delta U = \sqrt{3}\sum(Ir\cos\varphi + Ix\sin\varphi) = \sqrt{3}\sum(I_{\mathrm{a}} r + I_{\mathrm{r}} x) \qquad (4\text{-}10)$$

式中　I_{a}——线段电流的有功分量；

I_{r}——线段电流的无功分量。

b．用负荷功率 p、q 表示，则利用 $i = p/(\sqrt{3}U_{\mathrm{N}}\cos\varphi) = q/(\sqrt{3}U_{\mathrm{N}}\sin\varphi)$ 代入式（4-7），即可得电压损耗计算公式为

$$\Delta U=\frac{\sum(pR+qX)}{U_{\mathrm{N}}} \tag{4-11}$$

c. 用线段功率 P 、Q 表示，则利用 $I=P/(\sqrt{3}U_{\mathrm{N}}\cos\varphi)=Q/(\sqrt{3}U_{\mathrm{N}}\sin\varphi)$ 代入式 $(K_{t}I_{\mathrm{N1}})^{2}t \geqslant I_{\infty}^{(3)2}t_{\mathrm{ima}}$，即可得电压损耗计算公式：

$$\Delta U=\frac{\sum(Pr+QX)}{U_{\mathrm{N}}} \tag{4-12}$$

电压损耗通常用百分数表示，其值为

$$\Delta U\%=\frac{\Delta U}{U_{\mathrm{N}}}\times 100\% \tag{4-13}$$

② 均匀分布负荷的三相线路电压损耗的计算。

均匀分布负荷的三相线路是指三相线路单位长度上的负荷是相同的。图 4.2 为负荷均匀分布的线路，其单位长度线路上负荷电流为 i_0，根据数学推导（略），它所产生的电压损耗相当于全部分布负荷集中于分布线段的中点所产生的电压损耗。计算公式如下：

$$\Delta U=\sqrt{3}IR_{0}(L_{1}+\frac{L_{2}}{2}) \tag{4-14}$$

由此可见，带有均匀分布负荷的线路，在计算电压损耗时，可将均匀分布负荷集中于分布线段的中点，按集中负荷来计算。

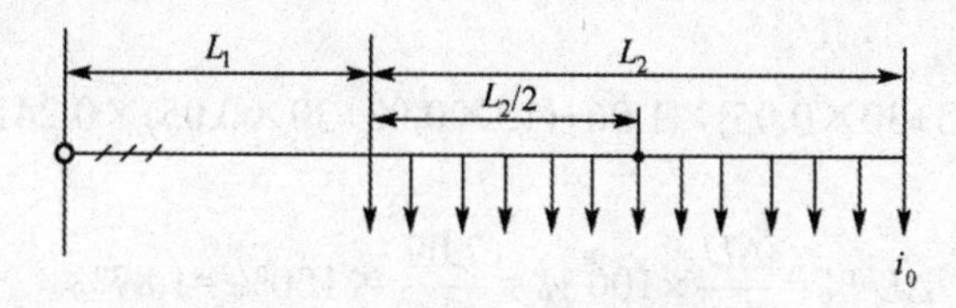

图 4.2　均匀分布负荷的线路

【例 4.1】 某 220/380V 的 TN-C 线路，所带负荷如图 4.3（a）所示。线路采用 BLX-500 型铝心橡皮线明敷，环境温度为 35℃，允许电压损耗为 5%。试选择导线截面。

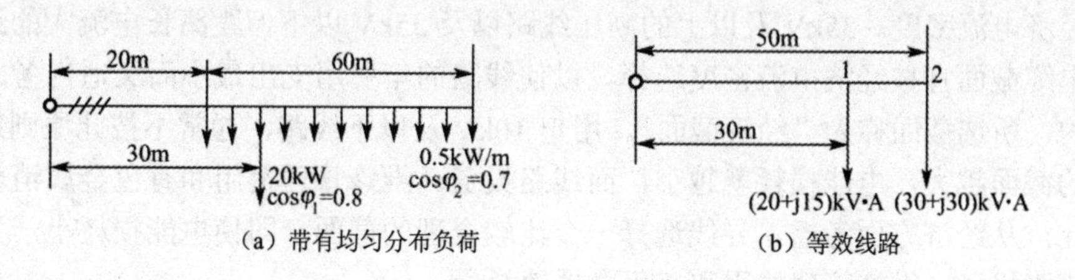

图 4.3　例 4.1 的线路

解：1）负荷等效变换

将图 4.3（a）所示的均匀分布负荷变换为等效的集中负荷，如图 4.3（b）所示。

依题意，原集中负荷为 $p_1=20\text{kW}$，$\cos\varphi_1=0.8$，则

$$\tan\varphi_1=0.75 \quad q_1=p_1\tan\varphi_1=20\times0.75\text{kvar}=15\text{kvar}$$

分布负荷变换为等效的集中负荷为 $p_2=60\times0.5\text{ kW}=30\text{ kW}$，$\cos\varphi_2=0.7$，则

$$\tan\varphi_2=1 \quad q_2=p_2\tan\varphi_2=30\times1\text{kvar}=30\text{kvar}$$

2）按发热条件选择导线截面

因该线路为低压动力线路，所以宜按发热条件选择导线截面，然后用其他条件校验。

线路上的总负荷为

$$P = p_1 + p_2 = (20+30)\text{kW} = 50\text{Kw}$$

$$Q = q_1 + q_2 = (15+30)\text{kvar} = 45\text{kvar}$$

$$S = \sqrt{P^2 + Q^2} = \sqrt{50^2 + 45^2}\ \text{kVA} = 67.3\text{kV·A}$$

$$I = S / \sqrt{3} U_N = 67.3 / \sqrt{3} \times 0.38\ \text{A} = 102\text{A}$$

按此电流查表得，BLX-500 型导线 A=35 mm^2 在 35℃时的 I_{al} =119A ＞ I =102A，因此按发热条件可选 BLX-500-1×35 型导线三根作相线，另选 BLX-500-1×25 型导线一根作保护中性线。

3）校验机械条件

查手册知，按明敷在绝缘支持件上，且支持点间距按最大来考虑，其最小允许截面为 10 mm^2，因此，以上所选相线和保护中性线均满足要求。

4）校验电压损耗

查手册知，A=35mm^2 明敷铝心线单位长度电阻 R_0=1.06Ω/km，单位长度电抗 X_0 = 0.241 Ω/km。因此线路的电压损耗为

$$\Delta U = \frac{(p_1 L_1 + p_2 L_2) R_0 + (q_1 L_1 + q_2 L_2) X_0}{U_\text{N}}$$

$$= [(20\times0.03+30\times0.05)\times1.06+(15\times0.03+30\times0.05)\times0.241]/0.38\text{V}$$

$$= 7.09\text{V}$$

$$\Delta U\,\% = \frac{\Delta U}{U_\text{N}} \times 100\,\% = \frac{7.09}{380} \times 100\% = 1.87\%$$

即实际电压损耗为 1.87%，它小于允许电压损耗 5%，所以所选择的导线截面也满足电压损耗的要求。应该指出的是，如果选择的导线截面不满足电压损耗的要求，要重新选择截面，即加大截面，直到满足要求为止。

（3）经济电流密度。35kV 及以上的高压线路以及 35kV 以下但距离长电流大的线路，其导线和电缆截面宜按经济电流密度选择，以使线路的年费用支出最小而又适当考虑有色金属的节约，所选截面称为“经济截面”。用户 10kV 及以下线路，通常不按此原则选择。

导线的截面越大，电能损耗就越小，而线路投资、维修管理费用和有色金属消耗却要增加。因此，从经济方面考虑，导线选择一个比较合理的截面，即使电能损耗小，又不致过分增加线路投资、维修管理费用和有色金属消耗量。

如图 4.4 所示，曲线 3 表示线路的年运行费用 C 与导线截面 A 的关系曲线。其中曲线 1 表示线路的年折旧费（即线路投资除以折旧年限之值）和线路的年维修管理费之和与导线截面的关系曲线；曲线 2 表示线路的年电能损耗费与导线截面的关系曲线。曲线 3 为曲线 1 与曲线 2 的叠加。由曲线 3 可知，与年运行费用最小值 C_a（a 点）相对应的导线截面 A_a 不一定是很经济合理的导线截面，因为 a 点附近，曲线 3 比较平坦，如果将导线截面再选得小一些，例如选为 A_b（b 点），而年运行费用 C_b 增加不多，而导线截面即有色金属消耗量却显著地减少，导线截面选为 A_b 比 A_a 更为经济合理。这种从全面的经济效益考虑，

即使线路的年运行费用接近最小而又适当考虑有色金属节约的导线截面，称为经济截面，用符号 A_{ec} 表示。

我国现行的经济电流密度规定如表 4.1 所列。

表 4.1 导线和电缆的经济电流密度 $j_{ec}/(A/mm^2)$

线路类别	导线材质	年最大负荷利用小时		
		3000h 以下	3000～5000h	5000h 以上
架空线路	铝	1.65	1.15	0.90
	铜	3.00	2.25	1.75
电缆线路	铝	1.92	1.73	1.54
	铜	2.50	2.25	2.00

按经济电流密度 j_{ec} 计算经济截面 A_{ec} 的公式为

$$A_{ec} = \frac{I_{30}}{j_{ec}} \tag{4-15}$$

式中 I_{30}——线路的计算电流。

按式（4-15）计算出 A_{ec} 后，应选最接近的标准截面（可取较小的标准截面），然后校验其他条件。

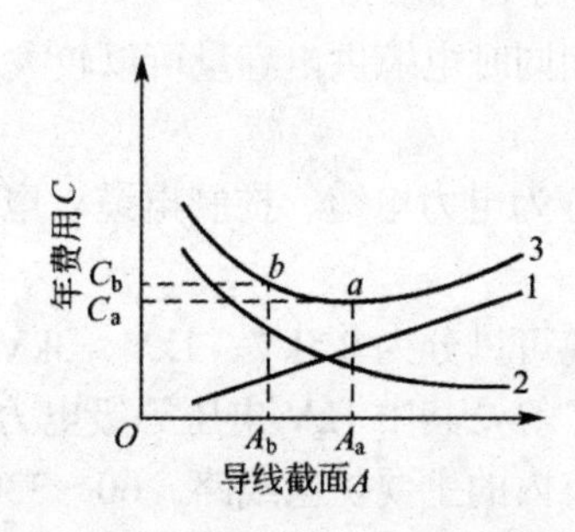

图 4.4 线路的年运行费用 C 与导线截面 A 的关系曲线

【例 4.2】 某 35kV 变电站经 20km 的 LJ 型铝绞线架空线路向用户供电，计算负荷为 3000kW，$\cos\varphi$=0.8，年最大负荷利用小时为 5400h，试选择其经济截面。

解：1）选择经济截面

$$I_{30} = P_{30} / \sqrt{3} U_N \cos\varphi = 3000 / \sqrt{3} \times 35 \times 0.8\ \text{A} = 61.8\text{A}$$

由 j_{ec}= 0.9 A/mm² 得

$$A_{ec} = \frac{I_{30}}{j_{ec}} = \frac{61.8}{0.9} \text{mm}^2 = 68.7\text{mm}^2$$

选择最接近的标准截面 70 mm²，即选择 LJ-70 型铝绞线。

2）校验发热条件

查表得 LJ-70 型铝绞线在+25℃时的 I_{al}=265A> I_{30}=61.8A，因此满足发热条件。

3）校验机械强度

查表得 35kV 架空线路铝绞线的最小允许截面 A_{min}=35 mm²。因此所选 LJ-70 型铝绞线也满足机械强度要求。

（4）机械强度。导线（包括裸线和绝缘导线）短路时冲击电流将使相邻导体之间产生很大的电动力，从而使得载流部分遭受严重破坏，其截面不应小于其最小允许截面。对于电缆，不必校验其机械强度。

根据设计经验，一般 10kV 及以下高压线路及低压动力线路，通常先按发热条件选择截面；低压照明线路，因其对电压水平要求较高，通常先按允许电压损耗选择截面；对于长距离大电流线路及 35kV 以上的高压线路，通常先按经济电流密度确定经济截面，再校验其他条件。按以上经验选择，比较容易满足要求，较少返工。

任务 4.2　输电线路的结构敷设

1. 电缆的认识

1）电缆传输电能的特点

（1）不受外界风、雨、冰雹、人为损伤，供电可靠性高。

（2）材料和安装成本较高，造价约为架空线的 10 倍。

（3）不占用地面空间、有利于环境美观。

（4）与架空线比较，截面相同时电缆供电容量可以较大，电缆导线的阻抗小。

2）电缆的分类

（1）按作用分类，电缆可分为电力电缆、控制电缆、电话电缆、射频同轴电缆及移动式软电缆等。

（2）按电压等级分类，电缆可以分为 0.5kV、1kV、3kV、6kV、10kV、20kV、35kV、60kV、110kV、220kV 及 330kV 等，其中 1kV 电压等级电力电缆使用最多。3～35kV 电压等级电力电缆常用于大中型建筑内的主要供电线路。60～330kV 电压等级的电力电缆使用在不宜采用架空导线的送电线路以及过江、海底敷设等场合。电缆还可分为低压电缆（小于 1kV）和高压电缆（大于 1kV）。从施工技术要求、电缆接头、电缆终端头结构特征及运行维护等方面考虑，也分为低电压电力电缆、中电压电力电缆（1～10kV）及高电压电力电缆。

（3）按电线芯截面面积分类。电力电缆的导电芯线是按照一定等级的标称截面面积制造的。我国电力电缆的标称截面面积系列为 1.5mm^2、2.5mm^2、4mm^2、6mm^2、10mm^2、16mm^2、25mm^2、35mm^2、50mm^2、70mm^2、95mm^2、120mm^2、150mm^2、185mm^2、240mm^2、300mm^2、400mm^2、500mm^2 及 600mm^2 共 19 种。高压充油电缆标称截面面积系列为 100mm^2、240mm^2、400mm^2、600mm^2、700mm^2 及 845mm^2 共 6 种。多芯电缆都是以其中截面面积最大的相线为准。

（4）按导线芯数分类。电力电缆导电芯线有 1～5 芯 5 种。单芯电缆用于传输单相交流电、直流电及特殊场合（高压电机引出线）。60kV 及以上电压等级的充油、充气高压电缆多为单芯。二芯电缆多用于传送单相交流电或直流电。三芯电缆用于三相交流电网中，广泛用于 35kV 以下的电缆线路。四芯电缆用于低压配电线路、中性点接地的 TN-S 方式和 TN-C 方式供电系统。五芯电缆用于低压配电线路、中性点接地的 TN-S 方式供电系统。

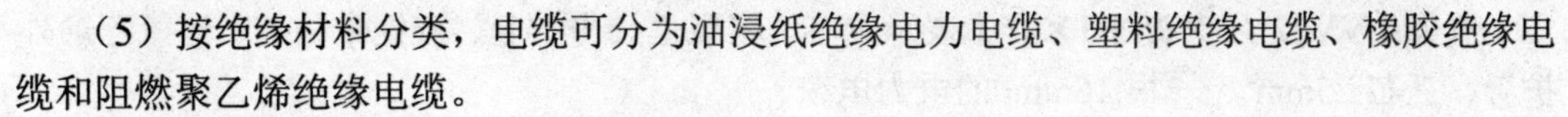

（5）按绝缘材料分类，电缆可分为油浸纸绝缘电力电缆、塑料绝缘电缆、橡胶绝缘电缆和阻燃聚乙烯绝缘电缆。

油浸纸绝缘电力电缆：它是历史最久、应用最广和最常用的一种电缆，其成本低，寿命长，耐热、耐电强度高，介电性能稳定。在各种低压等级的电力电缆中都有广泛的运用。它通常以纸为主要绝缘材料，用绝缘浸渍剂充分浸渍制成。

塑料绝缘电缆：塑料绝缘电缆制造简单，质量小，终端头和中间接头制造容易，弯曲半径小，敷设简单，维护方便，有一定的耐化学腐蚀和耐水性能，可使用在高落差和垂直敷设场合。塑料绝缘电缆有聚氯乙烯绝缘电缆和交联聚乙烯绝缘电缆，前者用于 10kV 以下的电缆线路中，后者用于 10kV 以上至高压电缆线路中。

橡胶绝缘电缆：由于橡胶富有弹性，性能稳定，有较好的电气、机械、化学性能，大多数用于 10kV 以下的电力系统中。

阻燃聚乙烯绝缘电缆：前面 3 种电缆共同的缺点是材料具有可燃性，当线路中或接头处发生故障时，电缆可能因局部过热而燃烧，扩大事故范围。阻燃聚乙烯绝缘是聚氯乙烯中加入阻燃剂，即使明火也不会燃烧。它属于塑料绝缘电缆的一种，常用于 10kV 以下电力系统中。

3）电缆的内部结构

电缆的基本构造主要由 3 部分组成：导电线芯，用来传输电能；绝缘层，保证电能沿线芯传输，在电气上使线芯与外界隔离；保护层，起保护密封作用，使绝缘层不被潮气浸入，不受外界损伤，保持绝缘性能。电力电缆的结构如图 4.5 所示。

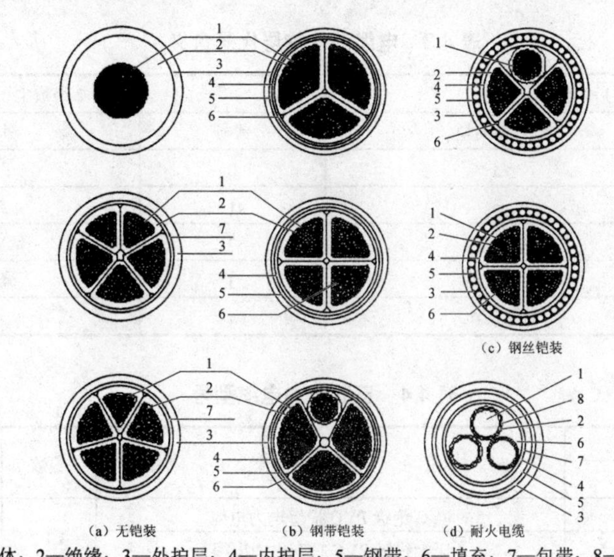

1—导体；2—绝缘；3—外护层；4—内护层；5—钢带；6—填充；7—包带；8—耐火层。

图 4.5　电力电缆的结构

4）电缆型号及特点

电缆的型号内容包含其用途类别、绝缘材料、导体材料及铠装层等。在电缆型号后面还有芯线根数、截面面积、工作电压和长度。

（1）一般电缆型号的含义。电缆型号的含义和外护层代号含义见表 4.2 和表 4.3。

例如：VV22（3×25+1×16）表示铜芯、聚氯乙烯内护套、双钢带铠装、聚氯乙烯外护套、三芯 25mm²、一根 16mm² 的电力电缆。

YJLV22-（3×120）-10-300 表示铝芯、交联聚乙烯绝缘、聚氯乙烯护套、双钢带铠装、聚氯乙烯外护套、三芯 120mm²、电压 10kV、长度 300m 的电力电缆。

ZQ21（3×50）-10-250 表示铜芯、纸绝缘、铅包、双钢带铠装、纤维外被层（如油麻）、三芯 50mm²、电压 10kV、长度 250m 的电力电缆。

（2）五芯电力电缆型号含义。五芯电力电缆的出现是为了满足 TN-S 供电系统的需要，其型号及有关数据见表 4.4。

表 4.2　电缆型号的含义

类别	导体	绝缘	内护套	特征
电力电缆 （省略不表示） K：控制电缆 P：信号电缆 B：绝缘电缆 R：绝缘软电缆 Y：移动式软电缆 H：市内电话电缆	T：铜线（可省） L：铝线	Z：纸绝缘 X：天然橡胶 （X）D：丁基橡胶 （X）E：乙丙橡胶 V：聚氯乙烯 Y：聚乙烯 YJ：交联聚乙烯	Q：铅包 L：铝包 H：橡套 （H）F：非燃性橡套 V：聚氯乙烯护套 Y：聚乙烯护套	D：不滴油 P：分相金属护套 P：屏蔽

表 4.3　电缆的外护层代号含义

第 1 个数字		第 2 个数字	
代号	铠装层类型	代号	外护层类型
0	无	0	无
1	—	1	纤维绕包
2	双钢带	2	聚氯乙烯护套
3	细圆钢丝	3	聚乙烯护套
4	粗圆钢丝	4	—

表 4.4　五芯电力电缆型号

型号		电缆名称	芯数	标称截面面积/mm2
铜芯	铝芯			
VV	VLV	PVC 绝缘 PVC 护套电力电缆	3+2 4+1 5	4～185
VV22	VLV22	阻燃绝缘 PVC 护套电力电缆		
ZR-VV	ZR-VLV	阻燃型 PVC 绝缘 PVC 护套电力电缆		
ZR-VV22	ZR-VLV22	阻燃型 PVC 绝缘钢带铠装 PVC 护套电力电缆		

（3）交联聚乙烯绝缘电力电缆型号含义。交联聚乙烯绝缘电缆即 XLPE 电缆，是利用化学或物理的方法使电缆的绝缘材料聚乙烯塑料的分子由线形结构转变为立体网状结构，即把原来是热塑性的聚乙烯转变成热固性的交联聚乙烯塑料，从而大幅度提高了电缆的耐热性能和使用寿命，而且仍保持其优良的电气性能。其型号及适用范围见表 4.5。

表 4.5 交联聚乙烯绝缘电力电缆型号及适用范围

电缆型号		名称	适用范围
铜芯	铝芯		
YJV	YJLV	交联聚乙烯绝缘聚氯乙烯护套电力电缆	室内、隧道、穿管、埋入土内（不受机械力）
YJY	YJLY	交联聚乙烯绝缘聚乙烯护套电力电缆	
YJV22	YJLV22	交联聚乙烯绝缘聚氯乙烯护套钢带铠装电力电缆	室内、隧道、穿管、埋入土内
YJV32	YJLV32	交联聚乙烯绝缘聚氯乙烯护套细钢丝铠装电力电缆	竖井、水中，有落差的地方，能承受外力

（4）同芯导体电力电缆。目前国内低压电力电缆都为各芯线共同绞合成缆，这种结构的电缆抗干扰能力较差，抗雷击的性能也差，电缆的三相阻抗不平衡和零序阻抗大，难以使线路保护电器可靠地动作等。而同芯导体电力电缆则解决了以上问题。

（5）聚氯乙烯绝缘聚氯乙烯护套电力电缆的特点。聚氯乙烯绝缘聚氯乙烯护套电力电缆长期工作温度不超过 70℃，电缆导体的最高温度不超过 160℃，短路最长时间不超过 5s，施工敷设最低温度不得低于 0℃，最小弯曲半径不小于电缆直径的 10 倍。聚氯乙烯绝缘聚氯乙烯护套电力电缆技术数据见表 4.6。

表 4.6 聚氯乙烯绝缘聚氯乙烯护套电力电缆技术数据

产品型号		芯数	标称截面面积/mm2
铜芯	铝芯		
VV/VV22	VLV/VLV22	1	1.5～800 2.5～800 10～800
VV/VV22	VLV/VLV22	2	1.5～805 2.5～805 10～805
VV/VV22	VLV/VLV22	3	1.5～300 2.5～300 10～300
VV/VV22	VLV/VLV22	3+1	4～300
VV/VV22	VLV/VLV22	4	4～185

2. 电缆的敷设方式

1）直埋敷设

直埋敷设必须采用铠装电缆，这种敷设方式投资省、散热好，但不便于检修和查找故障，且易受外来机械损伤和水土侵蚀，一般用于户外电缆不多的场合。直埋式电缆沟构造如图 4.6 所示，具体敷设应符合下列要求。

（1）电缆表面距地面的距离不应小于 0.7m，电缆沟深不小于 0.8m，电缆的上、下各有 10cm 沙子（或过筛土），上面还要盖砖或混凝土盖板。地面上在电缆拐弯处或进建筑物处要埋设方向桩，以备日后施工时参考。在引入建筑物处、与地下建筑物交叉及绕过地下建筑处，可浅埋，但应采取保护措施。

（2）电缆应埋设于冻土层以下，当受条件限制时，应采取防止电缆受到损坏的措施。

（3）电缆与热管道及热力设备平行、交叉时，应采取隔热措施，使电缆周围土壤温升不超过 10℃。

（4）电缆与厂区道路交叉时，应敷设于坚固的保护管或隧道内，电缆管的两端宜伸出道路路基两边各 2m。直埋电缆在直线段每隔 50～100m 处、电缆接头处、转弯处、进入建筑物等处，应设置明显的方位标志或标桩。

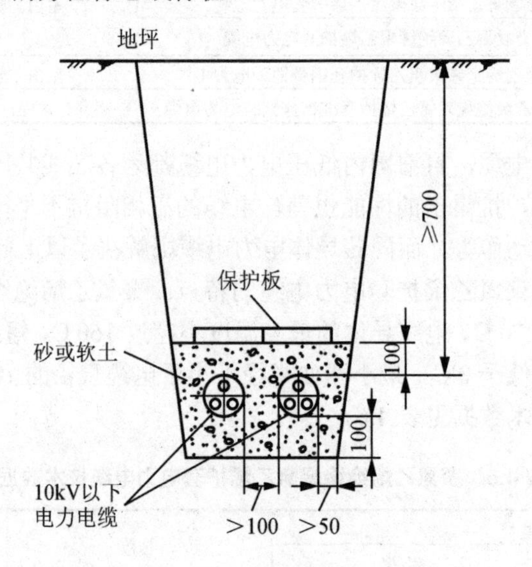

图 4.6　直埋式电缆沟构造

2）电缆沟敷设

直埋电缆一般限 6 根电缆以内，超过 6 根应采用电缆沟敷设方式。电缆沟内要预埋金属支架，当电缆较多时，可以两侧都设支架，一般最多可设 12 层电缆。如果电缆非常多，则可用电缆隧道敷设。图 4.7 为电缆沟构造图。

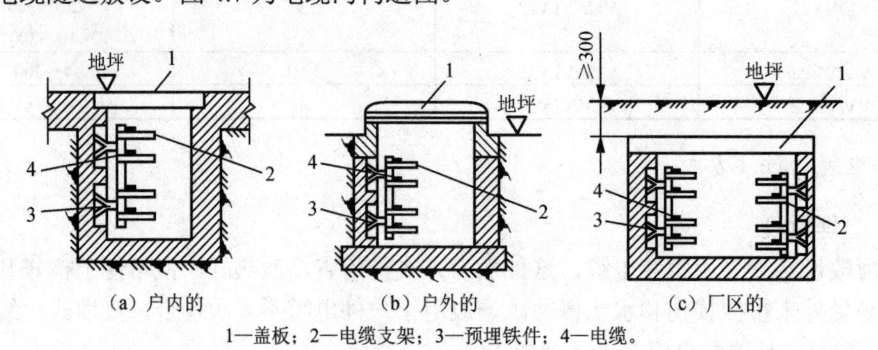

1—盖板；2—电缆支架；3—预埋铁件；4—电缆。

图 4.7　电缆沟构造

（1）有化学腐蚀液体或高温熔化金属溢流的场所，或在载重车辆频繁经过的地段，不得用电缆沟。

（2）经常有工业水溢流的场所，可燃粉尘弥漫的房间内，不宜用电缆沟。

（3）在建筑物内地下电缆数量较多但不需要采用隧道时、道路开挖不便且电缆需分期敷设时，宜用电缆沟。

（4）有防爆、防火要求的明敷电缆，应采用埋砂敷设的电缆沟。

3）电缆穿管敷设

（1）在有爆炸危险场所敷设的电缆，露出地坪上需要保护的电缆，地下电缆与道路交叉时，应穿管敷设。

（2）地下电缆通过房屋或广场的地段、电缆敷设在规划将作为道路的地段，宜穿管敷设。

（3）在地下管网较密的建筑物、道路狭窄或道路挖掘困难的通道等场所且电缆数量较多的情况下，可穿管敷设。

4）沿墙敷设

电缆沿墙敷设一般用于室内环境正常的场合，电缆支架通过预埋铁件架设在墙上，电缆放置在电缆支架上。

5）电缆桥架敷设

采用电缆桥架敷设的线路，整齐美观，便于维护，槽内可以使用价廉的无铠装的全塑电缆。

6）架空电缆

架空电缆可用来代替架空线，最大的好处是有更高的安全性和可靠性，所占的空间也比较小。

3. 直埋电缆的敷设步骤

（1）依据设计图样，复测电缆敷设路径，确保路径的准确性。

（2）准备各种材料及工器具，检查是否合格、齐全。决定电缆中间接头位置，将电缆安全运送到便于敷设的现场。

（3）根据复测记录，决定敷设电缆线路的走向，进行放样画线。在市区内，可用石灰粉和绳子在地上标明电缆的位置和电缆沟的开挖宽度，其宽度应根据人体宽度和电缆条数以及电缆间距而定。当敷设一条电缆时，开挖宽度一般为 0.5m；同沟敷设两条电缆时，宽度为 0.6m 左右。在农村，可用标桩钉在地上，标明电缆沟的位置。在山坡地带，应挖成蛇形曲线，曲线的振幅为 1.5m，这样可以减缓电缆的敷设坡度，使其最高点受拉力较小，且不易被洪水冲断。

（4）敷设过路保护管。可以采用不开挖路面的顶管法或开挖路面的施工方法，使钢管敷设在地下。

（5）挖沟。挖沟时应采用垂直开挖，挖出来的泥土分别堆在沟边的两旁。开挖深度不小于 0.85m。在土质松软处开挖时，应在沟壁上加装护板，以防电缆沟倒塌。电缆沟验收合格后，在沟底铺上 100mm 厚的砂层。

（6）敷设电缆。可采用机械牵引进行电缆敷设。具体的做法是：先沿沟放好滚轮，每隔 2～2.5m 放一个，将电缆放在滚轮上，使电缆牵引时不至与地面摩擦，然后用机械（如卷扬机、绞磨等）、人工或两者兼用牵引电缆。

（7）填沟。电缆放入电缆沟后，经检查合格后，上面覆以 100mm 的软土或砂层，然后盖上水泥保护盖板，再回填土并设置标示桩。

任务4.3 变配电所的主接线方案

电气主接线是指变电所中的一次设备按照设计要求连接起来，表示接受和分配电能的电路，也称为主电路。电气主接线中的设备用标准的图形符号和文字符号表示的电路图称为电气主接线图。因为三相交流电气设备的每相结构一般是相同的，所以电气主接线图一般绘成单线图，只是在局部需要表明三相电路不对称连接时，才将局部绘制成三线图；若有中性线（或接地线）可用虚线表示，使主接线清晰易看。在变电所的控制室内，为了表明变电所主接线实际运行状况，通常设有电气主接线的模拟图。运行时，模拟图中的各种电气设备所显示的工作状态必须与实际运行状态相符。

电气主接线的形式，将影响配电装置的布置、供电可靠性、运行灵活性和二次接线、继电保护等问题。电气主接线对变电所以及电力系统的安全、可靠和经济的运行起着重要作用。因此，对变配电所主接线有下列基本要求。

（1）安全：应符合有关国家标准和技术规范的要求，能充分保证人身和设备的安全。

（2）可靠：应满足电力负荷特别是其中一、二级负荷对供电可靠性的要求。

（3）灵活：应能适应必要的各种运行方式，便于切换操作和检修，且适应负荷的发展。

（4）经济：在满足上述要求的前提下，尽量使主接线简单、投资少、运行费用低，并节约电能和有色金属消耗量。

主接线图有两种绘制形式。

（1）系统式主接线图：这是按照电力输送的顺序依次安排其中的设备和线路相互连接关系而绘制的一种简图，如图 4.8 所示。它全面系统地反映了主接线中电力的传输过程，但是它并不反映其中各成套配电装置之间相互排列的位置。这种主接线图多用于变配电所的运行中。通常应用的变配电所主接线图均为这一形式。

（2）装置式主接线图：这是按照主接线中高压或低压成套配电装置之间相互连接关系和排列位置而绘制的一种简图，通常按不同电压等级分别绘制，如图 4.9 所示。从这种主接线图上可以一目了然地看出某一电压级的成套配电装置的内部设备连接关系及装置之间相互排列位置。这种主接线图多在变配电所施工图中使用。

1. 电气主接线的作用

变电所中电气主接线的作用如下。

（1）电气主接线是电气运行人员进行各种操作和事故处理的重要依据，因此电气运行人员必须熟悉变电所中电气主接线，了解电路中各种设备的用途、性能及维护检查项目和运行操作步骤等。

（2）电气主接线表明了变压器、断路器和线路等电气设备的数量、规格、连接方式及可能的运行方式。

电气主接线直接关系着全厂电气设备的选择、配电装置的布置、继电保护和自动装置

的确定，是变电所电器部分投资大小的决定性因素。

（3）由于电能生产的特点是发电、变电、输电和用电在同一时刻完成，所以主接线的好坏直接关系着电力系统的安全、稳定、灵活和经济运行，也直接影响到工农业生产和人民生活。

所以电气主接线拟订是一个综合性问题，必须在国家有关技术经济政策的前提下，力争使其技术先进、经济合理、安全可靠。

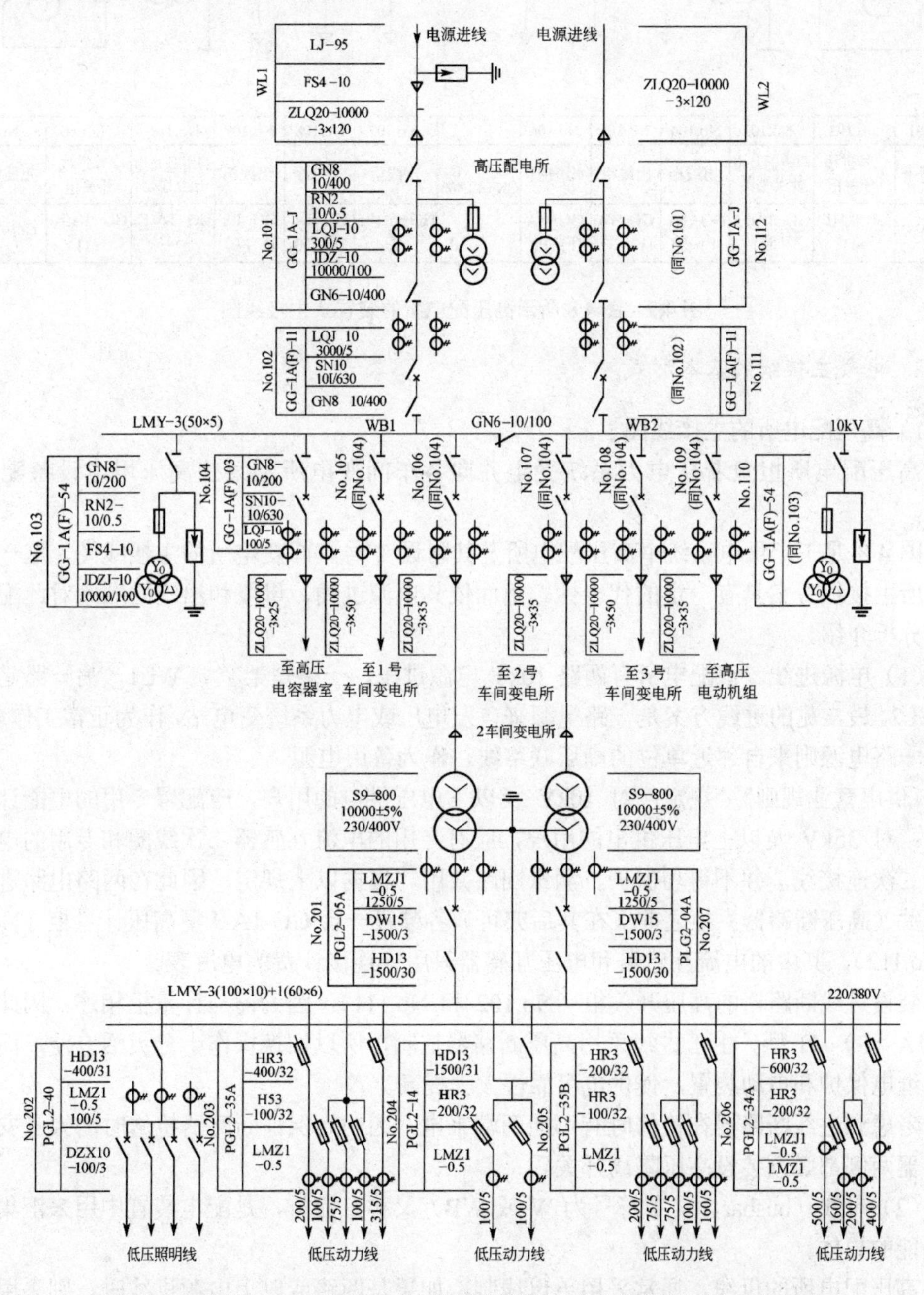

图 4.8　工厂供电系统中高压配电所及其附设 2 号车间变电所的主接线图

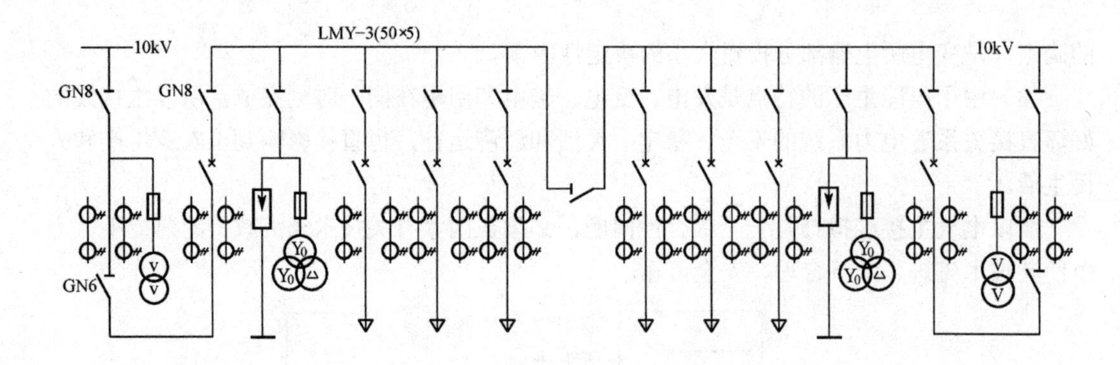

No.101	o.102	No.103	No.104	No.105	No.106		No.107	No.108	No.109	No.110	No.111	No.112
电能计量柜	号进线开关柜	避雷器及电压互感器	出线柜	出线柜	出线柜	GN6-10/400	出线柜	出线柜	出线柜	避雷器及电压互感器	2号进线开关柜	电能计量柜
GG-1A-J	-1A(F)-11	GG-1A(F)-54	GG-1A(F)-03	GG-1A(F)-03	GG-1A(F)-03		GG-1A(F)-03	GG-1A(F)-03	GG-1A(F)-03	GG-1A(F)-54	GG-1A(F)-11	GG-1A-J

图 4.9　图 4.8 所示高压配电所的装置式主接线图

2. 电气主接线的基本形式

1）高压配电所的主接线图

高压配电所担负着从电力系统受电并向各车间变电所及某些高压用电设备配电的任务。

图 4.8 是工厂供电系统中高压配电所及其附设 2 号车间变电所的主接线图。这一高压配电所主接线方案具有一定的代表性。下面依其电源进线、母线和出线的顺序对此配电所作一分析介绍。

（1）电源进线。该配电所有两路 10kV 电源进线，一路是架空城 WL1，另一路是电缆线 WL2。最常见的进线方案是一路电源来自发电厂或电力系统变电站，作为正常工作电源，而另一路电源则来自邻近单位的高压联络线，作为备用电源。

《供电营业规则》 规定：对 10kV 及以下电压供电的用户，应配置专用的电能计量柜（箱）；对 35kV 及以上电压供电的用户，应有专用的电流互感器二次线圈和专用的电压互感器二次连接线，并不得与保护、测量回路共用。根据以上规定，因此在两路电路进线的主开关（高压断路器）柜之前（在其后亦可）各装设一台 GG-1A-J 型高压计量柜（No.101 和 No.112），其中的电流互感器和电压互感器只用来连接计费的电度表。

装设进线断路器的高压开关柜（No.102 和 No.111），因为需与计量柜相连，因此采用 GG-1A（F）-11 型。由于进线采用高压断路器控制，所以切换操作十分灵活方便，而且可配以继电保护和自动装置，使供电可靠性大大提高。

考虑到进线断路器在检修时有可能两端来电，因此为保证断路器检修时的人身安全，断路器两侧都必须装设高压隔离开关。

（2）母线（busbar，文字符号为 W 或 WB）又称汇流排，是配电装置中用来汇集和分配电能的导体。

高压配电所的母线，通常采用单母线制。如果是两路或以上电源进线时，则采用高压隔离开关或高压断路器（其两侧装隔离开关）分段的单母线制。母线采用隔离开关分段时，分段隔离开关可安装在墙上，也可采用专门的分段柜（亦称联络柜），如 GG-1A（F）-119 型柜。

图 4.8 所示为高压配电所通常采用的一路电源工作、一路电源备用的运行方式，因此母线分段开关通常是闭合的，高压并联电容器对整个配电所进行无功补偿。如果工作电源发生故障或进行检修时，在切除该进线后，投入备用电源即可恢复对整个配电所的供电。如果装设备用电源自动投入装置（Auto-Put-into Device of Reserve-source，APD），则供电可靠性可进一步提高，但这时进线断路器的操作机构必须是电磁式或弹簧式。

为了测量、监视、保护和控制主电路设备的需要，每段母线上都接有电压互感器，进线上和出线上都接有电流互感器。图 4.8 中的高压电流互感器均有两个二次绕组，其中一个接测量仪表，另一个接继电保护装置。为了防止雷电过电压侵入配电所时击毁其中的电气设备，各段母线上都装设了避雷器。避雷器和电压互感器同装设在一个高压柜内，且共用一组高压隔离开关。

（3）高压配电出线。该配电所共有 6 路高压配电出线。其中有两路分别由两段母线经隔离开关-断路器配电给 2 号车间变电所；有一路由左段母线（WB1）经隔离开关-断路器供 1 号车间变电所；有一路由右段母线（WB2）经隔离开关-断路器供 3 号车间变电所；有一路由左段母线（WB1）经隔离开关-断路器供无功补偿用的高压并联电容器组；还有一路由右段母线（WB2）经隔离开关-断路器供组高压电动机用电。由于这里的高压配电线路都是由高压母线来电，因此其出线断路器需在其母线侧加装隔离开关，以保证断路器和出线的安全检修。

2）车间和小型工厂变电所的主接线图

车间变电所和小型工厂变电所，都是将高压 6～10kV 降为一般用电设备所需低压 220/380V 的降压变电所。其变压器容量一般不超过 1000kV·A，主接线方案通常比较简单。

（1）车间变电所的主接线图。车间变电所的主接线分以下两种情况。

① 有工厂总降压变电所或高压配电所的车间变电所。其高压侧的开关电器、保护装置和测量仪表等，一般都安装在高压配电线路的首端，即总变配电所的高压配电室内，而车间变电所只设变压器室（室外为变压器台）和低压配电室，其高压侧多数不装开关，或只装简单的隔离开关、熔断器（室外为跌开式熔断器）、避雷器等，如图 4.10 所示。由图可以看出，凡是高压架空进线，变电所高压侧必须装设避雷器，以防雷电波沿架空线路侵入变电所击毁电力变压器及其他设备的绝缘。而采用高压电缆进线时，避雷器是装设在电缆的首端的（图上未示出），而且避雷器的接地端要连同电缆的金属外皮一起接地。此时变压器高压侧一般可不再装设避雷器。如果变压器高压侧为架空线又经一段电缆引入时，如图 4.8 中的进线 WL1，则变压器高压倒仍应装设避雷器。

② 工厂无总变配电所的车间变电所。工厂内无总变配电所时，其车间变电所往往就是工厂的降压变电所，其高压侧的开关电器、保护装置和测量仪表等，都必须配备齐全，所以一般要设置高压配电室。在变压器容量较小、供电可靠性要求不高的情况下，也可不设高压配电室，其高压侧的开关电器就装设在变压器室（室外为变压器台）的墙上或电杆上，而在低压侧计量电能；或者其高压开关柜（不多于 6 台时）就装在低压配电室内，在高压侧计量电能。

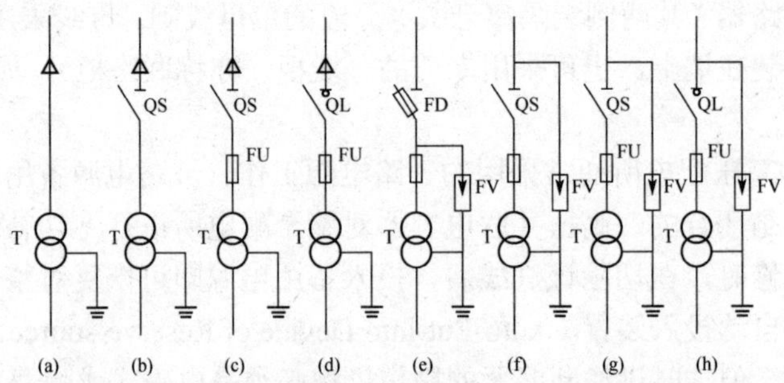

（a）高压电缆进线，无开关；（b）高压电缆进线，装隔离开关；（c）高压电缆进线，装隔离开关—熔断器；
（d）高压电缆进线，装负荷开关—熔断器；（e） 高压架空进线，装跌开式熔断器和避雷器；
（f）高压架空进线，装隔离开关和避雷器；（g）高压架空进线，装隔离开关—熔断器和避雷器；
（h）高压架空进线，装负荷开关—熔断器和避雷器

图 4.10　车间变电所高压侧主接线方案（示例）

（2）小型工厂变电所的主接线图。这里介绍一些常见的主接线方案。为使主接线图简明，下面的主接线图中未绘出电能计量柜的电路。

① 只装有一台主变压器的小型变电所主接线图。只装有一台主变压器的小型变电所，其高压侧一般采用无母线的接线。根据其高压侧采用的开关电器不同，有以下 3 种比较典型的主接线方案。

a．高压侧采用隔离开关-熔断器或户外跌开式熔断器的变电所主接线图，如图 4.11 所示。这种主接线受隔离开关和跌开式熔断器切断空载变压器容量的限制，一般只用于500kV·A 及以下容量的变电所中。这种变电所相当简单经济，但供电可靠性不高，当主变压器或高压侧停电检修或发生故障时，整个变电所要停电。由于隔离开关和跌开式熔断器不能带负荷操作，因此变电所送电和停电的操作程序比较麻烦，如果稍有疏忽，还容易发生带负荷拉闸的严重事故，而且在熔断器熔断后，更换熔体需一定时间，从而影响供电可靠性。但是这种主接线对于三级负荷的小容量变电所是相当适宜的。

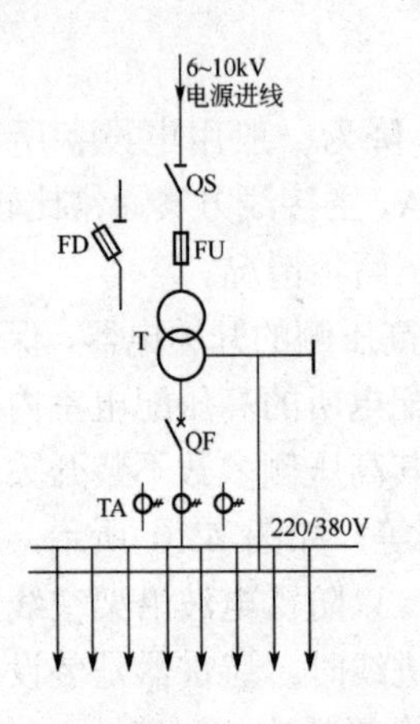

图 4.11　高压侧采用隔离开关-熔断器或跌开式熔断器的变电所主接线图

b．高压侧采用负荷开关—熔断器或负荷型跌开式熔断器的变电所主接线图，如图 4.12 所示。由于负荷开关和负荷型跌开式熔断器能带负荷操作，从而使变电所停、送电的操作比上述主接线（图 4.11）要简便灵活得多，也不存在带负荷拉闸的危险。但在发生短路故障时，只能是熔断器熔断，因此这种主接线仍然存在着在排除短路故障时恢复供电的时间较长的缺点，供电可靠性仍然不高。这种主接线一般也只用于三级负荷的变电所。

c．高压侧采用隔离开关-断路器的变电所主接线图，如图 4.13 所示。这种主接线由于采用了高压断路器，因此变电所的停、送电操作十分灵活方便，而且在发生短路故障时，过电流保护装置动作，断路器会自动跳闸，如果短路故障已经消除，则可立即合闸恢复供电。如果配备自动重合闸装置（Auto-Reclosing Device，ARD），则供电可靠性更高。但是

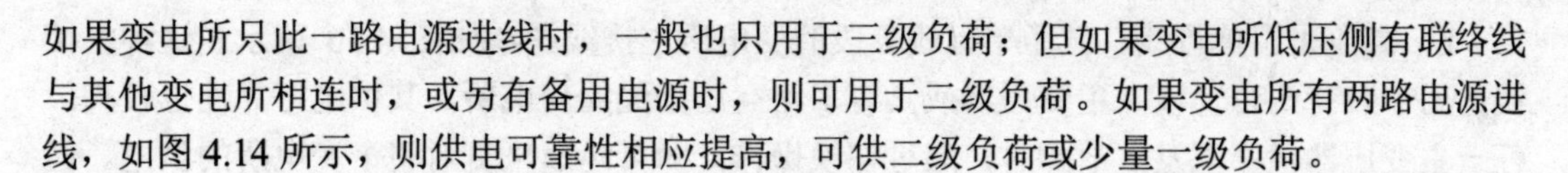
如果变电所只此一路电源进线时，一般也只用于三级负荷；但如果变电所低压侧有联络线与其他变电所相连时，或另有备用电源时，则可用于二级负荷。如果变电所有两路电源进线，如图 4.14 所示，则供电可靠性相应提高，可供二级负荷或少量一级负荷。

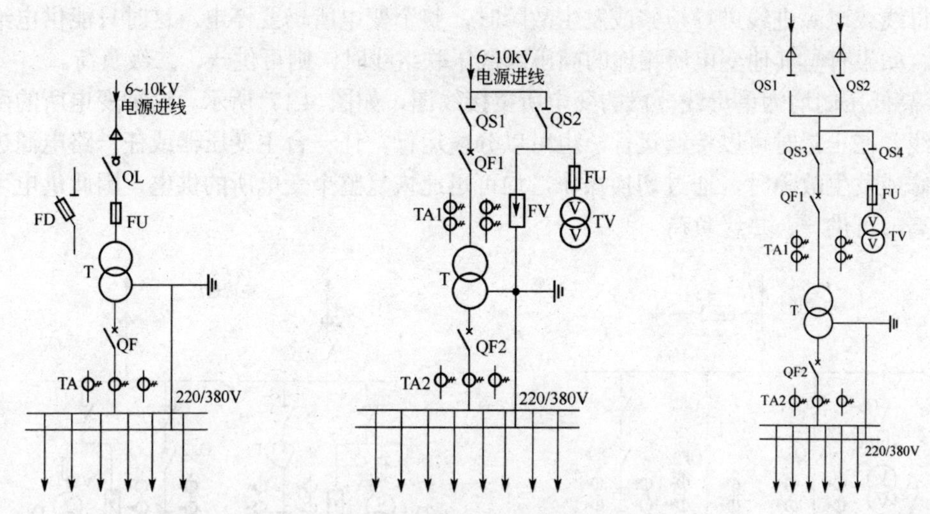

图 4.12　高压侧采用负荷开关-熔断器或负荷型跌开式熔断器的变电所主接线图

图 4.13　高压侧采用隔离开关-断路器的变电所主接线图

图 4.14　高压双回路进线的一台主变压器变电所主接线图

② 装有两台主变压器的小型变电所主接线图。

a. 高压无母线、低压单母线分段的变电所主接线图，如图 4.15 所示。这种主接线的供电可靠性较高，当任一主变压器或任一电源进线停电检修或发生故障时，该变电所通过闭合低压母线分段开关，即可迅速恢复对整个变电所的供电。如果两台主变压器高压侧断路器装设互为备用的备用电源自动投入装置，则任一主变压器高压侧断路器因电源断电（失压）而跳闸时，另一主变压器高压侧的断路器在备用电源自动投入装置作用下自动合闸，恢复整个变电所的供电。这时该变电所可供一、二级负荷。

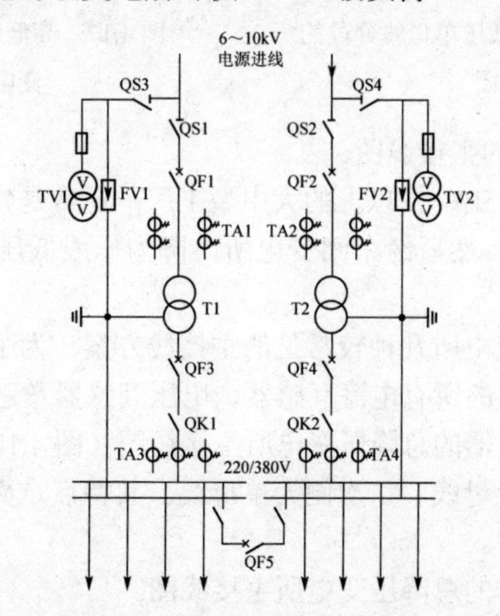

图 4.15　高压侧无母线、低压单母线分段的变电所主接线图

b．高压采用单母线、低压单母线分段的变电所主接线图，如图 4.16 所示。这种主接线适用于装有两台及以上主变压器或具有多路高压出线的变电所，其供电可靠性也较高。任一主变压器检修或发生故障时，通过切换操作，即可迅速恢复对整个变电所的供电。但在高压母线或电源进线进行检修或发生故障时，整个变电所仍要停电。这时只能供电给三级负荷。如果有与其他变电所相连的高压或低压联络线时，则可供一、二级负荷。

c．高低压侧均为单母线分段的变电所主接线图，如图 4.17 所示。这种变电所的两段高压母线，在正常时可以接通运行，也可以分段运行。任一台主变压器或任一路电源进线停电检修或发生故障时，通过切换操作，均可迅速恢复整个变电所的供电，因此供电可靠性相当高，可供一、二级负荷。

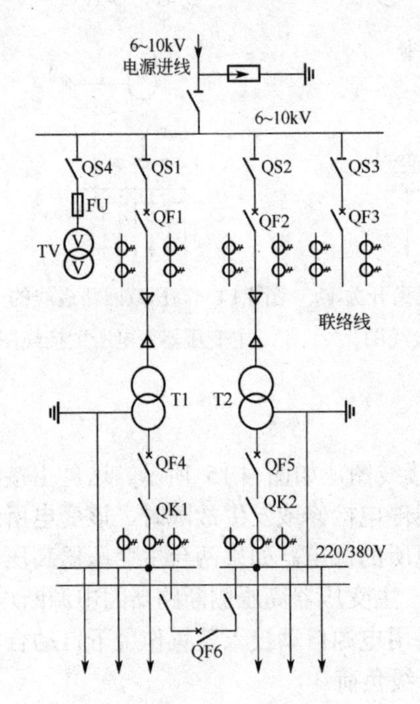

图 4.16　高压采用单母线、低压单母线分段的变电所主接线图

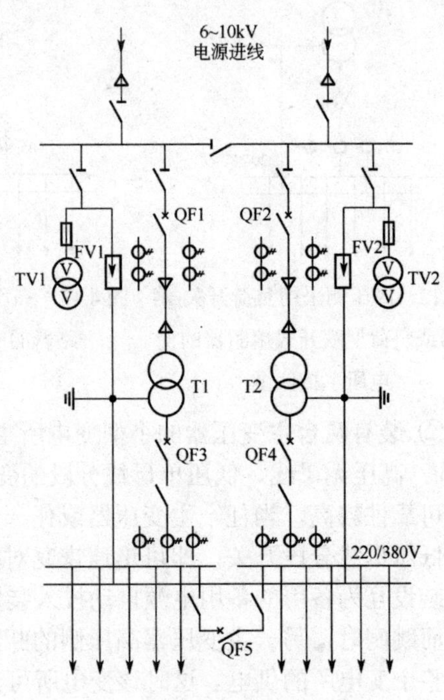

图 4.17　高低压侧均为单母线分段的变电所主接线图

3）工厂总降压变电所的主接线图。

对于电源进线电压为 35kV 及以上的大中型工厂，通常是先经工厂总降压变电所降为 6～10kV 的高压配电电压，然后经车间变电所，降为一般低压用电设备所需的电压，如 220/380V。

下面介绍工厂总降压变电所几种较常见的主接线方案。为了使主接线图简明起见，图上省略了包括电能计量所需的所有电流互感器、电压互感器及避雷器等一次设备。

（1）只装有一台主变压器的总降压变电所主接线图（图 4.18）。

这种主接线的一次侧无母线、二次侧为单母线。其特点是简单经济，但供电可靠性不高，只适于三级负荷的工厂。

（2）装有两台主变压器的总降压变电所主接线图。

① 一次侧采用内桥式接线、二次侧采用单母线分段的总降压变电所主接线图，如

图4.19所示。

这种主接线，其一次侧的高压断路器QF10跨接在两路电源进线之间，犹如一架桥梁，而且处在线路断路器QFll和QF12的内侧，靠近变压器，因此称为内桥式接线。这种主接线的运行灵活性较好，供电可靠性较高，适用于一、二级负荷的工厂。如果某路电源（如WL1线路）停电检修或发生故障时，则断开QFll，投入QF10（其两侧QS先合），即可由WL2恢复对变压器T1的供电。这种内桥式接线多用于电源线路较长因而发生故障和停电检修的机会较多、变压器不需经常切换的总降压变电所。

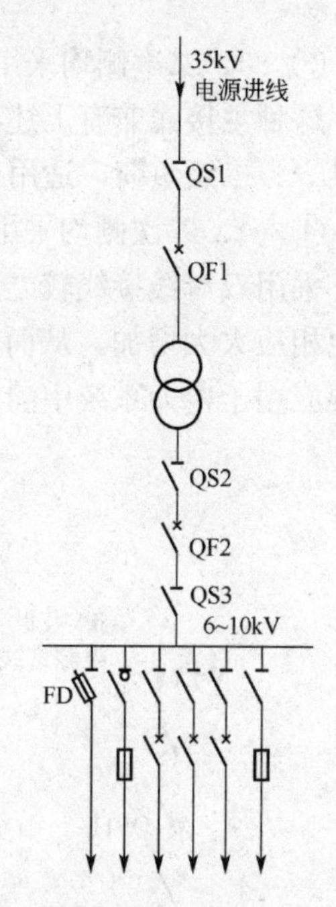

图4.18　只装有一台主变压器的总降压变电所主接线图

② 一次侧采用外桥式接线、二次侧采用单母线分段的总降压变电所主接线图，如图4.20所示。

这种主接线，其一次侧的高压断路器QF10也跨接在两路电源进线之间，但处在线路断路器QFll和QF12的外侧，靠近电源方向，因此称为外桥式接线。这种主接线的运行灵活性也较好，供电可靠性也较高，适用于一、二级负荷的工厂。但与上述内桥式接线适用的场合有所不同。如果某台变压器（如T1）停电检修或发生故障时，则断开QFll，投入QF10（其两侧QS先合），使两路电源进线又恢复并列运行。这种外桥式接线适用于电源线路较短而变电所昼夜负荷变动较大、经济运行需经常切换变压器的总降压变电所。当一次电源线路采用环形接线时，也宜于采用这种接线，使环形电网的穿越功率不通过断路器QFll、QF12，这对改善线路断路器的工作及其继电保护的整定都极为有利。

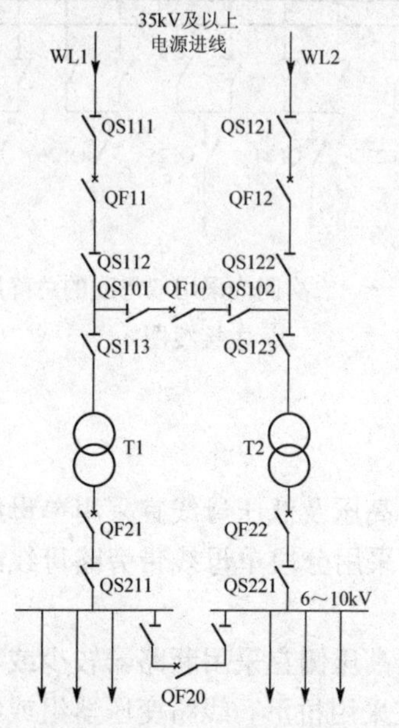

图4.19　一次侧采用内桥式接线、二次侧采用单母线分段的总降压变电所主接线图

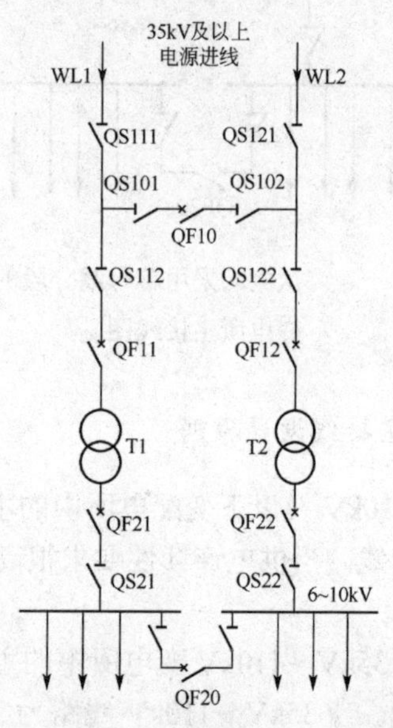

图4.20　一次侧采用外桥式接线、二次侧采用单母线分段的总降压变电所主接线图

③ 一、二次侧均采用单母线分段的总降压变电所主接线图，如图 4.21 所示。

这种主接线兼有上述两种桥式接线运行灵活性的优点，但采用的高压开关设备较多。可供一、二级负荷，适用于一、二次侧进出线较多的总降压变电所。

④ 一、二次侧均采用双母线的总降压变电所主接线图，如图 4.22 所示。

采用双母线接线较之采用单母线接线，供电可靠性和运行灵活性大大提高，但开关设备也相应大大增加，从而大大增加了初投资，所以双母线接线在工厂变电所中很少应用，主要应用于电力系统中的枢纽变电站。

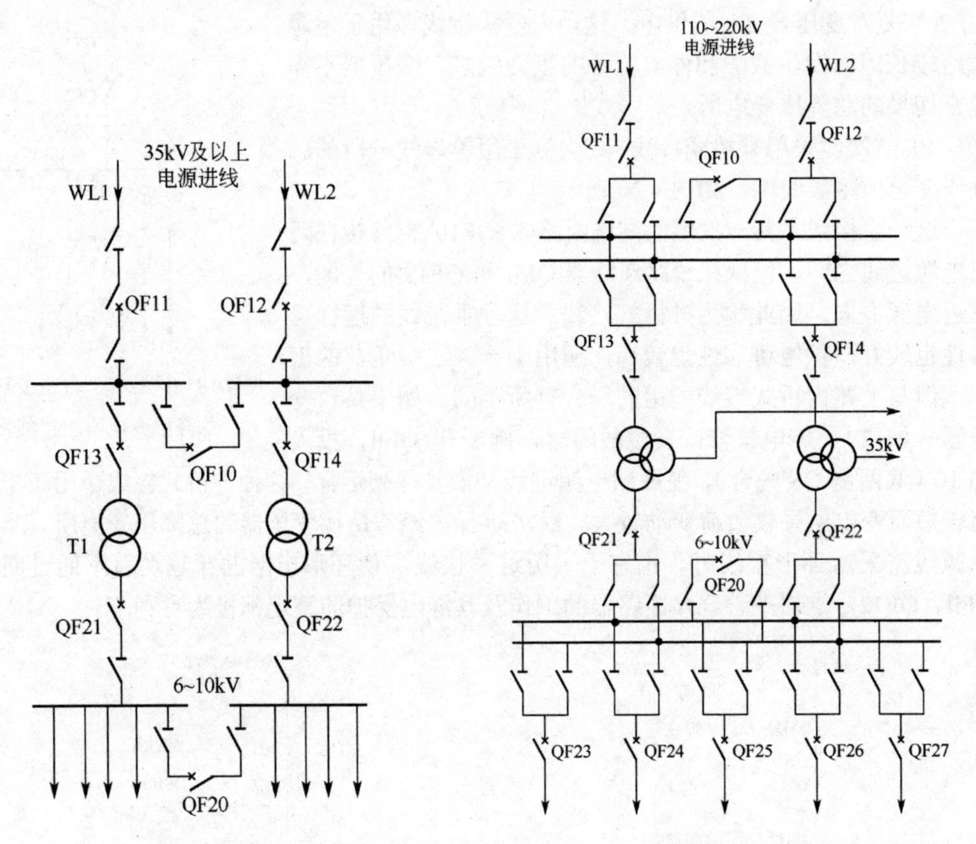

图 4.21 一、二次侧均采用单母线分段的总降压变电所主接线图

图 4.22 一、二次侧均采用双母线的总降压变电所主接线图

3. 主接线设置原则

（1）10kV 及以下变配电所中的主接线设置原则：高压及低压母线宜采用单母线或分段单母线接线。当供电连续性要求很高时，高压母线可采用分段单母线带旁路母线或双母线的接线。

（2）35kV～110kV 变电所中的主接线设置原则：高压侧宜采用断路器较少或不用断路器的接线。当 35kV～110kV 线路为 2 回及以下时，宜采用桥形、线路变压器组或线路分支接线。超过 2 回时，宜采用扩大桥形、单母线或分段单母线的接线。

35～63kV 线路为 8 回及以上时，亦可采用双母线接线。

110kV 线路为 6 回及以上时，宜采用双母线接线。

在采用单母线、分段单母线或双母线的 35～110kV 主接线中，当不允许停电检修断路器时，可设置旁路母线。

① 当有旁路母线时，首先宜采用分段断路器或母联断路器兼作旁路断路器的接线。

② 当 110kV 线路为 6 回及以上，35～63kV 线路为 8 回及以上时，可装设专用的旁路断路器。

③ 主变压器 35～110kV 回路中的断路器，有条件时亦可接入旁路母线。

④ 当变电所装有 2 台主变压器时，6～10kV 侧宜采用分段单母线。线路为 12 回及以上时，亦可采用双母线。当不允许停电检修断路器时，可设置旁路设施。当 6～35kV 配电装置采用手车式高压开关柜时，不宜设置旁路设施。

⑤ 采用 SF6 断路器的主接线不宜设旁路设施。

（3）220～500kV 变电所中的主接线设置原则：330～500kV 配电装置的最终接线方式，当线路、变压器等连接元件总数为 6 回及以上，且变电所在系统中具有重要地位时，宜通过技术经济比较确定采用 3/2 断路器或双母线分段带旁路母线的接线。

330～500kV 配电装置最终出线回路数为 3 回～4 回时，宜采用线路有两台断路器、变压器直接与母线连接的“变压器母线组”接线。

220kV 变电所中的 110kV 配电装置，当出线回路数在 6 回以下时宜采用单母线或分段单母线接线，6 回及以上时，宜采用双母线接线。

220kV 终端变电所的配电装置，当能满足运行要求时，宜采用断路器较少的或不用断路器的接线，如线路变压器组或桥形接线等。当能满足电力系统继电保护要求时，也可采用线路分支接线。220kV 配电装置出线在 4 回及以上时，宜采用双母线或其他接线。

500kV 变电所中的 220kV 配电装置，可采用双母线，技术经济合理时，也可采用 3/2 断路器接线。

35～63kV 配电装置，当出线回路数为 4 回～7 回时，宜采用单母线或分段单母线，8 回及以上时采用双母线，除断路器允许停电检修外，可设置旁路隔离开关或旁路母线。当出线为 8 回及以上时，也可装设专用的旁路断路器。

项目 5 供配电系统继电保护

任务 5.1 继电保护概述

用户供配电系统中，由于各种原因难免发生各种故障和不正常运行状态。其中最常见的故障就是各种形式的短路，短路产生很大的短路电流，使电气设备产生电动效应和热效应，同时使供配电系统供电电压下降，引发严重后果。常见的不正常运行状态有线路或设备过负荷、中性点不接地系统发生单相接地等，如果不及时处理，可能导致相间短路故障。所以必须设置相应的保护装置将故障部分及时地从系统中切除，以保证非故障部分的继续运行。

电力系统发生故障时，会引起电流的增加和电压的降低，以及电流与电压之间相位的变化等，因此继电保护装置就是利用故障时物理量与正常运行时物理量的差别来制成的。例如，反映电流增大的过电流保护、反映电压降低（或升高）的低电压（或过电压）保护等。

继电保护装置是指能反映电力系统中电气设备发生的故障和不正常运行状态，并能动作于断路器跳闸或起动信号装置发出报警信号的一种自动装置。

根据继电保护装置所担负的任务，它必须满足以下 4 个基本要求：即选择性、速动性、可靠性和灵敏性。

（1）选择性。继电保护动作的选择性是指在供电系统发生故障时，只使电源一侧距离故障点最近的继电保护装置动作，通过开关电器将故障部分切除，而非故障部分仍然正常运行。图 5.1 就是继电保护装置动作选择性示意图。

当 k－1 点发生短路时，则继电保护装置动作只应使断路器 QF1 跳闸，切除电动机 M。而其他断路器都不跳闸；当 k－3 点发生短路时，则继电保护装置动作只应使断路器 QF3 跳闸，切除故障线路。满足这一要求的动作称为“选择性动作”。如果 QF1 或 QF3 不动作，其他断路器跳闸，则称为“无选择性动作”。但是，在 k－1 点发生短路时，如果继电保护装置由于某种原因拒动或断路器 QF1 本身拒动时，则上一级保护装置应该尽快动作使断路器 QF3 跳闸。虽然扩大了停电范围，但限制了故障的扩大，起着后备保护作用。保护装置在这种情况下动作使断路器 QF3 跳闸，仍然称为保护的“选择性动作”。

（2）速动性：快速切除故障部分。当系统内发生短路故障时，为了减轻短路故障电流

对用电设备的损害程度，要求继电保护装置快速动作切除故障部分。快速切除故障部分还可以防止故障范围扩大，加速系统电压的恢复过程，使电压降低的时间缩短，有利于电动机的自起动，提高电力系统运行的稳定性和可靠性。

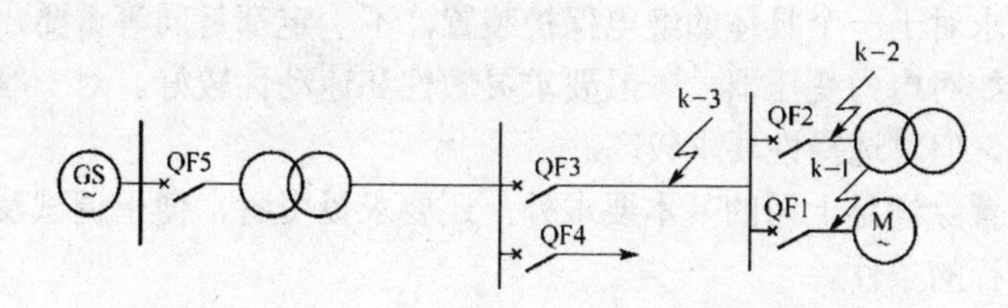

图5.1　继电保护装置动作选择性示意图

应当指出，为了满足选择性，继电保护需要带一定时限，允许延时切除故障的时间一般为0.5～2s。即速动性和选择性往往是有矛盾的，当两者发生矛盾时，一般应首先满足选择性而牺牲一点速动性。但应在满足选择性的前提下，尽量缩短切除故障部分的延时。对一个具体的保护装置来说，在无法兼顾选择性和速动性的情况下，为了快速切除故障部分以保护某些关键设备，或者为了尽快恢复系统的正常运行，有时甚至也只好牺牲选择性来保证速动性。

（3）可靠性：继电保护装置在其所规定的保护范围内发生故障或不正常工作状态时，一定要准确动作，即在应该动作时，就应该动作（不能拒动）；而其他非故障设备的保护装置（即故障或不正常工作状态发生地点不属于其保护范围）则一定不应动作，即在不应该动作时，不能误动。供配电系统正常运行时，保护装置也不应该误动。继电保护装置的任何拒动或误动，都会降低电力系统的供电可靠性。保护装置的可靠程度，与保护装置的元器件质量、接线方式以及安装、整定和运行维护等多种因素有关。为了提高保护装置动作的可靠性，应尽量采用高质量元器件，简化保护装置接线方式，提高安装和调试质量，以及加强运行维护等。

（4）灵敏性：保护装置在其保护范围内对故障和不正常运行状态的反应能力。所谓反应能力是用继电保护装置的灵敏系数（灵敏度）来衡量。如果保护装置对其保护区内极轻微的故障都能及时地反应动作，则说明保护装置的灵敏度高。继电保护装置的灵敏度一般是用被保护电气设备故障时，通过保护装置的故障参数（例如短路电流）与保护装置整定的动作参数（例如动作电流）的比值大小来判断，这个比值称为灵敏系数，亦称灵敏度，用 S_p 表示。

对于过电流保护装置，其灵敏系数 S_p 为

$$S_p=\frac{I_{k.min}}{I_{op.1}} \tag{5-1}$$

式中　$I_{k.min}$——被保护区内最小运行方式下的最小短路电流；

$I_{op.1}$——保护装置的一次动作电流。

对于低电压保护，其灵敏系数 S_p 为

$$S_p=\frac{U_{op.1}}{U_{k.max}} \tag{5-2}$$

式中　$U_{k.max}$——被保护区内发生短路时，连接该保护装置的母线上最大残余电压（V）；

$U_{op.1}$——保护装置的一次动作电压（V）。

对不同作用的保护装置和被保护设备，所要求的灵敏度是不同的，在《继电保护和自动装置设计技术规程》中规定，主保护的灵敏度一般要求不小于1.5～2。

以上四项要求对于一个具体的继电保护装置，不一定都是同等重要，应根据保护对象而有所侧重。例如对电力变压器，一般要求灵敏性和速动性较好。对一般的电力线路，灵敏度可略低一些，但对选择性要求较高。

继电保护装置除满足上面的基本要求外，还要求投资省，便于调试及维护，并尽可能满足电气设备运行的条件。

继电器是继电保护装置的基本器件，继电器的分类方式很多，按其输入量性质分为电气继电器和非电气继电器，按其用途分为控制继电器和保护继电器两大类。控制继电器用于自动控制电路中，保护继电器用于继电保护电路中。这里只介绍保护继电器。

保护继电器分类如下：

（1）按其反应的物理量分，有电流继电器、电压继电器、功率继电器、时间继电器、温度继电器和瓦斯继电器等。

（2）按其反应的参量变化情况分，有过量继电器和欠量继电器。如过电流继电器、欠电压继电器等。

（3）按其在保护装置中功能分，有起动继电器、时间继电器、信号继电器和中间（或出口）继电器等。图 5.2 所示为线路过电流保护的框图。当线路上发生短路故障时，起动用的电流继电器KA瞬时动作，使时间继电器KT起动，KT经整定的一定时限后，接通信号继电器KS和中间继电器KM。KM接通断路器QF的跳闸回路，使断路器QF自动跳闸。

（4）按其动作于断路器的方式分，有直接动作式和间接动作式两大类。断路器操作机构中的脱扣器实际上就是一种直接动作式继电器，而一般的保护继电器均为间接动作式。

（5）按其组成元件分，有机电式继电器和晶体管继电器。机电式继电器又可分为电磁式和感应式。机电式继电器结构简单，工作可靠，而且有成熟的运行经验，所以目前仍普遍使用。晶体管继电器具有动作灵敏、体积小、能耗低、耐振动、无机械惯性、寿命长等一系列优点，但由于晶体管器件的特性受环境温度变化影响大，器件的质量及运行维护的水平都影响到保护装置的可靠性，目前国内较少采用。电力系统中已向集成电路和微型计算机保护发展。

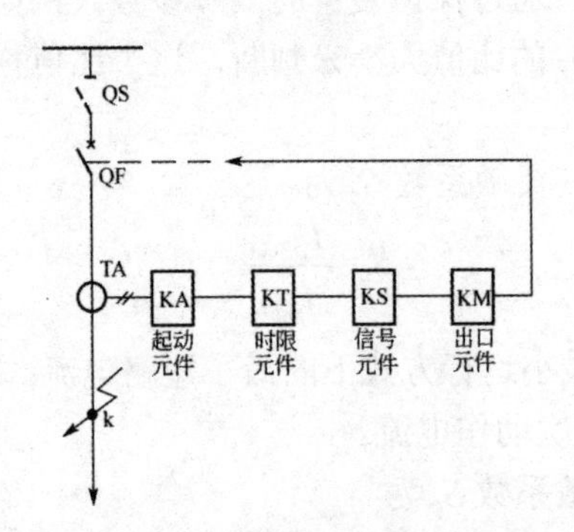

KA—电流继电器；KT—时间继电器；KS—信号继电器；KM—中间继电器。

图 5.2　过电流保护框图

供配电系统中常用的保护继电器有电磁式继电器和感应式继电器。

(1) 电磁式电流继电器在继电保护装置中，用作起动器件，因此又称起动继电器。电流继电器的文字符号为 KA。

常用的 DL-10 系列电磁式电流继电器的内部结构如图 5.3 所示，其内部接线和图形符号如图 5.4 所示。

由图 5.3 可知，在电磁铁 1 的磁极上绕有两个电流线圈 3（两个线圈可以串联或并联），磁极中间有一固定在转轴 4 上的 Z 形钢舌簧片 2，动触点 9 也固定在转轴上，能随转轴转动。转轴上还安装着反作用弹簧 5，保证正常工作状态时触点在断开位置，并作为调整起动电流之用。改变与弹簧连接的调节转杆 8 的位置就可以改变弹簧的松紧。图中 10 是静触点，7 是标度盘。

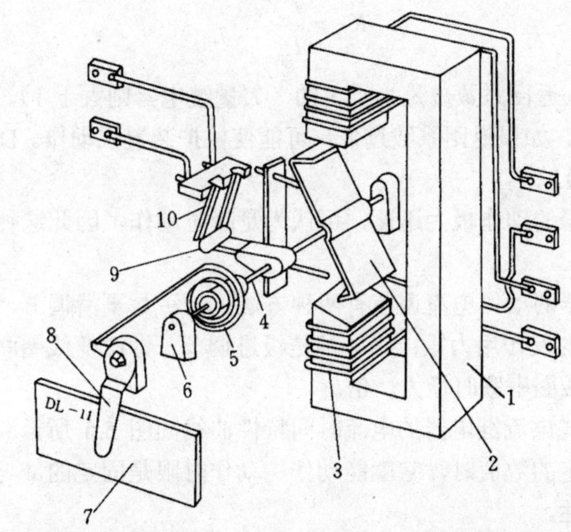

1—电磁铁；2—钢舌簧片；3—线圈；4-转轴；5—反作用弹簧；6—轴承；
7—标度盘（铭牌）；8—调节转杆；9—动触点 ；10—静触点。

图 5.3 DL-10 系列电磁式电流继电器的内部结构

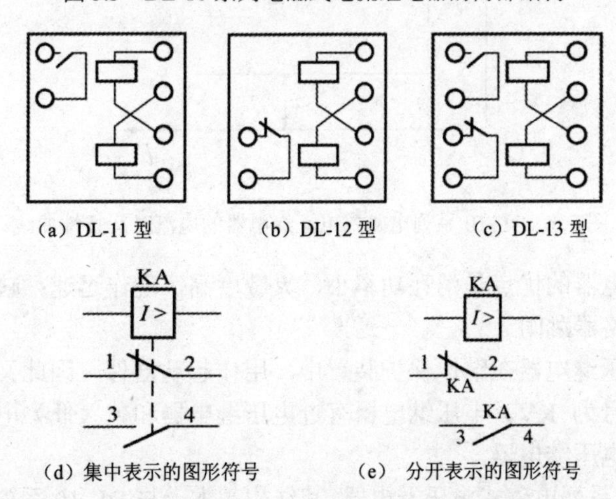

(a) DL-11 型 (b) DL-12 型 (c) DL-13 型

(d) 集中表示的图形符号 (e) 分开表示的图形符号

图 5.4 DL-10 系列电磁式电流继电器的内部接线和图形符号

当继电器线圈 3 通过电流时，电磁铁 1 中产生磁通，力图使 Z 形钢舌簧片 2 面向凸出磁极偏转。与此同时转轴 4 上的反作用弹簧 5 又力图阻止钢舌簧片偏转。当继电器线圈中的电流增大到使钢舌簧片所受到的转矩大于反作用弹簧的反作用力矩时，钢舌簧片就转动，并带着同轴的动触点 9 运动，使之与静触点 10 闭合，即继电器的常开触点闭合，继电器动作或起动。这种继电器的动作行为取决于流入继电器的电流，所以称为电流继电器。

使电流继电器动作的最小电流称继电器的动作电流（或起动电流），用 I_{op} 表示。

过电流继电器动作后，减小通入继电器线圈的电流到一定值时，钢舌簧片在反作用弹簧作用下返回起始位置，常开触点断开。使继电器由动作状态返回到起始位置的最大电流，称为继电器的返回电流，用 I_{re} 表示。

继电器的返回电流 I_{re} 与动作电流 I_{op} 之比，称为继电器的返回系数，用 K_{re} 表示，即

$$K_{re} = \frac{I_{re}}{I_{op}} \tag{5-3}$$

对于过量继电器，返回系数总是小于 1 的（欠量继电器则大于 1），返回系数越接近于 1，说明继电器越灵敏，如果返回系数过低，可能使保护装置误动作。DL-10 系列继电器的返回系数一般不小于 0.8。

电磁式电流继电器的动作极为迅速，可认为是瞬时动作，因此这种继电器也称为瞬时继电器。

电磁式电流继电器的动作电流调节有两种方法：一种是平滑调节，即拨动调节转杆 8 来改变反作用弹簧 5 的反作用力矩；另一种是级进调节，即改变线圈联结方式，当线圈并联时，动作电流将比线圈串联时增大一倍。

DL-10 系列电磁式电流继电器的电流时间特性曲线如图 5.5 所示。只要通入继电器的电流超过某一预先整定的数值时，它就能动作，动作时限是固定的，与外加电流无关，这种特性称作定时限特性。

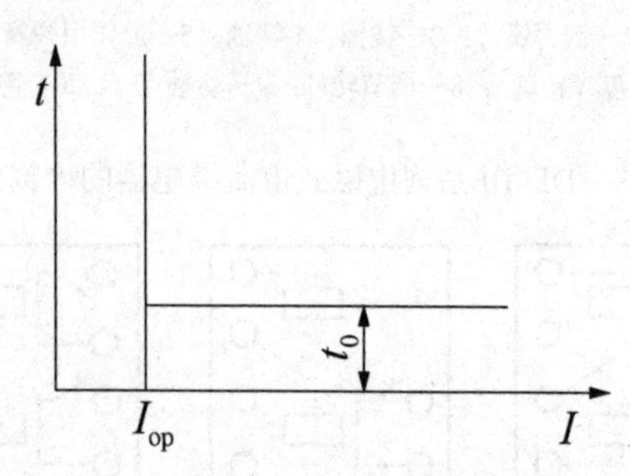

图 5.5　DL-10 系列电磁式电流继电器的电流时间特性曲线

电磁式电流继电器的优点是消耗功率小，灵敏度高，动作迅速；缺点是触点容量小，不能直接作用于断路器跳闸。

（2）电磁式电压继电器在继电保护装置中，用作起动器件，因此又称起动继电器。电压继电器的文字符号为 KV。电压继电器有过电压继电器和欠（低）电压继电器两种，在保护中大多采用低电压继电器。

常用的 DJ-100 系列电磁式电压继电器，其结构基本上与 DL-10 系列电磁式电流继电器相同。但电压继电器一般是经过电压互感器接在电力网上，其动作行为取决于电网电压，

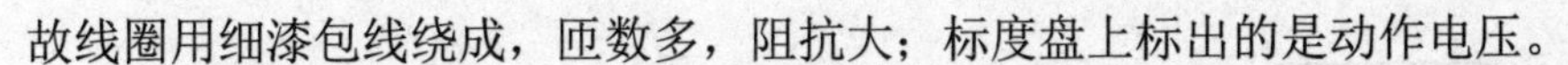

故线圈用细漆包线绕成，匝数多，阻抗大；标度盘上标出的是动作电压。

对低电压继电器，使继电器动作的最高电压称为动作电压，用 U_{op} 表示；使继电器由动作状态返回到起始位置的最低电压称为返回电压，用 U_{re} 表示。

同样，$K_{re}=\dfrac{U_{re}}{U_{op}}$ 称为电压继电器的返回系数。低电压继电器的返回系数 $K_{re}>1$，通常为 1.25；而过电压继电器的返回系数 $K_{re}<1$，通常为 0.80。

（3）电磁式时间继电器在继电保护装置中，用来使保护装置获得所要求的延时（时限）。时间继电器的文字符号为 KT。

时间继电器应用钟表机构和电磁铁作用，获得一定的动作时限。常用的 DS-110、120 系列时间继电器基本结构包括：电磁系统（线圈、衔铁），传动系统（螺杆、齿轮、弹簧），钟表机构，触头系统，调整时限机构。其内部结构如图 5.6 所示，其内部接线和图形符号如图 5.7 所示。

时间继电器的动作过程：当电磁系统中的线圈通过电流后，衔铁动作并带动传动系统运动。传动系统通过齿轮带动钟表机构顺时针方向转动，钟表机构则以一定速度转动，并带动触头系统的动触头运动。经过预定的行程（通过整定机构进行整定）后，动触头即与静触头相接触，转轴至此停止转动，完成电路的接通任务。当继电器的线圈断电时，继电器在弹簧作用下返回起始位置。

继电器的延时，可借改变主静触头的位置（即它与主动触头的相对位置）来调整。调整的时间范围，在标度盘上标出。

DS-110 系列为直流操作电源的时间继电器，DS-120 系列为交流操作电源的时间继电器，延时范围均为 0.1～9s。

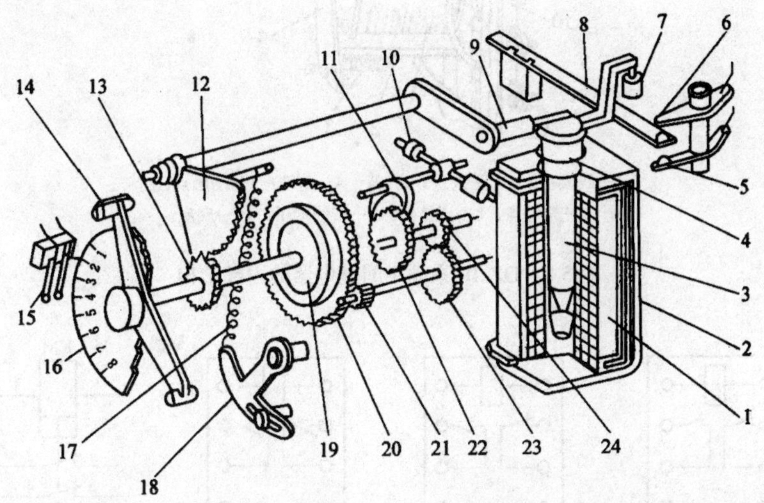

1—线圈；2—电磁铁；3—可动铁芯；4—返回弹簧；5、6—瞬时静触点；7—绝缘件；8—瞬时动触点；9—压杆；10—平衡锤；11—摆动卡板；12—扇形齿轮；13—传动齿轮；14—主动触点；15—主静触点；16—标度盘；17—拉引弹簧；18—弹簧拉力调节器；19—摩擦离合器；20—主齿轮；21—小齿轮；22—掣轮；23、24—钟表机构传动齿轮。

图 5.6 DS-110、120 系列时间继电器的内部结构

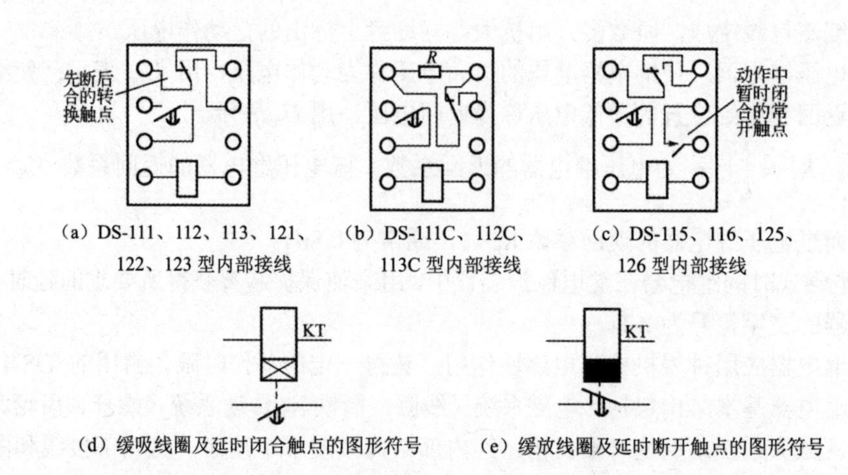

（a）DS-111、112、113、121、122、123 型内部接线　（b）DS-111C、112C、113C 型内部接线　（c）DS-115、116、125、126 型内部接线

（d）缓吸线圈及延时闭合触点的图形符号　（e）缓放线圈及延时断开触点的图形符号

图 5.7　DS-110、120 系列时间继电器的内部接线和图形符号

（4）电磁式中间继电器。DZ-10 系列电磁式中间继电器由电磁系统、触头系统以及两者之间的连接杆组成。其内部结构如图 5.8 所示，其内部接线和图形符号如图 5.9 所示。

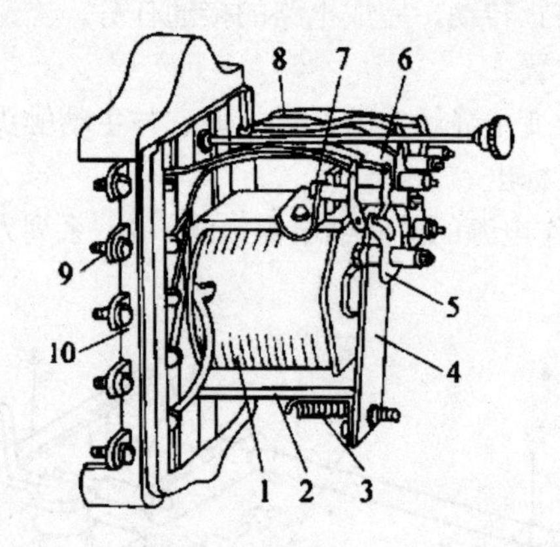

1—线圈；2—电磁铁；3—弹簧；4—衔铁；5—动触点；
6、7—静触点；8—连接线；9—接线端子；10—底座。

图 5.8　DZ-10 系列中间继电器的内部结构

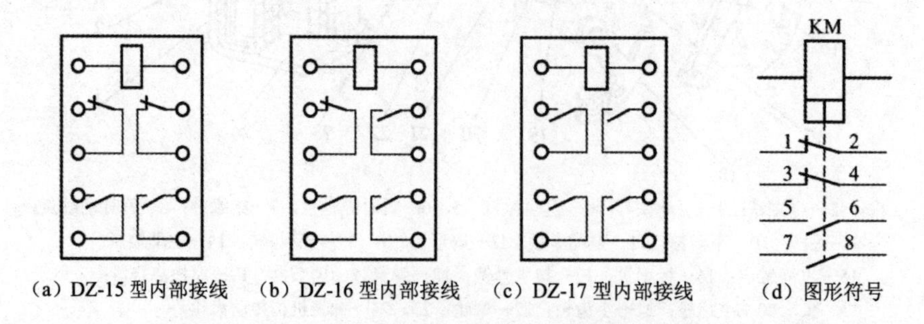

（a）DZ-15 型内部接线　（b）DZ-16 型内部接线　（c）DZ-17 型内部接线　（d）图形符号

图 5.9　DZ-10 系列中间继电器的内部接线和图形符号

当电磁系统中的线圈通过电流时，衔铁动作，并带动触头系统使动触头即与静触头闭

合，继电器便完成了动作。当线圈中的电流被切断后，继电器连接杆受弹簧作用立即返回到原始位置。

中间继电器的触点容量较大，触点数量较多，在继电保护接线中，当需要同时闭合或断开几条独立回路，或者要求比较大的触点容量去断开或闭合大电流回路时，可以采用中间继电器。中间继电器通常装在保护装置的出口回路中，用来直接接通断路器的跳闸线圈，所以又称为出口继电器，其文字符号采用KM。

DZ系列中间继电器是瞬时动作的；DZS系列中间继电器动作是有延时的。

（5）电磁式信号继电器。信号继电器用来标志保护装置的动作，并同时接通灯光和音响信号回路，发出保护动作信号。信号继电器的文字符号为KS。

常用的DX-11型信号继电器结构与中间继电器相同，但多了信号牌和手动复归旋钮。当信号继电器动作时，信号牌失去支持而掉落，可以从外壳的玻璃小窗中看出红色标志（未掉牌前是白色的）。其内部结构如图5.10所示，其内部接线和图形符号如图5.11所示。

信号继电器有两种：一种继电器的线圈是电压式的，并联接入电路；另一种继电器的线圈是电流式的，串联接入电路。

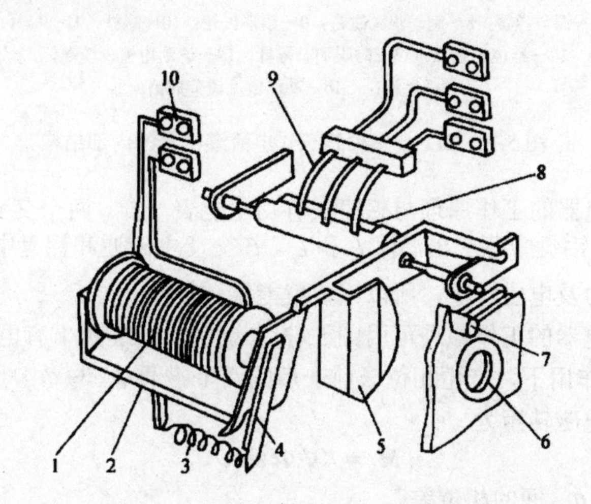

1—线圈；2—电磁铁；3—弹簧；4—衔铁；5—信号牌；6—玻璃窗孔；
7—复位旋钮；8—动触点；9—静触点；10—接线端子。

图5.10　DZ-10系列信号继电器的内部结构

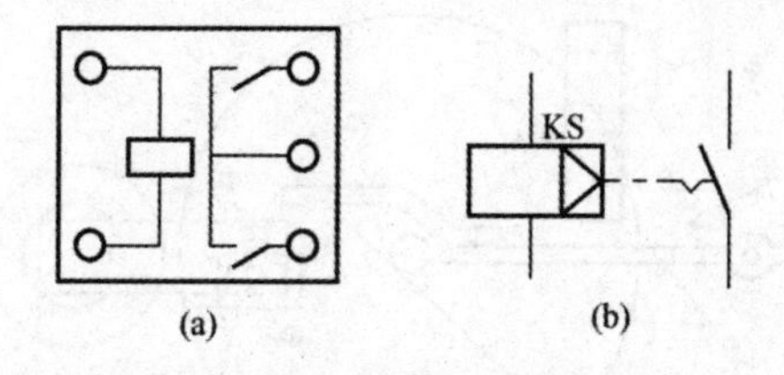

图5.11　DZ-10系列信号继电器的内部接线和图形符号

在中、小型用户供电系统中，感应式电流继电器广泛应用于过电流保护。常用的$GL-{}^{10}_{20}$系列感应式电流继电器结构与电磁式不同，它由两组元件构成，一组为感应元件，另一组为电磁元件，其内部结构如图 5.12 所示。感应元件主要由线圈 1、带短路环 3 的电磁铁 2 及转动铝盘 4 组成；电磁元件主要由线圈 1、电磁铁 2 和衔铁 15 组成。线圈 1 和电磁铁 2 是两组元件共用的。

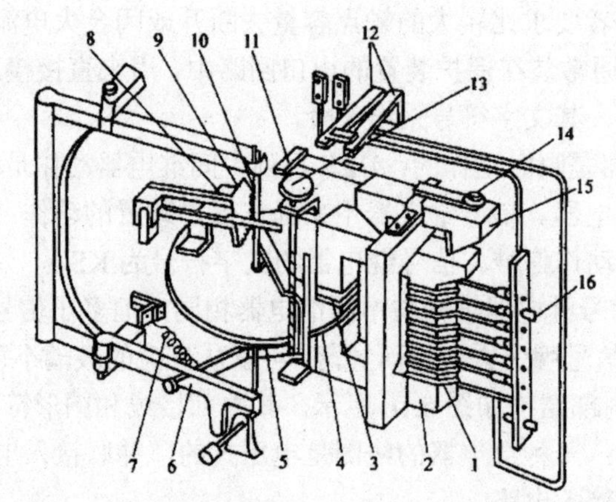

1—线圈；2—电磁铁；3—短路环；4—铝盘；5—钢片；6—铝框架；
7—调节弹簧；8—制动永久磁铁；9—扇形齿轮；10—蜗杆；11—扁杆；
12—继电器触点；13—时限调节螺杆；14—速断电流调节螺钉；
15—衔铁；16—动作电流调节插销。

图 5.12 GL－$^{10}_{20}$ 系列感应式电流继电器的内部结构

感应式电流继电器的工作原理与感应式有功电能表一样。两个交变磁通 Φ_1 与 Φ_2 穿过可动的铝盘，分别在铝盘中感应出涡流 I_1 和 I_2，在交变主磁通和铝盘中的涡流相互作用下，铝盘就要受到电磁力及电磁转矩，所以铝盘就能绕轴转动。

感应式电流继电器的工作原理可用图 5.13 来说明。当线圈 1 有电流 I_{KA} 通过时，电磁铁 2 在短路环 3 的作用下，产生相位一前一后的两个磁通 Φ_1 与 Φ_2，穿过可动的铝盘 4。则作用在铝盘上的电磁转矩为

$$M_1 = K\Phi_1\Phi_2\sin\psi$$

式中　ψ——Φ_1 与 Φ_2 间的相位差；

　　　K——常数。

上式通常称为感应式仪表的基本转矩方程。

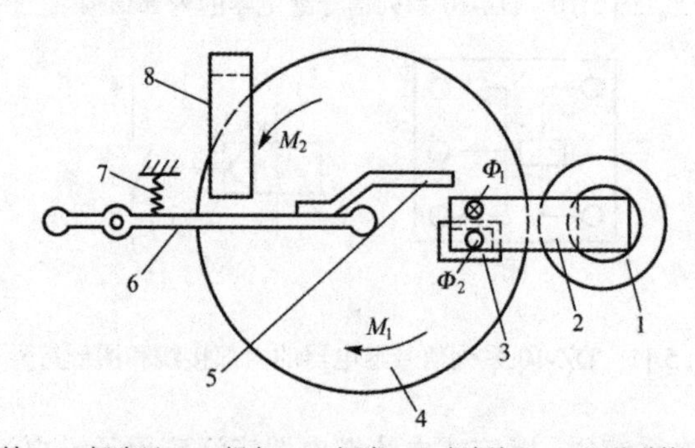

1—线圈；2—电磁铁；3—短路环；4—铝盘；5—钢片；6—铝框架；7—调节弹簧；8—制动永久磁铁。

图 5.13　感应式电流继电器的工作原理

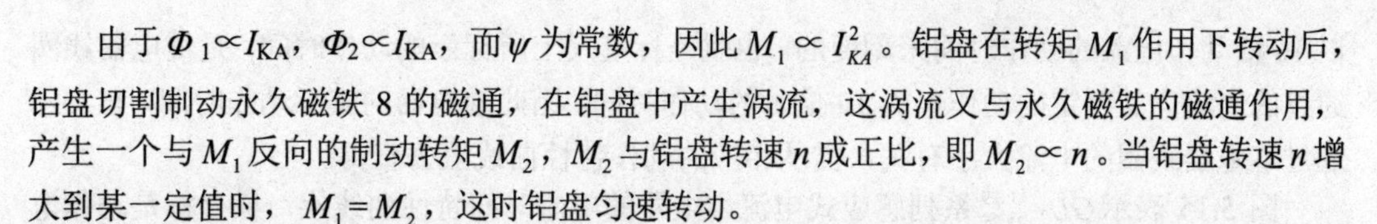

由于$\Phi_1 \propto I_{KA}$，$\Phi_2 \propto I_{KA}$，而ψ为常数，因此$M_1 \propto I_{KA}^2$。铝盘在转矩M_1作用下转动后，铝盘切割制动永久磁铁8的磁通，在铝盘中产生涡流，这涡流又与永久磁铁的磁通作用，产生一个与M_1反向的制动转矩M_2，M_2与铝盘转速n成正比，即$M_2 \propto n$。当铝盘转速n增大到某一定值时，$M_1 = M_2$，这时铝盘匀速转动。

继电器的铝盘在上述M_1和M_2的共同作用下，铝盘受力有使框架6绕轴顺时针偏转的趋势，但受到弹簧7的阻力。

当继电器线圈电流增大到继电器的动作电流值I_{op}时，铝盘受到的力也增大到可克服弹簧阻力的程度，这时铝盘4带动铝框架前偏，使蜗杆10与扇形齿轮9啮合，这就叫作继电器动作。由于铝盘4继续转动，使扇形齿轮沿着蜗杆上升，最后使触点12切换，同时使信号牌掉下，从观察孔内可看到红色或白色的信号指示，表示继电器已经动作。

通入继电器线圈的电流越大，铝盘转得越快，扇形齿轮沿蜗杆上升的速度也越快，因此动作时间越短，这就是感应式电流继电器的“反时限特性”，如图5.14所示曲线的*abc*部分为其反时限特性曲线。当流入继电器线圈的电流继续增大到预先整定的速断电流I_{qb}时，电磁铁2瞬时将衔铁15吸下，使触点12切换，即瞬动元件（电磁元件）起动，这就是“瞬时速断特性”继电器的电流时间特性如图5.14中曲线的*bb'd*部分。

图5.14所示动作特性曲线上对应于开始速断时间t_{qb}的动作电流倍数，称为速断动作电流倍数。即

$$n_{qb} = \frac{I_{qb}}{I_{op}}$$

速断特性的动作电流倍数n_{qb}为整定动作电流I_{op}的（2～8）倍。

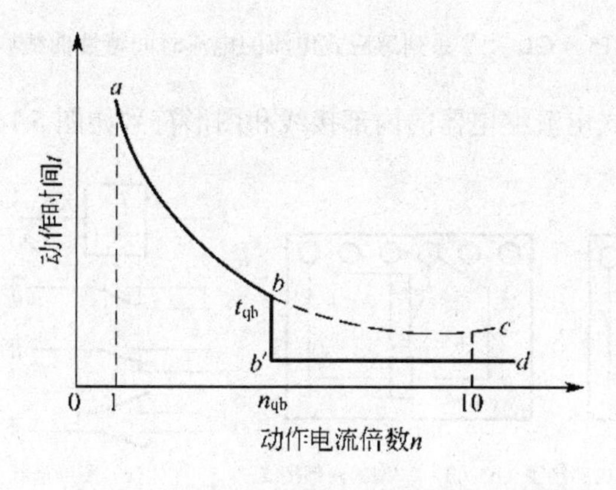

图5.14 感应式电流继电器的动作特性曲线

继电器的动作电流（整定电流）I_{op}，可利用插销16改变线圈匝数来进行级进调节，也可利用调节弹簧7的拉力来进行平滑的细调。

继电器的速断电流倍数n_{qb},可利用螺钉14改变衔铁15与电磁铁2之间的气隙来调节。气隙越大，n_{qb}越大。

继电器感应元件的动作时间（动作时限），是利用螺杆13来改变扇形齿轮顶杆行程的起点，以使动作特性曲线上下移动。不过要注意，继电器动作时限调节螺杆的标度尺，是

以 10 倍动作电流的动作时间来刻度的，也就是标度尺上所标示的动作时间，是继电器线圈通过的电流为其整定的动作电流 10 倍时的动作时间。因此继电器的实际动作时间，与实际通过继电器线圈的电流大小有关，需从相应的动作特性曲线上去查得。

图 5.15 表示 $GL-{}_{21}^{11}{}_{25}^{15}$ 系列感应式电流继电器的电流时间特性曲线族，横坐标是动作电流倍数，曲线族上的每根曲线都标明有动作时限，如 0.5s、0.7s、1.0s 等，是表示继电器通过 10 倍的整定动作电流所对应的动作时限。该型号的继电器可通过人为地调整其内部机械机构和改变其线圈的匝数使它工作在其中的任一特性曲线上。例如，某继电器被调整至 10 倍整定动作电流下动作时限为 2.0s 的曲线上时，若其线圈通入 3 倍的整定动作电流值，可从该曲线上查得此时继电器的动作时限 t_{op}=3.5s。

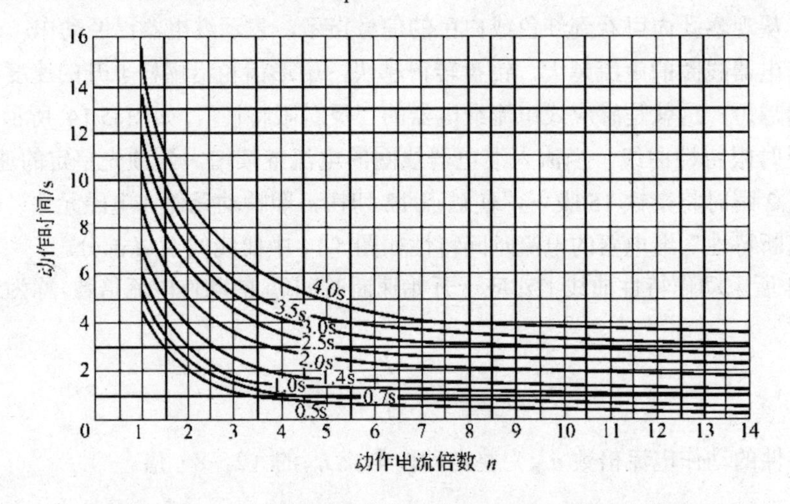

图 5.15　$GL-{}_{21}^{11}{}_{25}^{15}$ 系列感应式电流的电流时间特性曲线族图

$GL-{}_{21}^{11}{}_{25}^{15}$ 系列感应式电流继电器的内部接线和图形符号如图 5.16 所示。

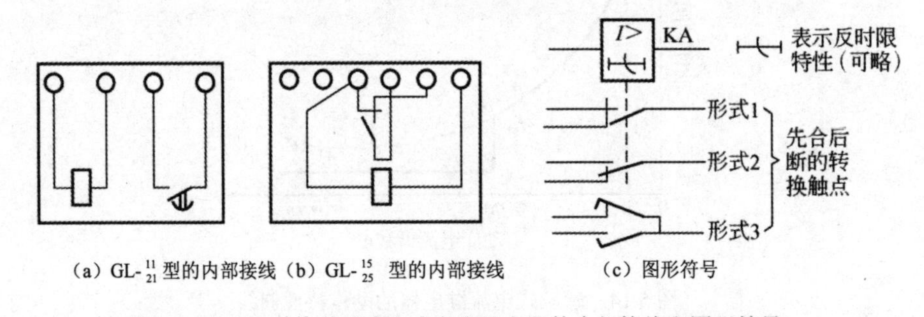

（a）$GL-{}_{21}^{11}$ 型的内部接线（b）$GL-{}_{25}^{15}$ 型的内部接线　（c）图形符号

图 5.16　$GL-{}_{21}^{11}{}_{25}^{15}$ 系列感应式电流继电器的内部接线和图形符号

GL 型感应式电流继电器机械结构复杂，精度不高，瞬动时限误差大，但它的触点容量大，它同时兼有电磁式电流继电器、时间继电器、信号继电器和中间继电器的功能，即它在继电保护装置中，既能作为起动器件，又能实现延时、给出信号和直接接通跳闸回路；既能实现带时限的过电流保护，又能同时实现电流速断保护，从而使保护装置的元件减少，接线简单。因而在 6～10kV 用户供电系统中得到广泛应用。

任务 5.2 供配电系统的继电保护

5.2.1 高压线路的继电保护

1. 概述

按 GB/T 50062—2008《电力装置的继电保护和自动装置设计规范》规定，对 3～66kV 电力线路，应装设相间短路保护、单相接地保护和过负荷保护。

由于一般用户的高压线路不是很长，容量不是很大，因此其继电保护装置通常比较简单。

线路的相间短路保护，主要采用带时限的过电流保护和瞬时动作的电流速断保护（过电流保护的时限不大于 0.5～0.7s 时，按 GB/T 50062—2008 规定，可不装设瞬动的电流速断保护）。相间短路保护应动作于断路器的跳闸机构，使断路器跳闸，切除短路故障部分。

单相接地保护，一般有两种方式：绝缘监视装置，装设在变配电所的高压母线上，动作于信号。有选择性的单相接地保护（零序电流保护），亦动作于信号，但当危及人身和设备安全时，则应动作于跳闸机构。

对可能经常过负荷的电缆线路，按 GB/T 50062—2008 规定，应装设过负荷保护，动作于信号。

2. 保护装置的接线方式

保护装置的接线方式是指起动继电器与电流互感器之间的连接方式。35kV 及以下高压线路的过电流保护装置，通常采用两相两继电器式和两相一继电器式两种接线方式。

1）两相两继电器式接线

如图 5.17 所示，当一次电路发生三相短路或任意两相短路，至少有一个继电器动作，从而使一次电路的断路器跳闸。

为了表征这种接线方式中继电器电流 I_{KA} 与电流互感器二次电流 I_2 间的关系，特引入一个接线系数 K_w：

$$K_w = \frac{I_{KA}}{I_2} \tag{5-4}$$

两相两继电器式接线属相电流接线，在一次电路发生任何形式的相间短路时 K_w=1，即保护灵敏度都相同。

2）两相一继电器式接线

如图 5.18 所示，这种接线又称两相电流差接线。正常工作和三相短路时，流入继电器的电流 I_{KA} 为 A 相和 C 相两相电流互感器二次电流的相量差，即 $\dot{I}_{KA} = \dot{I}_a - \dot{I}_c$，而量值上 $I_{KA} = \sqrt{3} I_2$，如图 5.19（a）所示。在 A、C 两相短路时，流进继电器的电流为电流互感器二次侧电流的 2 倍，如图 5.19（b）所示。在 A、B 或 B、C 两相短路时，流进电流继电器的电流等于电流互感器二次侧的电流，如图 5.19（c）所示。

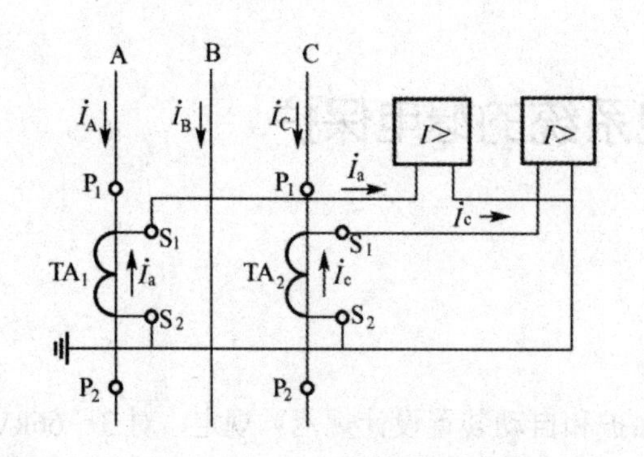

图 5.17　两相两继电器式接线图

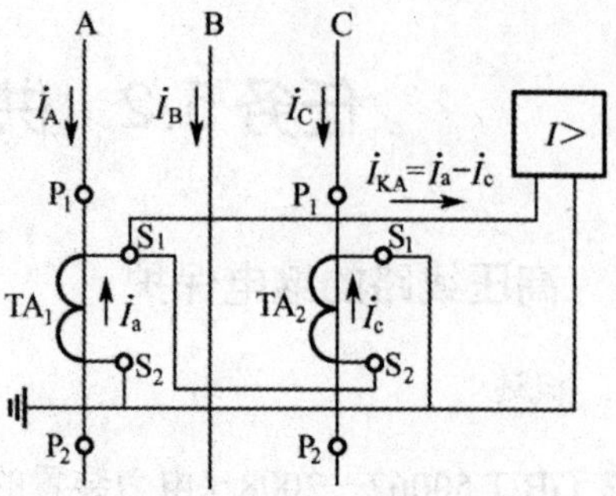

图 5.18　两相一继电器式接线图

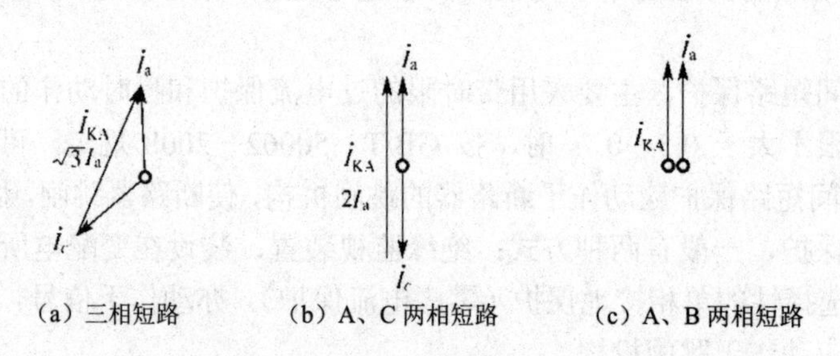

（a）三相短路　　（b）A、C 两相短路　　（c）A、B 两相短路

图 5.19　两相电流差接线在不同短路形式时电流相量图

可见，两相电流差接线的接线系数与一次电路发生短路的形式有关，不同的短路形式，其接线系数不同。

三相短路：流过断电器的电流为 $\sqrt{3}I_k^{(3)}/K_i$， $K_w=\sqrt{3}$

A 相与 B 相或 B 相与 C 相短路：流过继电器的电流为 $I_k^{(2)}/K_i$，K_w=1

A 相与 C 相短路：流过继电器的电流为 $2I_k^{(2)}/K_i$，K_w=2

因为两相电流差式接线在不同短路时接线系数不同，故在发生不同形式故障情况下，保护装置的灵敏度不同。有的甚至相差一倍，这是不够理想的。然而这种接线所用设备较少，简单经济，因此在用户小容量高压电动机和车间变压器的保护中仍有所采用。

3. 定时限过电流保护

定时限过电流保护，即保护装置的动作时间按整定的动作时间固定不变，与短路电流的大小无关。

1）定时限过电流保护的组成及原理

定时限过电流保护的原理电路如图 5.20（a）为归总式原理图，图中每个元件以整体形式绘出。图 5.20（b）为展开式原理图，图中每个元件的各部分按所属回路分开来表示。由图 5.20（a）可知，整套保护装置由电流继电器 KA、时间继电器 KT、信号继电器 KS 和中间继电器 KM 组成。YR 为断路器的跳闸线圈，QF 为断路器操作机构的辅助触点，TAl 和 TA2 为装于 A 相和 C 相上的电流互感器。

保护装置的动作原理：当一次电路发生相间短路时，电流继电器 KA1、KA2 中至少有一个瞬时动作，闭合其动合触点，使时间继电器 KT 起动。KT 经过整定限时后，其延时触点闭合，使串联的信号继电器（电流型）KS 和中间继电器 KM 动作。KM 动作后，其触点接通断路器的跳闸线圈 YR 的回路，使断路器 QF 跳闸，切除短路故障部分。与此同时，KS 动作，其信号指示牌掉下，接通灯光和音响信号。在断路器跳闸时，QF 的辅助触点随之断开跳闸回路，以切断其回路中的电流，在短路故障被切除后，继电保护装置中除 KS 外的其他所有继电器均自动返回起始状态，而 KS 可手动复位。

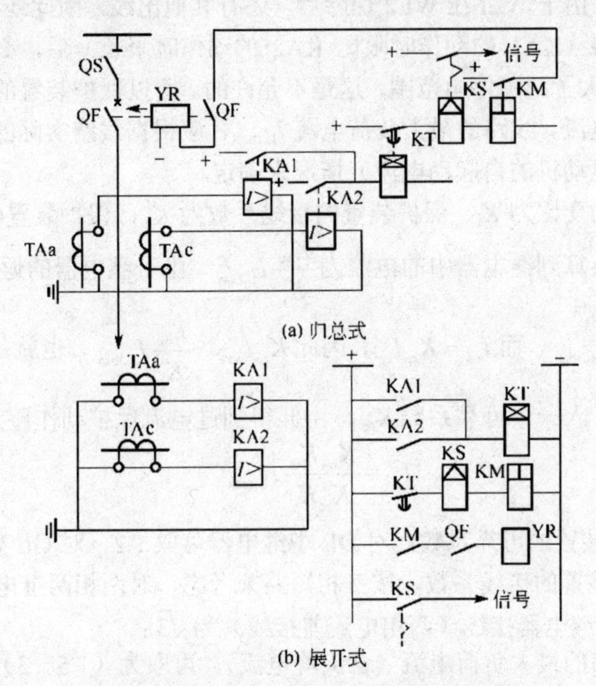

(a) 归总式

(b) 展开式

QF—高压断路器；TA—电流互感器 KA—电流继电器；

KT—时间继电器；KS—信号继电器； KM—中间继电器；YR—跳闸线圈。

图 5.20　定时限过电流保护原理接线图

2）定时限过电流保护动作电流的整定

动作电流的整定必须满足下面两个条件。

（1）线路通过最大负荷电流（包括正常过负荷电流和尖峰电流）时保护装置不应起动，动作电流必须躲过（大于）线路的最大负荷电流 $I_{L.max}$。

（2）保护装置的返回电流 I_{re} 也应该躲过线路的最大负荷电流 $I_{L.max}$，以保证保护装置在外部故障部分切除后，能可靠地返回到原始位置，避免发生误动作。为说明这一点，现以图 5.21 为例来说明。

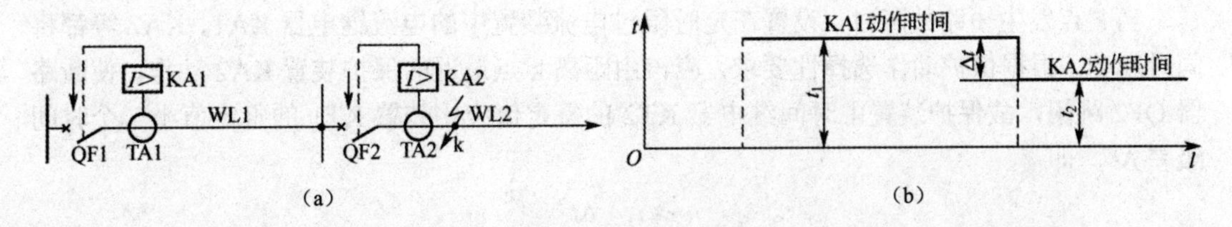

图 5.21　线路过电流保护整定说明图

当线路 WL2 的首端 k 点发生短路时，由于短路电流远远大于正常最大负荷电流，所以沿线路的过电流保护装置 KA1、KA2 等都要起动。在正确动作情况下，应该是靠近故障点 k 的保护装置 KA2 先动作，断开 QF2，切除故障线路 WL2。这时线路 WL1 恢复正常运行，其保护装置 KA1 应该返回起始位置。若 KA1 在整定时其返回电流未躲过线路 WLl 的最大负荷电流，即 KA1 返回系数过低，则 KA2 切除 WL2 后，WLl 虽然恢复正常运行，但 KA1 继续保持起动状态（由于 WLl 在 WL2 切除后，还有其他出线，因此还有负荷电流），因而达到它所整定的时限（KA1 的动作时限比 KA2 的动作时限长）后，必将错误地断开 QFl 造成 WL1 停电，扩大了故障停电范围，这是不允许的。所以保护装置的返回电流也必须躲过线路的最大负荷电流。线路的最大负荷电流 $I_{L.max}$，应根据线路实际的过负荷情况，特别是尖峰电流（包括电动机的自起动电流）情况来确定。

设电流互感器的变比为 K_i，保护装置的接线系数为 K_w，保护装置的返回系数为 K_{re}，线路最大负荷电流换算到继电器中的电流为 $\frac{K_w}{K_i}I_{L.max}$。由于继电器的返回电流 I_{re} 也要躲过 $I_{L.max}$，即 $I_{re}>\frac{K_w}{K_i}I_{L.max}$。而 $I_{re}=K_{re}I_{op}$，因此 $K_{re}I_{op}>\frac{K_w}{K_i}I_{L.max}$，也就是 $I_{op}>\frac{K_w}{K_{re}K_i}I_{L.max}$，将此式写成等式，计入一个可靠系数 K_{rel}，由此得到过电流保护动作整定公式：

$$I_{op}=\frac{K_{rel}K_w}{K_{re}K_i}I_{L.max} \tag{5-5}$$

式中　K_{rel}——保护装置的可靠系数，对 DL 型继电器可取 1.2，对 GL 型继电器可取 1.3；

K_w——保护装置的接线系数，按三相短路来考虑，对两相两继电器接线（相电流接线）为 1，对两相一继电器接线（两相电流差接线）为 $\sqrt{3}$；

$I_{L.max}$——线路的最大负荷电流（含尖峰电流），可取为（1.5～3）I_{30}，I_{30} 为线路的计算电流。

如果用断路器手动操作机构中的过电流脱扣器作过电流保护，则脱扣器动作电流应按下式整定

$$I_{op}=\frac{K_{rel}K_w}{K_i}I_{L.max} \tag{5-6}$$

式中　K_{rel}——脱扣器的可靠系数，可取 2～2.5，这里已考虑了脱扣器的返回系数。

3）定时限过电流保护动作时限整定

为了保证前后两级保护装置动作的选择性，过电流保护装置的动作时间（也称动作时限），应按“阶梯原则”进行整定，也就是在后一级保护装置所保护的线路首端（如图 5.21（a）中的 k 点）发生三相短路时，前一级保护装置的动作时间 t_1 应比后一级保护装置中最长的动作时间 t_2 都要大一个时间级差 Δt，如图 5.21（b）所示。

当 k 点发生短路故障时，设置在定时限过电流装置中的电流继电器 KA1、KA2 等都将同时起动，根据保护动作选择性要求，应该由距离 k 点最近的保护装置 KA2 动作，使断路器 QF2 跳闸，故保护装置中时间继电器 KT2 的整定值应比装置 KT1 的整定值小一个时间级差 Δt。即

$$t_1 \geqslant t_2+\Delta t$$

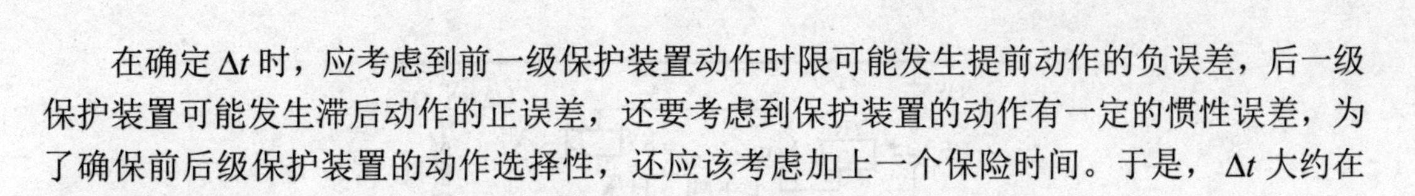

在确定 Δt 时，应考虑到前一级保护装置动作时限可能发生提前动作的负误差，后一级保护装置可能发生滞后动作的正误差，还要考虑到保护装置的动作有一定的惯性误差，为了确保前后级保护装置的动作选择性，还应该考虑加上一个保险时间。于是，Δt 大约在 0.5s～0.7s 之间。

对于定时限过电流保护，可取 Δt =0.5s；对于反时限过电流保护，可取 Δt =0.7s。

4）定时限过电流保护的灵敏度校验

根据式（5-1），灵敏系数 $S_{\mathrm{p}} = I_{\mathrm{k.min}} / I_{\mathrm{op(1)}}$。对于线路过电流保护，$I_{\mathrm{k.min}}$ 应取被保护线路末端在系统最小运行方式下的两相短路电流 $I_{\mathrm{k.min}}^{(2)}$。而 $I_{\mathrm{op(1)}} = (K_{\mathrm{i}} / K_{\mathrm{w}}) I_{\mathrm{op}}$。因此按规定过电流保护的灵敏系数必须满足的条件为

$$S_{\mathrm{p}} = \frac{K_{\mathrm{w}} I_{\mathrm{k.min}}^{(2)}}{K_{\mathrm{i}} I_{\mathrm{op}}} \geqslant 1.5 \qquad (5\text{-}7)$$

当过电流保护作后备保护时，如满足式（5-7）有困难，可以取 $S_{\mathrm{p}} \geqslant 1.2$。

当定时限过电流保护灵敏系数达不到上述要求时，可采取措施来提高灵敏度，以达到上述要求。如增设低电压闭锁装置，可降低动作电流，提高其灵敏度。

5）低电压闭锁的过电流保护

如图 5.22 所示低电压闭锁的过电流保护电路，低电压继电器 KV 通过电压互感器 TV 接于母线上，而 KV 的常闭触点则串入电流继电器 KA 的常开触点与中间继电器 KM 的线圈回路中。

在供电系统正常运行时，母线电压接近于额定电压，因此低电压继电器 KV 的常闭触点是断开的。由于 KV 的常闭触点与 KA 的常开触点串联，所以这时 KA 即使由于线路过负荷而动作，其常开触点闭合，也不致造成断路器误跳闸。正因为如此，凡有低电压闭锁的过电流保护装置的动作电流就不必按躲过线路最大负荷电流 $I_{\mathrm{L.max}}$ 来整定，而只需按躲过线路的计算电流 I_{30} 来整定，当然保护装置的返回电流也应躲过计算电流 I_{30}。故此时过电流保护的动作电流的整定计算公式为

$$I_{\mathrm{op}} = \frac{K_{\mathrm{rel}} K_{\mathrm{w}}}{K_{\mathrm{re}} K_{\mathrm{i}}} I_{30} \qquad (5\text{-}8)$$

式中各系数的取值与式（5-5）相同。

由于其 I_{op} 减小，从式（5-8）可知，能提高过电流保护的灵敏度 S_{p}。

上述低电压继电器的动作电压按躲过母线正常最低工作电压 $U_{\min}$ 来整定，当然，其返回电压也应躲过 $U_{\min}$，也就是说，低电压继电器在 $U_{\min}$ 时不动作，只有在母线电压低于 $U_{\min}$ 时才动作。因此低电压继电器动作电压的整定计算公式为

$$U_{\mathrm{op}} = \frac{U_{\min}}{K_{\mathrm{rel}} K_{\mathrm{re}} K_{u}} \approx (0.57\sim0.63)\frac{U_{\mathrm{N}}}{K_{u}} \qquad (5\text{-}9)$$

式中 $U_{\min}$——母线最低工作电压，取(0.85～0.95)U_{N}，U_{N} 为线路额定电压；

K_{rel}——保护装置的可靠系数，可取 1.2；

K_{re}——低电压继电器的返回系数，可取 1.25；

K_{u}——电压互感器的变压比。

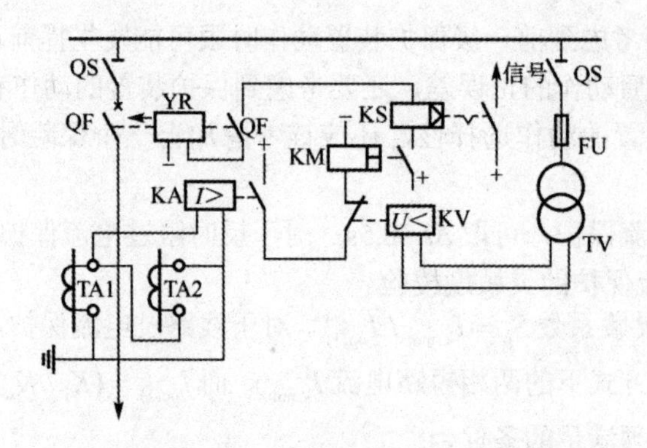

QF—高压断路器　TA—电流互感器　TV—电压互感器
KA—电流继电器　KM—中间继电器　KS—信号继电器
KV—低电压继电器　YR—断路器

图 5.22　低电压闭锁的过电流保护电路

4. 反时限过电流保护

反时限过电流保护，即保护装置的动作时间与反应到继电器中的短路电流的大小成反比关系，短路电流越大，动作时间越短，所以反时限特性也称为反比延时特性或反延时特性。

1）反时限过电流保护的组成及原理

图 5.23 为反时限过电流保护的原理接线图，KA1、KA2 为 GL 型感应型带有瞬时动作元件的反时限过电流继电器，继电器本身动作带有时限，并有动作及指示信号牌，所以回路不需要时间继电器和信号继电器。

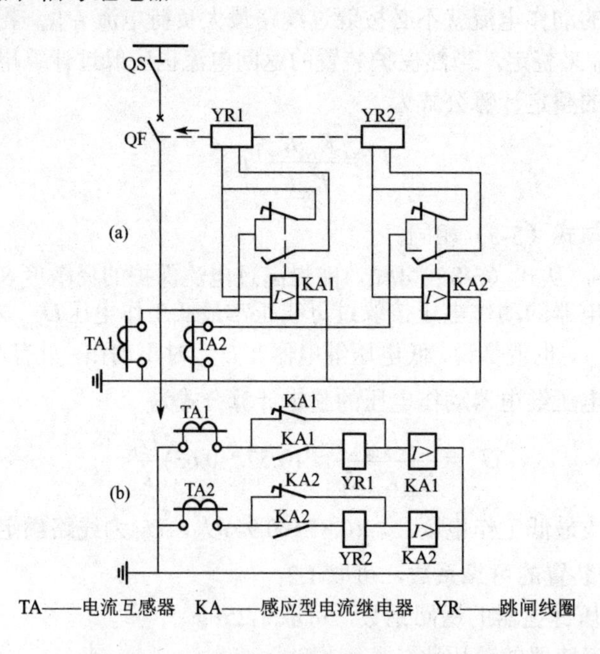

TA——电流互感器　KA——感应型电流继电器　YR——跳闸线圈

图 5.23　反时限过电流保护的原理接线图

当一次电路发生相间短路时，电流继电器 KA1、KA2 至少有一个动作，经过一定延时后（延时长短与短路电流大小成反比关系），其常开触点闭合，紧接着其常闭触点断开，这时断路器跳闸线圈 YR 去分流而通电，从而使断路器跳闸，切除短路故障部分。在继电器去分流跳闸的同时，其信号牌自动掉下，指示保护装置已经动作。在短路故障部分被切除后，继电器自动返回，信号牌则需手动复位。

2）反时限过电流保护动作电流的整定

反时限过电流保护动作电流的整定与定时限过电流保护相同，式（5-5）中 K_{rel} 取 1.3。

3）反时限过电流保护动作时间的整定

由于 GL 型继电器的时限调节机构是按 10 倍动作电流的动作时间来标度的，而实际通过继电器的电流一般不会恰恰为动作电流的 10 倍，因此必须根据继电器的动作特性曲线来整定。

假设图 5.24（a）所示电路中，后一级保护 KA2 的 10 倍动作电流动作时间已经整定为 t_2，现在要求整定前一级保护 KA1 的 10 倍动作电流动作时间 t_1，整定计算步骤如下（参看图 5.25）。

（1）计算 WL2 首端（WL1 末端）三相短路电流 I_k 反应到 KA2 中的电流值，即

$$I'_{k(2)}=\frac{K_{w(2)}}{K_{i(2)}}I_k \tag{5-10}$$

式中 $K_{w(2)}$——KA2 与 TA2 的接线系数；

$K_{i(2)}$——TA2 的变流比。

（2）计算 $I'_{k(2)}$ 对 KA2 的动作电流 $I_{op(2)}$ 的倍数，即

$$n_2=\frac{I'_{k(2)}}{I_{op(2)}} \tag{5-11}$$

（3）确定 KA2 的实际动作时间。在图 5.25 所示的 KA2 的动作特性曲线的横坐标轴上，找出 n_2，然后向上找到该曲线上 b 点，该点所对应的动作时间 t'_2 就是 KA2 在通过 $I'_{k(2)}$ 时的实际动作时间。

（4）计算 KA1 的实际动作时间。根据保护选择性的要求，KA1 的实际动作时间 $t'_1=t'_2+\Delta t$。取 $\Delta t=0.7$s，故 $t'_1=t'_2+0.7$s。对于反时限过电流保护，可取 $\Delta t=0.7$s。

（5）计算 WL2 首端三相短路电流 I_k 反应到 KA1 中的电流值，即

$$I'_{k(1)}=\frac{K_{w(1)}}{K_{i(1)}}I_k \tag{5-12}$$

式中 $K_{w(1)}$——KA1 与 TA1 的接线系数；

$K_{i(1)}$——TA1 的变流比。

（6）计算 $I'_{k(1)}$ 对 KA1 的动作电流 $I_{op(1)}$ 的倍数，即

$$n_1=\frac{I'_{k(1)}}{I_{op(1)}} \tag{5-13}$$

式中 $I_{op(1)}$——KA1 的动作电流（已整定）。

（7）确定 KA1 的 10 倍动作电流的动作时间。

根据 n_1 与 KA1 的实际动作时间 t'_1，从 KA1 的动作特性曲线的坐标图上找到其坐标点 a

点，则此点所在曲线的10倍动作电流的动作时间t_1即为所求。如果a点在两条曲线之间，则只能从上下两条曲线来粗略地估计其10倍动作电流的动作时间。

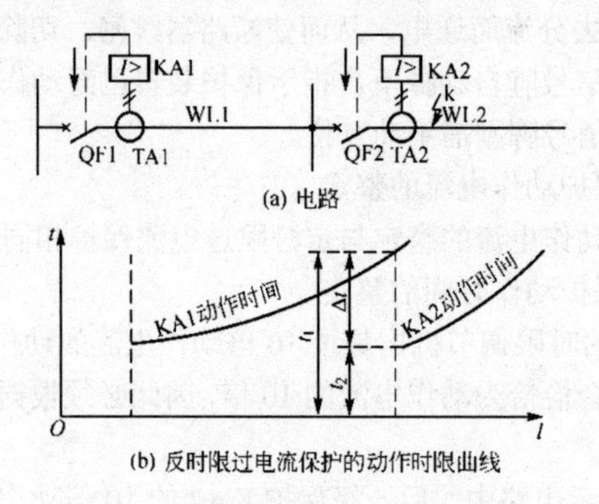

图5.24　反时限过电流保护整定说明

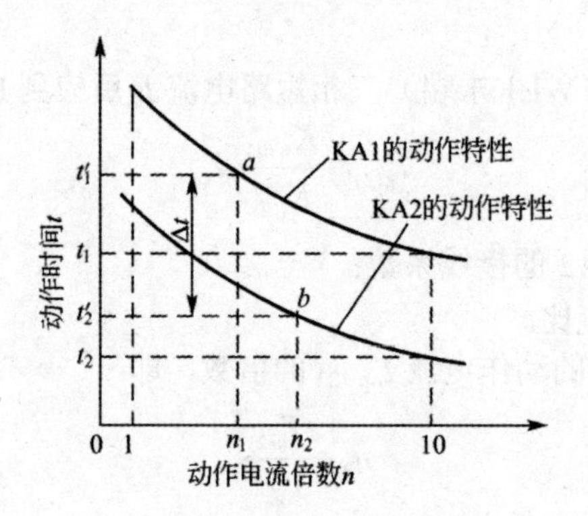

图5.25　反时限过电流保护的动作特性曲线

【例5.1】　图5.24（a）所示高压线路中，已知TA1的$K_{i(1)}$=160/5，TA2的$K_{i(2)}$=100/5。WL1和WL2的过电流保护均采用两相两继电器式接线，继电器均为GL—15/10型。KA1已经整定，$I_{op(1)}$=8A，10倍动作电流动作时间t_1=1.4s。WL2的$I_{L.max}$=75A，WL2首端的$I_{k(3)}$=1100A，末端的$I_{k(3)}$=400A。试整定KA2的动作电流和动作时间。

解：（1）整定KA2的动作电流。取K_{rel}=1.3而K_w=1，K_{re}=0.8故

$$I_{op(2)}=\frac{K_{rel}K_w}{K_i}I_{L.max}=\frac{1.3\times1}{0.8\times(100/5)}\times75A=6.09A$$

整定为6A。

（2）整定KA2动作时间。先确定KA1的动作时间。由于I_k反应到KA1的电流为

$$I'_{k(1)}=1100A\times1/(160/5)=34.4A$$

故$I'_{k(1)}$对KA1的动作电流倍数为

$$n_1=34.4A/8A=4.3$$

利用n_1=4.3和t_1=1.4s，查图5.4中GL—32型电流继电器的动作特性曲线，可得KA1的实际动作时间t'_1=1.9s。

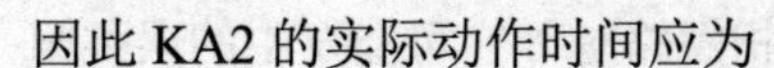

因此 KA2 的实际动作时间应为

$$t_2' = t_1' - \Delta t = 1.9\text{s} - 0.7\text{s} = 1.2\text{s}$$

现在确定 KA2 的 10 倍动作电流的动作时间。由于 I_k 反应到 KA2 中的电流为

$$I_{k(2)}' = 1100\text{A} \times 1/(100/5) = 55\text{A},$$

故 $K_{k(2)}$ 对 KA2 的动作电流倍数

$$n_2 = 55\text{A}/6\text{A} = 9.17$$

利用 $n_2 = 9.17$ 和 KA2 的实际动作时间 $t_2 = 1.2\text{s}$，查图 5.15 GL—15 型电流继电器的动作特性曲线，可得 KA2 的 10 倍动作电流的动作时间即整定时间 $t_2 \approx 1.2\text{s}$。

4）反时限过电流保护的灵敏度校验

反时限过电流保护的灵敏度校验与定时限过电流保护相同。

5）定时限与反时限过电流保护的比较

定时限过电流保护的优点是：动作时间较为准确，容易整定，误差小。其缺点是：所用继电器的数目比较多，因此接线较为复杂，继电器触点容量较小，需直流操作电源，投资较大。此外，靠近电源处定时限过电流保护动作时间较长，而此时的短路电流又较大，故对设备的危害较大。

反时限过电流保护的优点是：继电器的数量大为减少，故其接线简单，只用一套 GL 系列继电器就可实现不带时限的电流速断保护和带时限的过电流保护。由于 GL 继电器触点容量大，因此可直接接通断路器的跳闸线圈，而且适于交流操作。其缺点是：动作时间的整定和配合比较麻烦，而且误差较大，尤其是瞬动部分，难以进行配合；且当短路电流较小时，其动作时间可能很长，延长了故障持续时间。

由以上比较可知，反时限过电流保护装置具有继电器数目少，接线简单，以及可直接采用交流操作跳闸等优点，所以在 6～10kV 供电系统中广泛采用。

5. 电流速断保护

上述带时限的过电流保护装置中，为了保证动作的选择性，其保护装置整定时限必须逐级增加一个 Δt，这样，越靠近电源处，动作时限越长，而短路电流越大，对电力系统危害越严重。因此一般规定，当过电流保护的动作时限超过 0.5～0.7s 时，应该装设电流速断保护，以保证本段线路的短路故障部分能迅速地被切除。

1）电流速断保护的组成及速断电流的整定

电流速断保护实际上就是一种瞬时动作的过电流保护。其动作时限仅仅为继电器本身的固有动作时间，它的选择性不是依靠时限，而是依靠选择适当的动作电流来实现。

对于采用 GL 型电流继电器的电力系统，直接利用继电器本身结构，既可完成反时限过电流保护，又可完成电流速断保护，不用额外增加设备，非常简单、经济。

对于采用 DL 型电流继电器的电力系统，其电流速断保护电路如图 5.26 所示。该图同时具有定时限电流保护功能，图中 KA1、KA2、KT、KS1 与 KM 构成定时限过电流保护，KA3、KA4、KS2 与 KM 构成电流速断保护。比较可知，电流速断保护装置只是比定时限过电流保护装置少了时间继电器。

为了保证保护装置动作的选择性，电流速断保护的动作电流（即速断电流）I_{qb}，应按躲过它所保护线路末端的最大短路电流（即三相短路电流）$I_{k.max}$ 来整定。只有这样整定，才能避免在后一级速断保护所保护线路的首端发生三相短路时，它可能发生的误跳闸（因后一段线路距离很近，阻抗很小，所以速断电流应躲过其保护线路末端的最大短路电流）。

如图 5.27 所示电路中，WL1 末端 k－1 点的三相短路电流，实际上与其后一段 WL2 首端 k－2 点的三相短路电流是近乎相等的。

因此可得电流速断保护动作电流（速断电流）的整定计算公式为

$$I_{qb}=\frac{K_{rel}K_{w}}{K_{i}}I_{k.max} \tag{5-14}$$

式中 $I_{k.max}$——保护线路末端的最大短路电流（即三相短路电流）；

K_{rel}——可靠系数，对 DL 型继电器，取 1.2～1.3；对 GL 型继电器，取 1.4～1.5；对脱扣器，取 1.8～2。

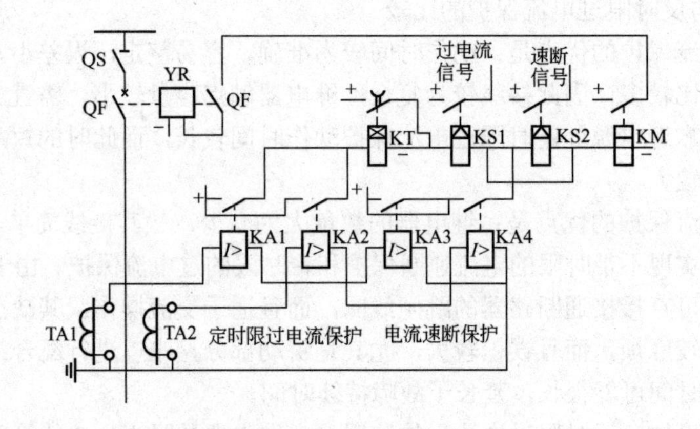

图 5.26 电力线路定时限过电流保护和电流速断保护电路图

2）电流速断保护的“死区”及其弥补

由于电流速断保护的动作电流是按躲过线路末端的最大短路电流来整定的，因此在靠近线路末端的一段线路上发生的不一定是最大的短路电流（例如两相短路电流）时，电流速断保护装置就不可能动作，也就是说电流速断保护实际上不能保护线路的全长，这种保护装置不能保护的区域，就称为“死区”，如图 5.27 所示。

为了弥补速断保护存在死区的缺陷，一般规定，凡装设电流速断保护的线路，都必须装设带时限的过电流保护。且过电流保护的动作时间比电流速断保护至少长一个时间级差 Δt =0.5～0.7s，而且前后级的过电流保护的动作时间又要符合“阶梯原则”，以保证选择性。在速断保护区内，速断保护作为主保护，过电流保护作为后备保护； 而在速断保护的死区内，则过电流保护为基本保护。

3）电流速断保护的灵敏度校验

电流速断保护的灵敏度，应按其保护装置安装处（即线路首端）的最小短路电流（两相短路电流）来校验。因此电流速断保护的灵敏度必须满足的条件是

$$S_{p}=\frac{K_{w}I_{k}^{(2)}}{K_{i}I_{qb}}\geqslant 1.5\sim 2 \tag{5-15}$$

式中 $I_{k(2)}$——线路首端在系统最小运行方式下的两相短路电流。

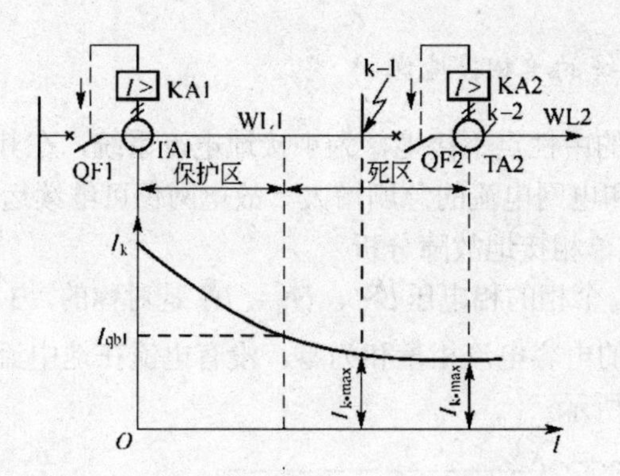

$I_{k.max}$—前一级保护应躲过的最大短路电流；I_{qb1}—前一级保护整定的一次动作电流。

图 5.27　线路电流速断保护的保护区和死区

【例 5.2】　试整定例 5.1 所示 GL-15/10 型电流继电器的电流速断倍数。

解：已知线路末端 $I_k^{(3)}$=1300A，且 $K_w=\sqrt{3}$，K_i=315/5，取 K_{rel}=1.5 故由式（5-14）得

$$I_{qb}=\frac{1.5\times\sqrt{3}}{315/5}\times1300\text{A}=53.6\text{A}$$

而例 5.1 已经整定 I_{op}=8A，故速断电流倍数应整定为

$$n_{qb}=\frac{53.6\text{A}}{8\text{A}}=6.7$$

由于 GL 型电流继电器的速断电流倍数 n_{qb} 在 2～8 间可平滑调节，因此 n_{qb} 不必修约为整数。

【例 5.3】　试整定装于 WL2 首端 KA2 的 GL-15/10 型电流继电器的速断电流倍数，并校验其过电流保护和电流速断保护的灵敏度。

解：（1）整定速断电流倍数。取 K_{rel} =1.5，K_w =1，K_i =100/5，WL2 末端的 $I_k^{(3)}$ =400A 故由式（5-14）得

$$I_{qb}=\frac{1.5\times1}{100/5}\times400\text{A}=30\text{A}$$

而已经整定 I_{op}=6A，故速断电流倍数应整定为

$$n_{qb}=\frac{30\text{A}}{6\text{A}}=5$$

（2）过电流保护的灵敏度校验。根据式（5-7），其中 $I_{k.min}^{(2)}$ =0.866 $I_k^{(3)}$ =0.866×400A=346A，故其保护灵敏系数为

$$S_p=\frac{1\times346\text{A}}{20\times6\text{A}}=2.88>1.5$$

由此可见，KA2 整定的动作电流（6A）满足灵敏度要求。

（3）电流速断保护灵敏度的校验。根据式（5-15），其中 $I_k^{(2)}$ =0.866×1100A=953A，故其保护灵敏系数为

$$S_p=\frac{1\times953A}{20\times30A}=1.59>1.5$$

由此可见，KA2 整定的动作电流（倍数）也满足灵敏度要求。

6. 中性点不接地系统的单相接地保护

用户 6～10kV 电网的中性点不接地，为小接地电流系统，在其发生单相接地故障时，不会引起相间电压降低和电网电流的急剧增大。故电网仍可继续运行一段时间。

1）小接地电流系统单相接地故障分析

系统正常运行时，3 个相的相电压 $\dot{U}_A$、$\dot{U}_B$、$\dot{U}_C$ 是对称的，3 个相的对地电容电流也是平衡的。因此 3 个相的电容电流相量和为零，没有电流在地中流过。每相对地的电压，就是相电压，如图 5.28 所示。

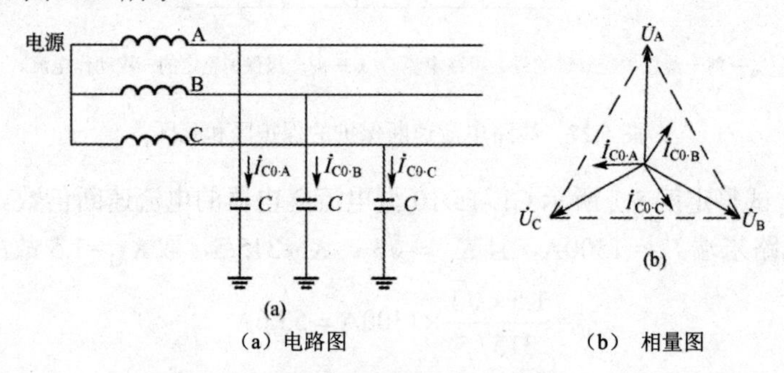

（a）电路图　　　　（b） 相量图

图 5.28　正常运行时的中性点不接地的电力系统

当系统发生单相接地故障时，例如 C 相接地，如图 5.29（a）所示。这时 C 相对地电压为零，而 A 相对地电压相对电压 $\dot{U}_A=\dot{U}_A+(-\dot{U}_C)=\dot{U}_{AC}$，$B$ 相对地电压 $\dot{U}_B=\dot{U}_B+(-\dot{U}_C)=\dot{U}_{BC}$ 如图 5.29（b）所示。由此可见，C 相接地时，完好的 A、B 两相对地电压由原来的相电压升高到了线电压，即升高为原对地电压的 $\sqrt{3}$ 倍。

C 相接地时，系统的接地电流（电容电流）I_C 应为 A、B 两相对地电容电流之和。由于一般习惯将从相线到地的电流方向规定为电流正方向，因此

$$\dot{I}_C=-(\dot{I}_{C.A}+\dot{I}_{C.B})$$

而由图 5.29（b）的相量图可知，$\dot{I}_C$ 在相位上正好较 C 相电压 $\dot{U}_C$ 超前 90°。

由于 $I_C=\sqrt{3}\ I_{C.A}$，而 $I_{C.A}=U'A/X_C=\sqrt{3}\ U_A/X_C=\sqrt{3}\ I_{CO}$，因此

$$I_C=3I_{CO} \tag{5-16}$$

式（5-16）说明，中性点不接地系统中单相接地电容电流为系统正常运行时每相对地电容电流的 3 倍。

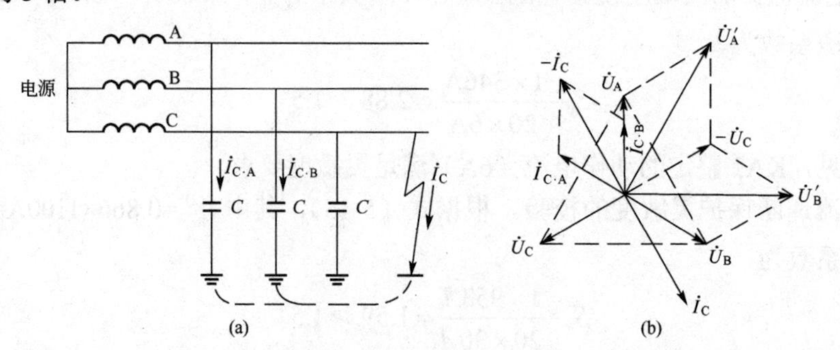

图 5.29　单相接地时的中性点不接地的电力系统

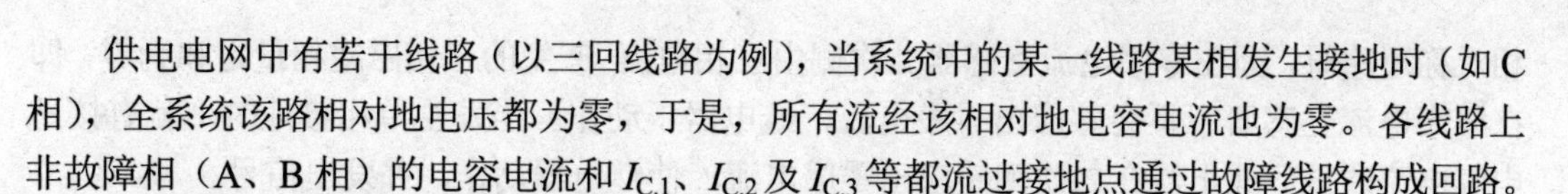

供电电网中有若干线路（以三回线路为例），当系统中的某一线路某相发生接地时（如 C 相），全系统该路相对地电压都为零，于是，所有流经该相对地电容电流也为零。各线路上非故障相（A、B 相）的电容电流和 $I_{C.1}$、$I_{C.2}$ 及 $I_{C.3}$ 等都流过接地点通过故障线路构成回路。如图 5.30 中的箭头所示。单相接地时每回线路的电容电流为

$$I_{C.1} = 3I_{CO.1} = 3U_{\varphi}\omega C_1$$

$$I_{C.2} = 3I_{CO.2} = 3U_{\varphi}\omega C_2$$

$$I_{C.3} = 3I_{CO.3} = 3U_{\varphi}\omega C_3$$

式中的下标 1、2、3 表示线路的编号，I_{CO} 是正常情况下每相的电容电流。

流经非故障线路 WL1、WL2 的电流互感器 TA1、TA2、的电容电流分别是 I_{C1}、I_{C2}。但流经故障线路 WL3 的电流互感器 TA3 的是接地故障电流 $I_E^{(1)}$：

$$I_E^{(1)} = I_{C\Sigma} - I_{C.3} = (I_{C.1} + I_{C.2} + I_{C.3}) - I_{C.3} = 3I_{CO.1} + 3I_{CO.2}$$

它是所有非故障线路正常电容电流 I_{CO} 之和的 3 倍，电流的流向由线路指向母线。

由以上分析可见，中性点不接地系统发生单相接地故障时，只有很小的接地电容电流，而线电压值不变，故障相对地电压为零，非故障相的电压要升高为原对地电压的 $\sqrt{3}$ 倍，所以对线路的绝缘增加了威胁，如果长此下去，可能引起非故障相对地绝缘击穿而导致两相接地短路，这时将引起线路开关跳闸，造成停电。为此，对于中性点不接地的供电系统，一般应装设绝缘监视装置或单相接地保护装置，用它来发出信号，通知值班人员及时发现和处理。

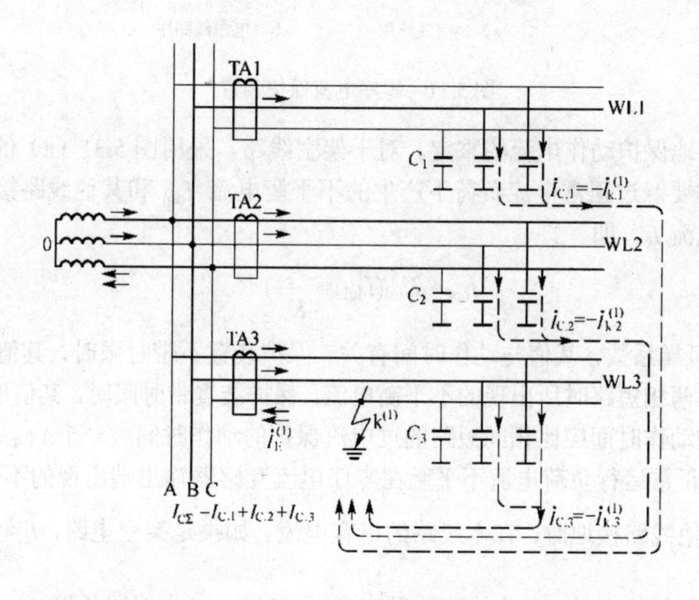

图 5.30　中性点不接地系统单相接地时电容电流分布

2）有选择性的单相接地保护装置

单相接地保护又称“零序电流保护”，它利用单相接地故障线路的零序电流（较非故障的电流大）通过零序电流互感器，在铁芯中产生磁通，二次侧相应地感应出零序电流，使电流继电器动作接通信号回路，发出报警信号。如图 5.31 所示，在电力系统正常运行及三

相对称短路时，因在零序电流互感器二次侧由三相电流 产生的三相磁通相量之和为零，即在零序电流互感器中不会感应出零序电流，继电器不动作。当发生单相接地时，就有接地电容电流通过，此电流在二次侧感应出零序电流，使继电器动作，并发出信号。

这种单相接地保护装置能够较灵敏地监视小接地电流系统的对地绝缘，而且从各条线路的接地保护信号可以准确判断出发生单相接地故障的线路，它适用于高压出线较多的供电系统。

架空线路的单相接地保护，一般采用由 3 个电流互感器同极性并联所组成的零序电流过滤器。如图 5.31（a）。但一般用户的高压线路不长，很少采用。

对于电缆线路，则采用图 5.31（b）所示专用的零序电流互感器接线。注意电缆头的接地线必须穿过零序电流互感器的铁芯，否则零序电流（不平衡电流）不穿过零序电流互感器的铁芯，保护就不会动作。

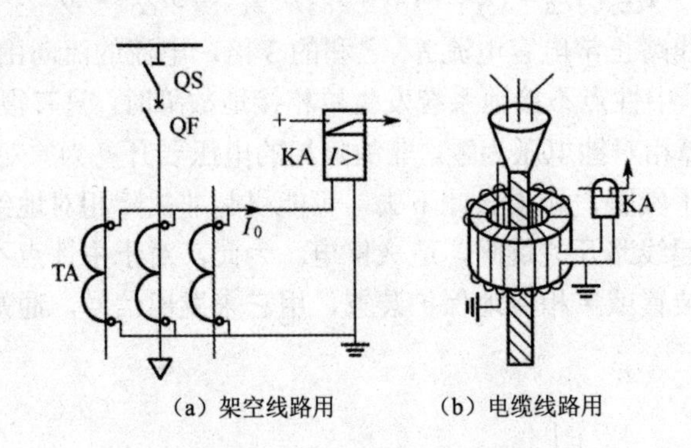

图 5.31　零序电流保护装置

（1）单相接地保护动作电流的整定。对于架空线路，采用图 5.31（a）的电路，电流继电器的整定值需要躲过正常电流负荷下产生的不平衡电流 I_{dql} 和其他线路接地时在本线路上引起的电容电流 I_c，即

$$I_{op€}= K_{rel}(I_{dql.k}+\frac{I_c}{K_i}) \tag{5-17}$$

式中　K_{rel}——可靠系数，其值与动作时间有关。保护装置不带时限时，其值取 4～5，以躲过本身线路发生两相短路时所出现的不平衡电流；保护装置带时限时，其值取 1.5～2，这时接地保护装置的动作时间应比相间短路的过电流保护的动作时间大一个Δt，以保证选择性。

$I_{dql.k}$——正常运行负荷电流不平衡在零序电流互感器输出端出现的不平衡电流。

I_c——其他线路接地时，在本线路的电容电流。如果是架空电路，$I_c\approx\frac{U_N l}{350}$(A)，若是电缆线路 $I_c\approx\frac{U_N l}{10}$(A)，其中 U_N 为线路的额定电压（kV），l 为线路长度（km）。

K_i——零序电流互感器的变流比。

对于电缆电路，则采用图 5.31（b）所示的电路，整定动作电流只需躲过本线路的电容电流 I_c 即可，因此，

$$I_{op€}= K_{rel}\, I_c \tag{5-18}$$

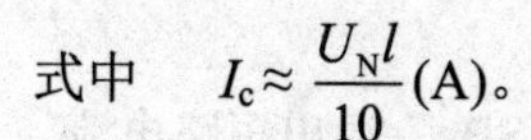

式中　$I_c \approx \dfrac{U_N l}{10}$(A)。

（2）单相接地保护的灵敏度。无论是架空还是电缆线路，单相接地保护的灵敏度，应按被保护线路末端发生单相接地故障时流过接地线的不平衡电容电流来检验，灵敏度必须满足的条件为

$$S_p = \frac{I_{c\Sigma} - I_c}{K_i I_{op}} \geqslant 1.2 \qquad (5\text{-}19)$$

式中　$I_{c\Sigma}$——单相接地总电容电流；

K_i——零序电流互感器的变流比。

实训 4　系统最大、最小、正常方式下短路

实训目标

理解电力系统的运行方式及其对继电保护的影响。

实训说明

在电力系统分析课程的电力系统等值网络的相关内容可知，输电线路长短、电压级数、网络结构等，都会影响网络等值参数。在实际中，由于不同时刻投入系统的发电机变压器数有可能发生改变，以及高压线路检修等情况，网络参数也在发生变化。在继电保护中规定：当流过保护安装处的短路电流最大时的运行方式称为系统最大运行方式，此时系统阻抗为最小。反之，当流过保护安装处的短路电流为最小时的运行方式称为系统最小运行方式，此时系统阻抗最大。由此可见，可将电力系统等效成一个电压源，最大、最小运行方式是它在两个极端阻抗参数下的工况。被保护对象在任何工况下发生任何故障，保护装置应该能可靠动作。对于线路的电流电压保护，可以认为保护设计与整定中考虑了这两种极端情况，在其他情况下能可靠动作。

实训步骤

（1）按图 5.32 和图 5.33 进行接线。

（2）合上三相和单相空开电源，按下“启动”按钮， 启动控制屏。调节系统调压器，使系统电压达到 105V。

（3）合上断路器 QF1、QF2、QF3，将短路时间设置为 40s。将短路电流调到最小位置，系统运行方式调到“最小”档。

（4）按下 SBa、SBb、SBc，设置系统三相短路，短路点区域设置为“线路”，按下“投入”按钮投入短路电流。在微机线路保护装置的“采样数值”菜单中观察短路电流，记录下短路电流值（由于三相短路时，电流是平衡的，所以记录下平均值）。通过 B 母线电压表观察母线残余电压，在表 5.1 中记录下实验数据。将系统运行方式分别调到“正常”档和“最大”档，记录下短路电流和残余电压。期间如果短路时间继电器动作,可以复

位投入按钮，重新投入，也可以把短路时间设置长一点。

（5）复位“投入”按钮，复位“线路”按钮，复位“SBa、SBb、SBc”退出短路电流。断开断路器 QF3、QF2、QF1，将系统调压器调到最小位置。按下“退出”按钮，关闭单相和三相空开电源。

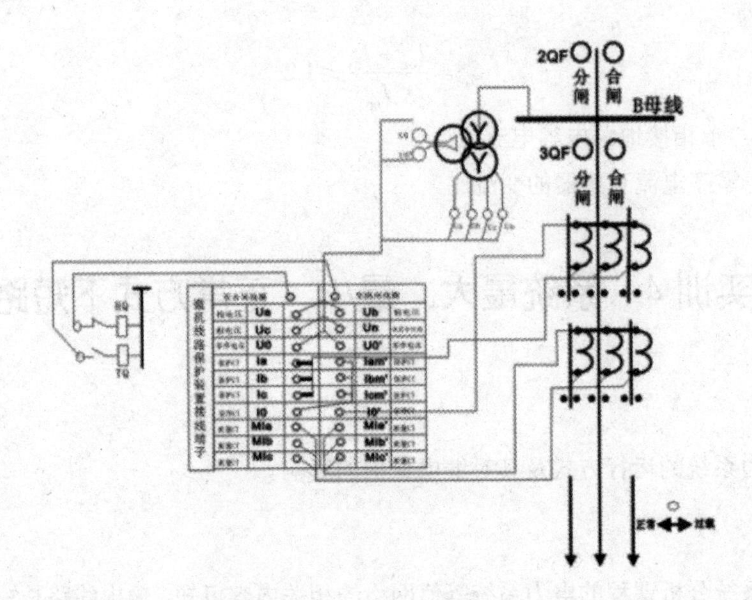

图 5.32　微机线路保护接线总图

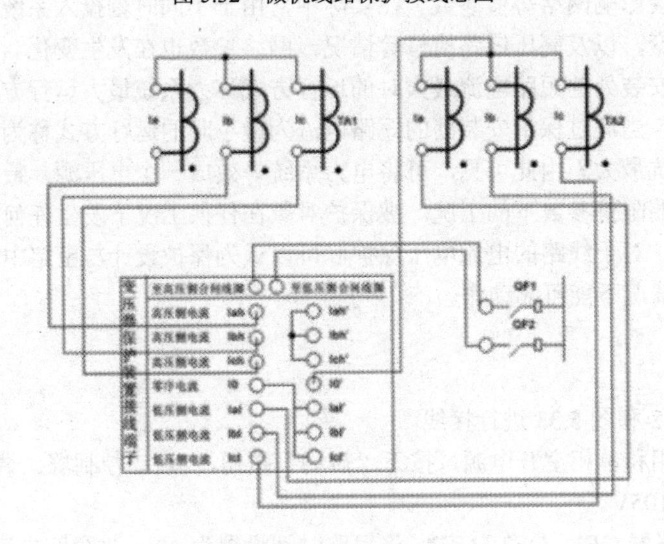

图 5.33　微机变压器接线总图

表 5.1　线路首段（三相短路）

测量对象	实测值			计算值		
	最大方式.	正常方式.	最小方式	最大方式.	正常方式.	最小方式
残余电压						
短路电流						

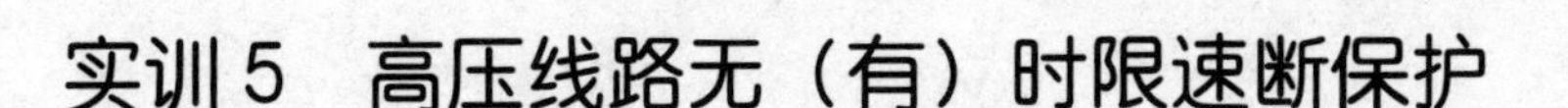

实训5 高压线路无（有）时限速断保护

实训目标

1．掌握无（有）时限电流速断保护的原理、计算和整定的方法。

2．熟悉无（有）时限电流速断保护的特点。

实训说明

在电网的不同地点发生相间短路时，线路中通过电流的大小是不同的，短路点离电源越远，短路电流就越小。此外，短路电流的大小还与系统的运行方式和短路种类有关。

在5.7图中，①表示在最大运行方式下，不同地点发生三相短路时的短路电流变化曲线；②表示在最小运行方式下，不同地点发生两相短路时的短路电流变化曲线。

如果将保护装置中电流起动元件的动作电流 I_{op} 整定为在最大运行方式下，线路首端 L_{max3} 处发生三相短路时通过保护装置的电流，那么在该处以前发生短路，短路电流会大于该动作电流，保护装置就能起动。对于在该处以后发生的短路，因短路电流小于装置的动作电流，故保护装置不启动。因此，L_{max3} 就是在最大运行方式下发生三相短路时，电流速断的保护范围。从图5.34可见，在最小运行方式下发生两相短路时，保护范围为 L_{min2}，它比 L_{max3} 小。如果将保护装置的动作电流减小，整定为 I'_{op}，电流速断的保护范围增大。在最大运行方式下发生三相短路时，保护范围为 L'_{max3}；在最小运行方式下发生两相短路时，保护范围为 L'_{max2}。由以上分析可知，电流速断保护是根据短路时通过保护装置的电流来选择动作电流的，以动作电流的大小来控制保护装置的保护范围。

在图5.34所示的电网中，如果在线路上装设了无时限电流速断保护，由于它的动作时间很小（小于0.1s），为了保证选择性，当在相邻元件上发生短路时，不允许电流起动元件动作。因此，不论在哪种运行方式下发生哪种短路，保护范围不应超过被保护线路的末端。

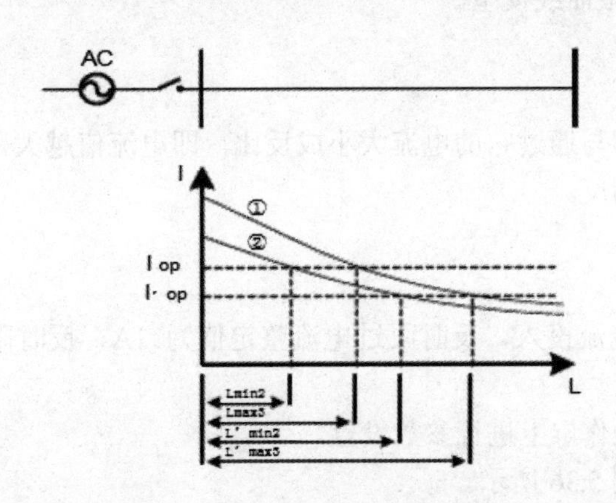

图5.34 电网及短路电流变化曲线

线路保护模型如图5.35所示。无时限速断保护定值=可靠系数×本线路末端在系统最大运行方式下的三相短路电流。

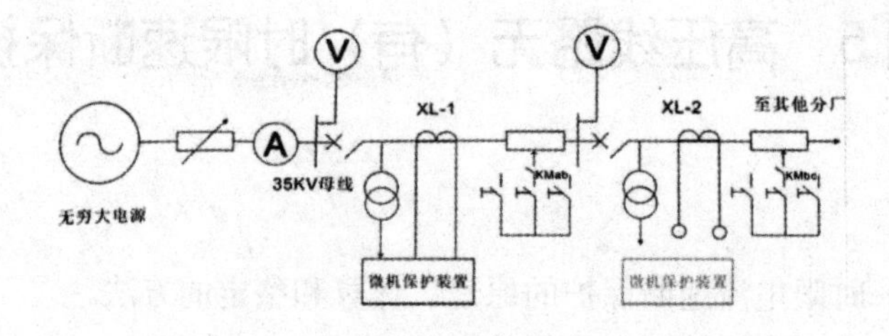

图 5.35　线路保护模型

实训步骤

（1）按正确顺序起动实验装置，合上 QS111、QS113、QF11、QS116、QF14、QF15。给输电线路供电，计算 XL-1 段的保护定值，并对微机线路保护测控装置进行定值整定，进入“保护投退”菜单，把“速断”投入，退出装置其他保护功能，保存设置。

（2）运行方式设置为最大，在 XL-1 段末端进行三相短路。将短路点位置从线路末端向首端方向调整，装置动作时停止，记录保护装置动作位置。

（3）运行方式设置为最小，在 XL-1 段末端进行两相短路，将短路点位置从线路末端向首端方向调整，装置动作时停止。观察此时的短路点位置。

实训 6　线路正反时限过电流保护实训

实训目标

1．掌握正、反时限过电流保护的原理和整定计算方法。
2．熟悉正、反时限过电流保护的特点。
3．了解微机反时限曲线模型。

实训说明

反时限的动作时间与通过它的电流大小成反比，即电流值越大，动作时间越短，反之就越长；正时限与之相反。

实训步骤

（1）将反时限过电流投入，反时限过电流整定值为 1A，反时限过电流延时时间设为 0.5s。

（2）在微机保护操作屏上进行参数设置。

（3）实训线路如图 5.36 所示。

（4）合上电源，QS8、 QS10、QS15 拨到“ON”，按下 QF6、QF11， 系统运行方式为“正常”。

（5）按下 d3 模拟线路短路，观察 QF11 延时多长时间跳闸。

（6）改变电流值和延时时间，测出断路器 QF11 跳闸时间。

正时限过电流保护实训步骤与之相似，这里不再赘述。

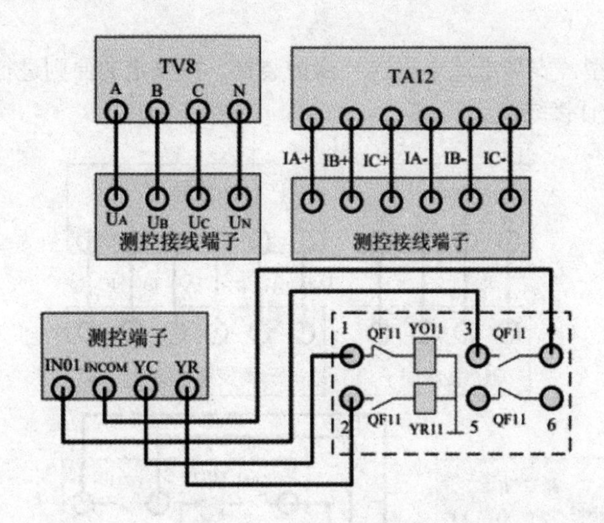

图 5.36　反时限过电流保护实训线路

实训 7　线路电流电压连锁保护实训

实训目标

1．通过实验理解电流电压连锁保护的原理，掌握其整定和计算方法。

2．掌握电流电压连锁保护适用条件。

实训说明

在线路过电流保护的电流继电器 KA 的常开触点回路中，串入低电压继电器的常闭触点，而低电压继电器经过电压互感器 TV 接到被保护线路的母线上。

当供电系统正常运行时，母线电压接近额定电压，欠电压继电器 KV 的常闭触点是断开的（对于欠电压继电器，当电压为正常值时，其常闭触点是断开的，当电压降低到整定电压时，继电器就动作，动合触点断开，动断触点闭合）。因此这时的电流继电器 KA 即使由于过负荷而误动作使其触点闭合，断路器 QF 也不致误跳闸。因此，凡装有低电压闭锁的过电流保护动作电流（包括返回电流）不必按最大负荷电流 $I_{L.max}$ 来整定，而只需按计算电流 I_{30} 来整定，即

$$I_{op}=\frac{K_{rel}}{K_{re}}\cdot\frac{K_w}{K_i}\cdot I_{30}$$

式中　K_{rel}——保护装置的可靠系数，对于 DL 型继电器取 1.2；

K_w——保护装置的接线系数，对于两相两继电器为 1，两相电流差为 $\sqrt{3}$；

K_i——电流互感器的变流比；

K_{re}——保护装置的返回系数，一般为 0.8。

实训步骤

（1）根据线路模型，安装电流电压连锁保护装置，按整定的原则进行计算整定。

（2）按图 5.37 进行接线。

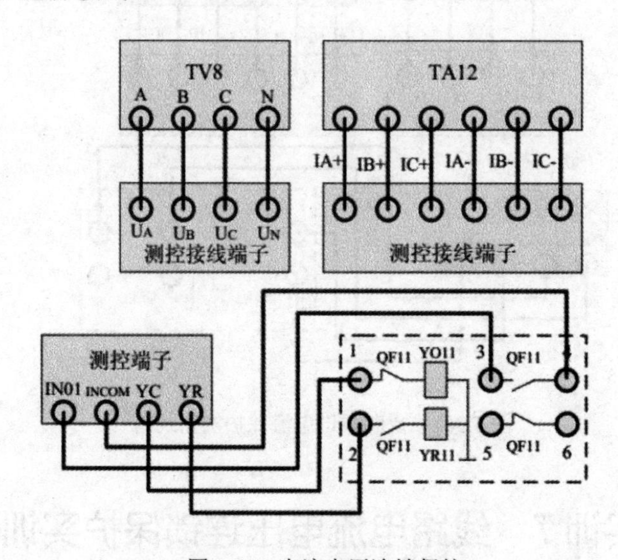

图 5.37 电流电压连锁保护

（3）将定时限过电流投入，速断整定值设为 2A，将低电压闭锁投入，同时整定值设为 3s，在低电压闭锁定值中将电压整定值设置为 80V。

（4）合上主电源和控制电源，QS2、QS4、QS7 拨到“ON”，按下合闸按钮 QF2、QF4，按下 d3 模拟三相短路，观察保护装置是否动作。对实验结果进行记录。

5.2.2 电力变压器继电保护

1. 概述

根据变压器的故障种类及不正常运行状态，变压器一般应装设下列保护。

（1）瓦斯保护。它能反应（油浸式）变压器油箱内部故障和油面降低，瞬时动作于信号或跳闸。

（2）差动保护或电流速断保护。它能反应变压器内部故障和引出线的相间短路、接地短路，瞬时动作于跳闸。

（3）过电流保护。它能反应变压器外部短路而引起的过电流，带时限动作于跳闸，可作为上述保护的后备保护。

（4）过负荷保护。它能反应过负荷而引起的过电流。一般作用于信号。

2. 变压器的瓦斯保护

容量在 320kV·A 以上的户内安装的油浸式变压器和 800kV·A 以上的户外油浸式变压器

都应装设瓦斯保护。变压器的瓦斯保护是防止油浸式变压器产生内部故障的一种基本保护。瓦斯保护的主要元件是瓦斯继电器，它装在变压器的油箱和油枕之间的连通管上，图5.38、图5.39为FJ-80型开口杯式瓦斯继电器的安装及结构示意图。

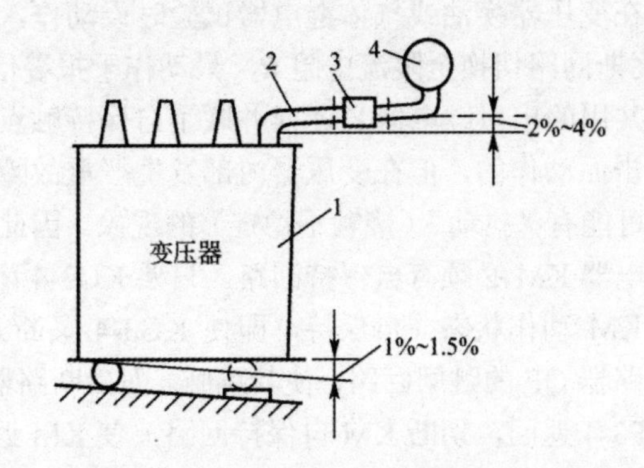

1—变压器油箱；2—连通管；3—瓦斯继电器；4—油枕。

图5.38　瓦斯继电器在变压器上的安装

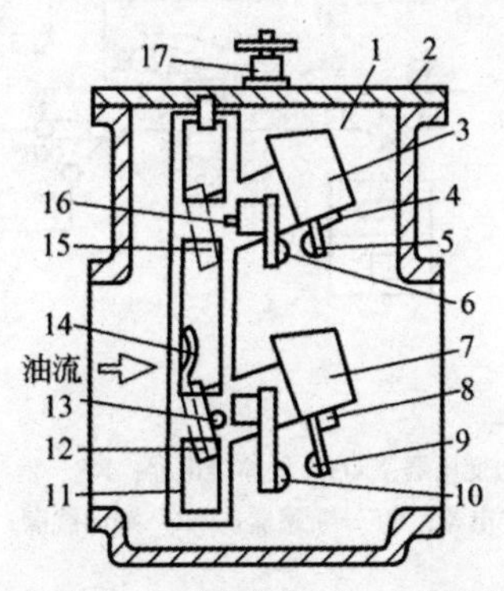

1—容器；2—盖；3—上油杯；4—永久磁铁；5—上动触点；6—上静触点；
7—下油杯；8—永久磁铁；9—下动触点；10—下静触点；11—支架；12—下油杯平衡锤；
13—下油杯转轴；14—挡板；15—上油杯平衡锤；16—上油杯转轴；17—放气阀。

图5.39　FJ-80瓦斯继电器的结构示意图

在变压器正常工作时，瓦斯继电器的上下油杯中都是充满油的，油杯因其平衡锤的作用使上下触点断开。当变压器油箱内部发生轻微故障致使油面下降时，上油杯因盛有剩余的油使其力矩大于平衡锤的力矩而降落，从而使上触点接通，发出报警信号，这就是轻瓦斯动作。当变压器油箱内部发生严重故障时，由于故障产生的气体很多，带动油流迅猛地由变压器油箱通过连通管进入油枕，在油流经过瓦斯继电器时，冲击挡板，使下油杯降落，从而使下触点接通，直接动作于跳闸，这就是重瓦斯动作。

如果变压器出现漏油，将会使瓦斯继电器内的油也慢慢流尽。这时继电器的上油杯先降落，接通上触点，发出报警信号，当油面继续下降时，会使下油杯降落，下触点接通，从而使断路器跳闸。

图5.40是变压器瓦斯保护的接线图。当变压器内部发生轻微故障（轻瓦斯）时，气体

继电器KG的上触点KG1-2闭合，动作于报警信号。当变压器内部发生严重故障（重瓦斯）时，气体继电器KG的下触点KG3-4闭合，经中间继电器KM动作于断路器QF的跳闸线圈YR，同时通过信号继电器KS发出跳闸信号。

为了防止瓦斯保护在变压器换油或气体继电器试验时误动作，在出口回路装设了切换片XB，利用XB将重瓦斯回路切换至限流电阻*R*，只动作于报警信号。

在变压器多种保护共用的出口继电器KM前并联了自保持触点KM1-2，这是因为重瓦斯是靠油流和气流的冲击而动作的，但在变压器内部发生严重故障时，油流和气流的速度往往很不稳定，KG3-4可能有“抖动”（接触不稳定）的现象。因此为使断路器有足够的时间可靠地跳闸，中间继电器KM必须有自保持回路。只要KG3-4闭合，KM就动作，并借助KM1-2闭合而稳定KM动作状态（自保持，即使KG3-4又断开，KM仍通电），同时KM3-4也闭合，接通断路器QF的跳闸回路，使其跳闸。而后断路器辅助触点QF1-2返回，切断跳闸回路，同时QF3-4返回，切断KM自保持回路，使KM返回。

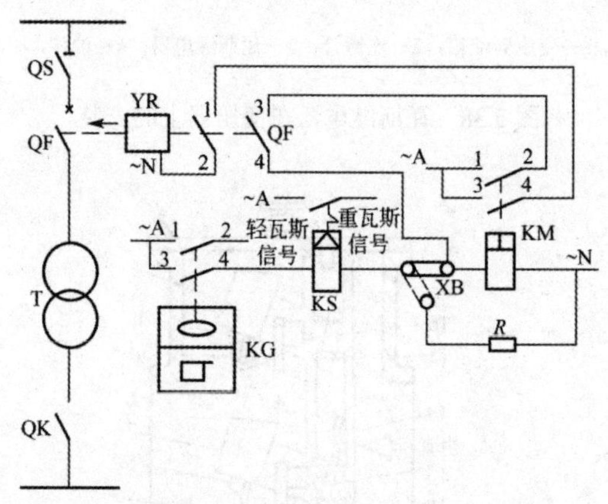

T—电力变压器；KG—气体继电器；KS—信号继电器；
KM—中间继电器；QF—断路器；YR—跳闸线圈；XB—切换片。

图5.40　变压器瓦斯保护的原理接线图

瓦斯继电器只能反映变压器内部的故障，包括漏油、漏气、油内有气、匝间故障、绕组相间短路等。而对变压器外部端子上的故障情况则无法反映。因此，除设置瓦斯保护外，还需设置过电流、电流速断或差动等保护。

3. 变压器的过电流保护、电流速断保护和过负荷保护

1）变压器的过电流保护

变压器的过电流保护装置一般都装设在变压器的电源侧。无论是定时限还是反时限，变压器过电流保护的组成和原理与电力线路的过电流保护完全相同。

图5.41所示为变压器的定时限过电流保护、电流速断保护和过负荷保护的综合电路，全部继电器均为电磁式。

变压器过电流保护的动作电流整定计算公式，也与电力线路过电电流保护基本相同，只是式（5-5）和式（5-6）中的$I_{L.max}$应取为（1.5～3）$I_{T.N1}$，这里的$I_{T.N1}$为变压器的额定一次电流。

变压器过电流保护的动作时间，也按“阶梯原则”整定。但对车间变电所来说，由于它属于电力系统的终端变电所，因此其动作时间可整定为最小值 0.5s。

变压器过电流保护的灵敏度，按变压器低压侧母线在系统最小运行方式时发生两相短路（换算到高压侧的电流值）来校验。其灵敏度的要求也与线路过电流保护相同，即 $S_p \geqslant 1.5$；当作为后备保护时可以 $S_p \geqslant 1.2$。

2）变压器的电流速断保护

变压器是供电系统中的重要设备。因此当变压器的过电流保护动作时限大于 0.5s 时，必须装设电流速断保护。变压器电流速断保护的组成、原理，也与电力线路的电流速断保护完全相同。

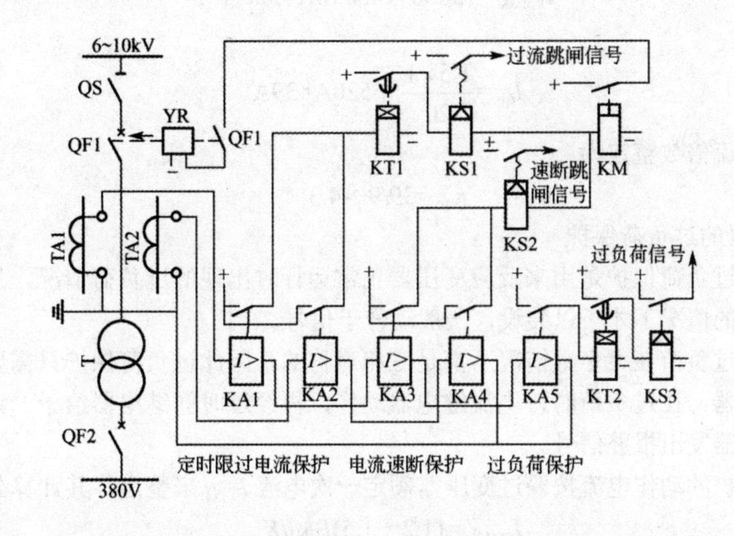

图 5.41　变压器的定时限过电流保护、电流速断保护和过负荷保护的综合电路

变压器电流速断保护的动作电流（速断电流）的整定计算公式，也与电力线路的电流速断保护基本相同，只是式（5-14）中的 $I_{k.max}$ 应取低压母线三相短路电流周期分量有效值换算到高压侧的电流值，即变压器电流速断保护的动作电流按躲过低压母线三相短路电流来整定。

变压器速断保护的灵敏度，按变压器高压侧在系统最小运行方式时发生两相短路的短路电流 $I_k^{(2)}$ 来校验，要求 $S_p \geqslant 1.5$。

变压器的电流速断保护，与电力线路的电流速断保护一样，也有死区（不能保护变压器的全部绕组）。弥补死区的措施，也是配备带时限的过电流保护。

考虑到变压器在空载投入或突然恢复电压时将出现一个冲击性的励磁涌流，为避免速断保护误动作，可在速断保护整定后，将变压器空载试投若干次，以检验速断保护是否会误动作。根据经验，当速断保护的一次动作电流比变压器额定一次电流大 2 倍～3 倍时，速断保护一般能躲过励磁涌流，不会误动作。

【例 5.4】　某降压变电所装有一台 10/0.4kV、1000kV·A 的电力变压器。已知变压器低压母线三相短路电流 $I_k^{(3)}$=13kA，高压侧继电保护用电流互感器电流比为 100/5，继电器采用 GL-25 型，接成两相两继电器式。试整定该继电器的反时限过电流保护的动作电流、动作时间及电流速断保护的速断电流倍数。

解：（1）过电流保护的动作电流整定。取 $K_{rel}=1.3$，而 $K_w=1$，$K_{re}=0.8$，$K_i=100/5=20$。

$$I_{L.max}=2I_{T.N1}=2\times1000/\sqrt{3}\times10\text{ A}=115.5\text{A}$$

故按式（5-5）$I_{op}=\dfrac{1.3\times1}{0.8\times20}\times115.5\text{A}=9.38\text{A}$，动作电流 I_{op} 整定为 9A。

（2）过电流保护动作时间的整定。考虑此为终端变电所的过电流保护，故其 10 倍动作电流的动作时间整定为最小值 0.5s。

（3）电流速断保护速断电流的整定。取 $K_{rel}=1.5$，而

$$I_{k.max}=13000\times0.4/10\text{A}=520\text{A}$$

故

$$I_{qb}=\frac{1.5\times1}{20}\times520\text{A}=39\text{A}$$

因此，速断电流倍数整定为

$$n_{qb}=39/9\approx4.3$$

3）变压器的过负荷保护

变压器的过负荷保护是用来反应变压器正常运行时出现的过负荷情况，只在变压器确有过负荷可能的情况下才予以装设，一般动作于信号。

变压器的过负荷在大多数情况下都是三相对称的，因此过负荷保护只需要在一相上装一个电流继电器。在过负荷时，电流继电器动作，再经过时间继电器给予一定延时，最后接通信号继电器发出报警信号。

过负荷保护的动作电流按躲过变压器额定一次电流 $I_{T.N1}$ 来整定，其计算公式为

$$I_{op(OL)}=(1.2\sim1.5)I_{T.N1}/K_i \tag{5-20}$$

式中 K_i——电流互感器的电流比。

动作时间一般取 10～15s。

4. 变压器低压侧的单相短路保护

变压器低压侧的单相短路保护，可采取下列措施之一。

1）低压侧装设三相均带过电流脱扣器的低压断路器

这种低压断路器，既作低压侧的主开关，操作方便，便于自动投入，可提高供电可靠性，又用来保护低压侧的相间短路和单相短路。这种措施在低压配电保护电路中得到广泛的应用。

2）低压侧三相装设熔断器保护

这种措施既可以保护变压器低压侧的相间短路也可以保护单相短路，但由于熔断器熔断后更换熔体需要一定的时间，所以它主要适用于供电要求不太重要负荷的小容量变压器。

3）在变压器中性点引出线上装设零序过电流保护

如图 5.42 所示，这种零序过电流保护的动作电流，按躲过变压器低压侧最大不平衡电流来整定，其整定计算公式为

$$I_{op(0)}=\frac{K_{rel}K_{dsq}}{K_i}I_{T.N2} \tag{5-21}$$

式中 $I_{T.N2}$——变压器的额定二次电流；

K_{dsq}——不平衡系数，一般取 0.25；

K_{rel}——可靠系数，一般取 1.2～1.3；

K_i——零序电流互感器的电流比。

零序过电流保护的动作时间一般取 0.5～0.7s。

零序过电流保护的灵敏度，按低压干线末端发生单相短路校验。对架空线 $S_p \geqslant 1.5$，对电缆线 $S_p \geqslant 1.2$，这一措施保护灵敏度较高，但不经济。一般较少采用。

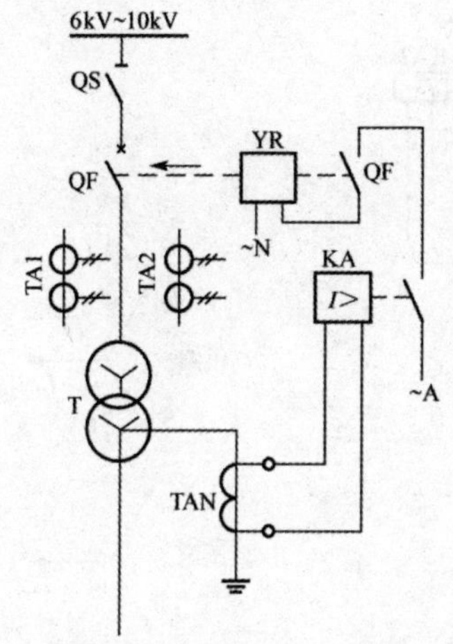

QF—高压断路器　TNA—零序电流互感器　KA—电流继电器　YR—断路跳闸线圈

图 5.42　变压器的零序过电流保护

4）采用两相三继电器接线或三相三继电器接线的过电流保护

如图 5.43 所示接线，这两种接线既能实现相间短路保护，又能实现对变压器低压侧的单相短路保护，且保护灵敏度比较高。

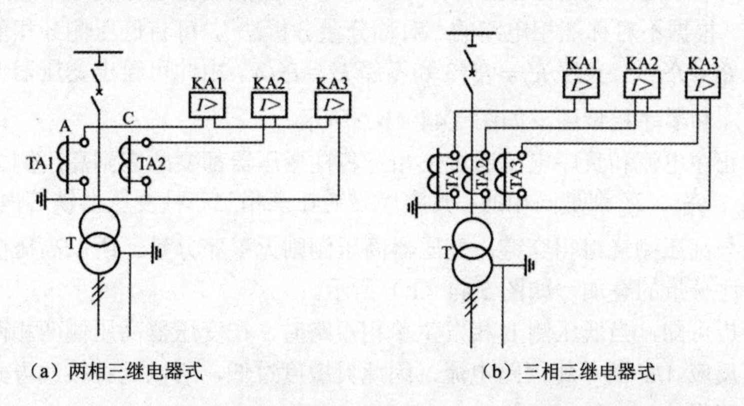

（a）两相三继电器式　　（b）三相三继电器式

图 5.43　适用于变压器低压侧单相短路保护的两种接线方式

这里必须指出，通常作为变压器保护的两相两继电器接线和两相一继电器接线均不宜作为低压单相短路保护。下面分别进行简单的分析。

（1）两相两继电器式接线（图 5.44（a））。这种接线适用于作相间短路保护和过负荷保护，而且它属于相电流接线，接线系数为 1，因此无论何种相间短路，保护装置的灵敏系数都是相同的。但若变压器低压侧发生单相短路，情况就不同了。如果是装设有电流互感器的那一相（A 相或 C 相）所对应的低压相（a 相或 C 相）发生单相短路，继电器中的电流反应的是整个单相短路电流，这当然是符合要求的。但如果是未装有电流互感器的那一相（B 相）所对应的低压相（b 相）发生单相短路，由下面的分析可知，继电器的电流仅仅反应单相短路电流的 1/3，这就达不到保护灵敏度的要求，因此这种接线不适于作低压侧单相短路保护。

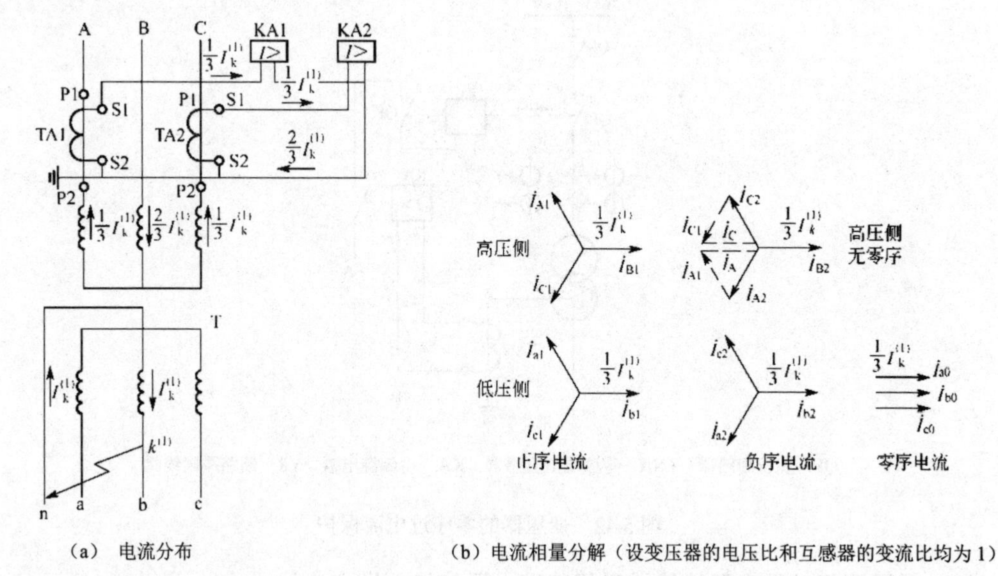

（a） 电流分布　　（b）电流相量分解（设变压器的电压比和互感器的变流比均为 1）

图 5.44　YynO 联结的变压器，高压侧采用两相两继电器的过电流保护（在低压侧发生单相短路时）

图 5.44（a）所示是未装电流互感器的 B 相所对应的低压侧 b 相发生单相短路时短路电流的分布情况。根据不对称三相电路的“对称分量分析法”，可将低压侧 b 相的单相短路电流分解为正序 $\dot{I}_{b1}=\dot{I}_{b}/3$，负序 $\dot{I}_{b2}=\dot{I}_{b}/3$ 和零序 $\dot{I}_{b0}=\dot{I}_{b}/3$。由此可绘出变压器低压侧各相电流的正序、负序和零序相量图，如图 5.44（b）所示。

低压侧的正序电流和负序电流通过三相三芯柱变压器都要感应到高压侧去，但低压侧的零序电流 $\dot{I}_{a0}$、$\dot{I}_{b0}$、$\dot{I}_{c0}$ 都是同相的，其零序磁通在三相三芯柱变压器铁芯内不可能闭合，因而也不可能与高压侧绕组相交链，变压器高压侧则无零序分量。所以高压侧各相电流就只有正序和负序分量的叠加，如图 5.44（b）所示。

由以上分析可知，当低压侧 b 相发生单相短路时，在变压器高压侧两相两继电器接线的继电器中只反应 1/3 的单相短路电流，因此灵敏度过低，所以这种接线方式不适用于作低压侧单相短路保护。

（2）两相一继电器式接线（图 5.45）。这种接线也适于作相间短路保护和过负荷保护，但对不同相间短路保护灵敏度不同，这是不够理想的。然而由于这种接线只用一个继电器，

比较经济，因此小容量变压器也有采用这种接线。

值得注意的是，采用这种接线时，如果未装电流互感器的那一相对应的低压相发生单相短路，由图 5.45 可知，继电器中根本无电流通过，因此这种接线也不能作低压侧的单相短路保护。

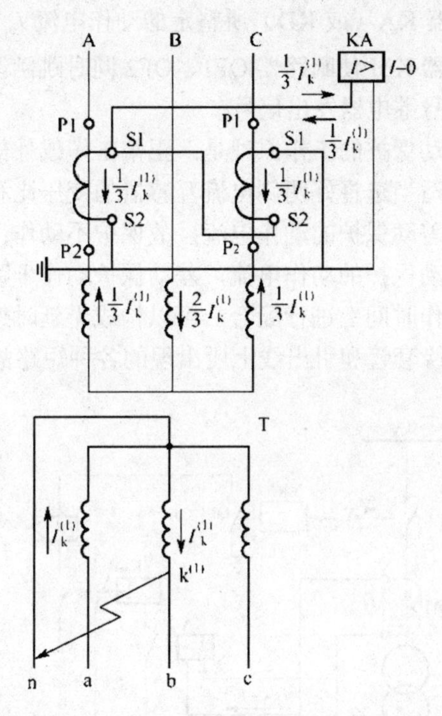

图 5.45 YynO 联结的变压器，高压侧采用两相一继电器的过电流保护，在低压侧发生单相短路时的电流分布

5. *变压器的差动保护*

前面主要介绍了变压器的过电流保护、电流速断保护、瓦斯保护，它们各有优点和不足之处。过电流保护动作时限较长，切除故障部分不迅速；电流速断保护由于“死区”的影响使保护范围受到限制；瓦斯保护只能反映变压器内部故障，而不能反映变压器绝缘套管和引出线的故障。

变压器的差动保护，主要用来保护变压器内部以及引出线和绝缘套管的相间短路，并且也可用保护变压器内的匝间短路，其保护区在变压器一、二次侧所装电流互感器之间。

差动保护分纵连差动和横连差动两种形式，纵连差动保护用于单回路，横连差动保护用于双回路。这里讲的变压器差动保护是纵连差动保护。

10000kV·A 及以上的单独运行变压器和 6300kV·A 及以上的并列运行变压器，应装设纵连差动保护；6300kV·A 及以下单独运行的重要变压器，也可装设纵连差动保护。当电流速断保护灵敏度不符合要求时，亦宜装设纵连差动保护。

1）变压器差动保护的基本原理

图 5.46 是变压器差动保护的单相原理电路图。将变压器两侧的电流互感器同极性串联

起来，使继电器跨接在两连线之间，于是流入差动继电器的电流就是两侧电流互感器二次电流之差，即 $I_{KA}=I_1'-I_2''$。在变压器正常运行或差动保护的保护区外 k－1 点发生短路时，流入继电器 KA（或差动继电器 KD）的电流相等或相差极小，继电器 KA（或 KD）不动作，而在差动保护的保护区内 k－2 点发生短路时，对于单端供电的变压器来说，$I_2''=0$，所以 $I_{KA}=I_2''$，超过继电器 KA（或 KD）所整定的动作电流 $I_{op(d)}$，使 KA（或 KD）瞬时动作，然后通过出口继电器 KM 使断路器 QF1、QF2 同时跳闸，将故障变压器退出，切除短路故障部分，同时由信号继电器发出信号。

综上所述，变压器差动保护的工作原理是：正常工作或外部故障时，流入差动继电器的电流为不平衡电流，在适当选择好两侧电流互感器的变压比和接线方式的条件下，该不平衡电流值很小，并小于差动保护的动作电流，故保护不动作；在保护范围内发生故障，流入继电器的电流大于差动保护的动作电流，差动保护动作于跳闸。因此它不需要与相邻元件的保护在整定值和动作时间上进行配合，可以构成无延时速断保护。其保护范围包括变压器绕组内部及两侧绝缘套管和引出线上所出现的各种短路故障。

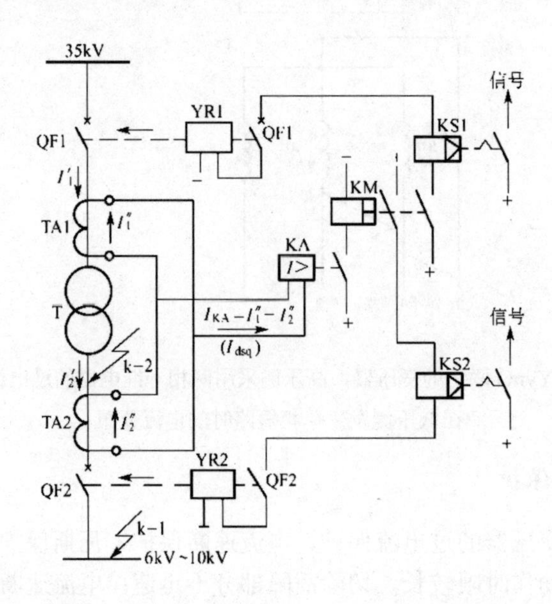

图 5.46　变压器差动保护的单相原理电路图

通过对变压器差动保护工作原理分析可知，为了防止保护误动作，必须使差动保护的动作电流大于最大的不平衡电流。为了提高差动保护的灵敏度，又必须设法减小不平衡电流。因此，分析讨论变压器差动保护中不平衡电流产生的原因其克服方法是十分必要的。

2）变压器差动保护中的不平衡电流及其减小措施

变压器差动保护是利用保护区内发生短路故障时变压器两侧电流在差动回路（即差动保护中连接继电器的回路）中引起的不平衡电流而动作的一种保护。这一不平衡电流用 I_{dsp} 表示，$I_{dsp}=I_1''-I_2''$。在变压器正常运行或保护区外部短路时，希望 I_{dsp} 尽可能地小，理想情况下是 I_{dsp}=0。但这几乎是不可能的，I_{dsp} 不仅与变压器及电流互感器的接线方式和结构性能等因素有关，而且与变压器的运行有关，因此只能设法使之尽可能地减小。下面简述

不平衡电流产生的原因及其减小和消除的措施。

（1）由变压器接线而引起的不平衡电流及其消除措施。用户总降压变电所的主变压器通常采用 Ydll 联结组，这就造成变压器两侧电流有 30°的相位差。因此，虽然可以通过恰当选择变压器两侧电流互感器的变流比，使互感器二次电流相等，但由于这两个互感器二次电流之间存在着 30°相位差，因此在差动回路中仍然有相当大的不平衡电流 I_{dsp}（$I_{dsp}=0.268I_2$）。为了消除差动回路中的这一不平衡电流 I_{dsp}，将装设在变压器星形联结一侧的电流互感器接成三角形联结，而变压器三角形联结一侧的电流互感器接成星形联结，如图 5.47（a）所示。由图 5.47（b）相量图可知，这样即可消除差动回路中因变压器两侧电流相位不同而引起的不平衡电流。

（2）由两侧电流互感器变流比选择而引起的不平衡电流及其消除措施。由于变压器的电压比和电流互感器的变流比各有标准，因此不太可能使之完全配合恰当，从而不太可能使差动保护两边的电流完全相等，这就必然在差动回路中产生不平衡电流。为消除这一不平衡电流，可以在互感器二次回路接入自耦电流互感器来进行平衡，或利用速饱和电流互感器中或专门的差动继电器中的平衡线圈来实现平衡，消除不平衡电流。

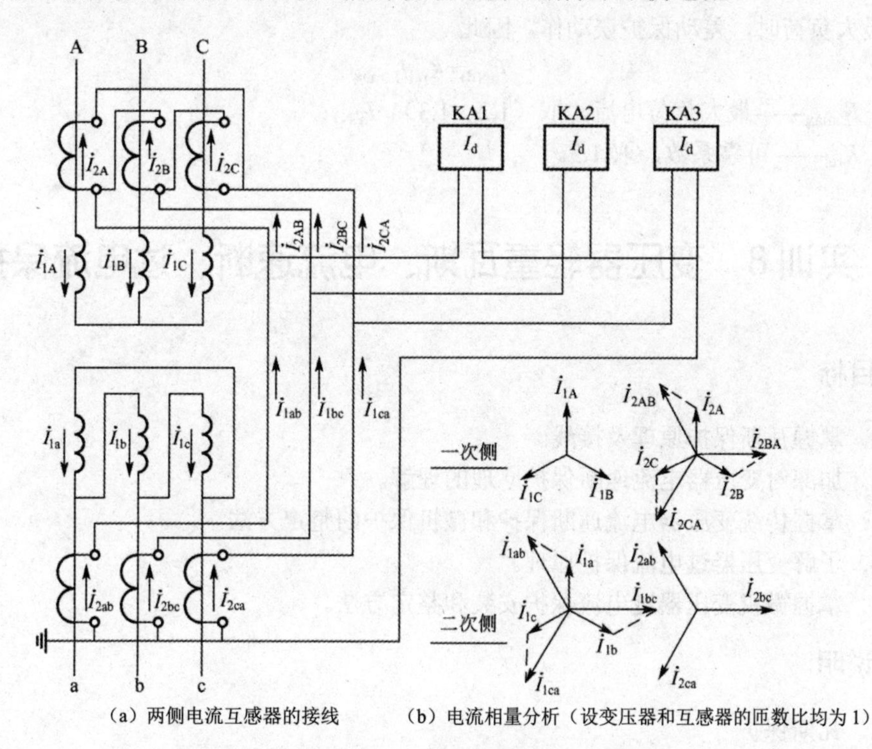

（a）两侧电流互感器的接线　　（b）电流相量分析（设变压器和互感器的匝数比均为 1）

图 5.47　Ydll 联结变压器的纵连差动保护接线

（3）由变压器励磁涌流引起的不平衡电流及其减小措施。由于变压器在空载时投入产生的励磁涌流只通过变压器一次绕组，而二次绕组因空载而无电流，从而在差动回路中产生相当大的不平衡电流。这可以通过在差动回路中接入速饱和电流互感器，而将继电器接在速饱和电流互感器的二次侧，以减小励磁涌流对差动保护的影响。

此外，在变压器正常运行和外部短路时，由于变压器两侧电流互感器的形式和特性不同，从而也在差动回路中产生不平衡电流。变压器分接头电压的改变，改变了变压器的电压比，而电流互感器的变流比不可能相应改变，从而破坏了差动回路中原有的电流平衡状态，也会产生新的不平衡电流。总之，产生不平衡电流的因素很多，不可能完全消除，而只能设法使之减小到最小值。

3）变压器差动保护动作电流的整定

变压器差动保护的动作电流 $I_{op(d)}$ 应满足以下三个条件。

（1）应躲过变压器差动保护区外短路时出现的最大不平衡电流 $I_{dsq.max}$。即

$$I_{op(d)}=K_{rel}I_{dsq.max} \tag{5-22}$$

式中　K_{rel}——可靠系数，取1.3。

（2）应躲过变压器励磁涌流，即

$$I_{op(d)}=K_{rel}I_{T.N1} \tag{5-23}$$

式中　$I_{T.N1}$——变压器额定一次电流；

K_{rel}——可靠系数，取1.3～1.5。

（3）动作电流应大于变压器最大负荷电流，防止在电流互感器二次回路断线且变压器处于最大负荷时，差动保护误动作，因此

$$I_{op(d)}=K_{rel}I_{L.max} \tag{5-24}$$

式中　$I_{L.max}$——最大负荷电流，取（1.2～1.3）$I_{T.N1}$；

K_{rel}——可靠系数，取1.3。

实训8　变压器轻重瓦斯、电流速断、过电流保护

实训目标

1．掌握瓦斯保护原理及接线。
2．加深对变压器电流速断保护原理的理解。
3．掌握传统变压器电流速断保护和微机保护的整定方法。
4．了解变压器过电流保护原理。
5．掌握微机变压器过电流保护安装和整定方法。

实训说明

1．瓦斯保护

实训装置的微机变压器主保护装置具有瓦斯保护功能，在实际应用中，瓦斯保护的主要形式分为本体轻瓦斯、有载轻瓦斯、本体重瓦斯、有载重瓦斯。各自保护出口形式不同。在微机保护中，只需把各个瓦斯继电器的触点对应接入微机保护的信号输入回路。如果保护动作，微机装置得到相应输入信号，则经内部程序的处理后，输出与之相对应的保护动作形式。

用实训台上蓝色按钮来模拟瓦斯继电器的常开触直。在实训台的面板上，有红色的按钮，根据接入微机装置的输入回路不同，一个为本体轻瓦斯，另一个为本体重瓦斯，按下

按钮，触点闭合，表示瓦斯继电器动作，如图 5.48 所示。

把两侧的电流互感器二次侧的首末端短接起束（电流互感器的二次侧不允许开路）。然后依次启动电源和直流控制电源，合上两侧断路器。注意负荷选择开关置正常侧。

图 5.48　变压器瓦斯保护

2. 电流速断保护

对变压器绕组、套管及引出线上的故障，根据容量的不同，应装设差动保护或电流速断保护。纵连差动保护适用于并列运行的变压器，容量为 6300kV·A 以上；单独运行的变压器，容量为 10000kV·A 以上；发电厂用工作变压器和工业企业中的重要变压器，容量为 6300kV·A 以上。电流速断保护用于 10000kV·A 以下的变压器，且其过电流保护的时限大于 0.5s。对 2000kV·A 以上的变压器，当电流速断保护的灵敏度不能满足要求时，也应装设纵连差动保护。瓦斯保护虽然是反映变压器油箱内部故障最灵敏而快速的保护，但它不能反映油箱外部的故障。对于容量较小的电力变压器可以在电源侧装设电流速断保护，它与瓦斯保护互相配合，就可以保护变压器内部和电源侧套管及引出线上的全部故障。

如图 5.49 所示，按实训接线图接好线后，变压器负载选择开关置于正常侧。将电流速断投入，设定好动作电流值和时间定值。打开电源开关。启动电源，合上两侧断路器，在确保实训接线和微机保护装置中的设置无误后，按下变压器短路按钮 d2，设置变压器三相短路并投入运行，以下变压器短路故障设置均按此方法设置，观测保护动作情况。特别注意：如果保护不动作，马上按 d2，退出短路运行，检查接线和微机装置中的参数设定。

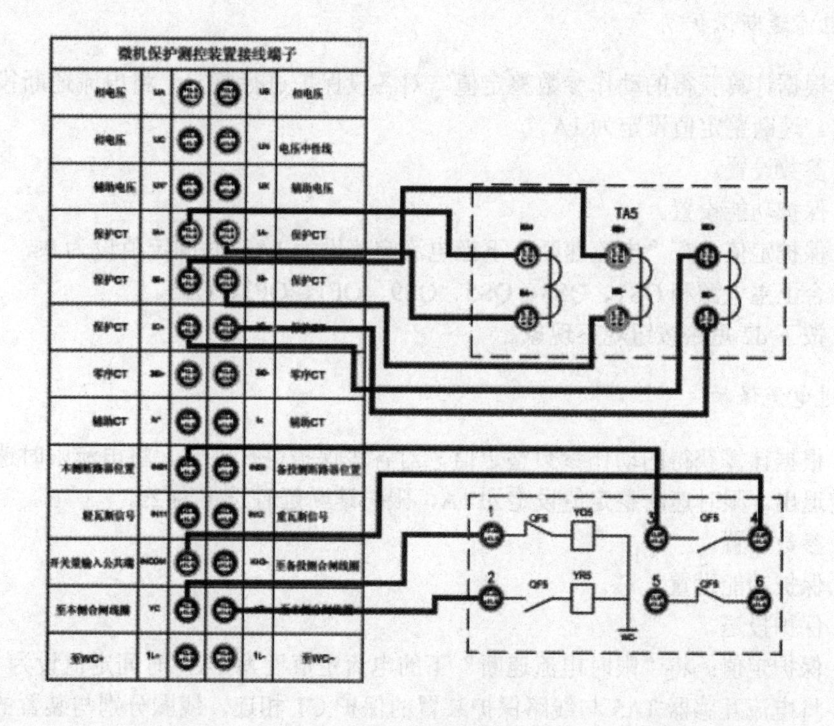

图 5.49　电流速断保护

3. 过电流保护

按实训接线图接好线后，将变压器负载选择开关置于正常侧。将过电流投入，设定好动作电流值和时间定值。打开电源开关，启动电源，合上两侧断路器，在确保实训接线和微机保护装置中的设置无误后，依照前面介绍的故障设置方法，设置变压器三相短路并投入运行，观察保护动作情况。特别注意:如果保护不动作，马上按 d2 按钮，退出短路运行，检查接线和微机装置中的参数设定。

实训步骤

1. 瓦斯保护

（1）把轻瓦斯触电信号的 1 端和 2 端与微机的轻瓦斯信号输入端 IN11、公共信号端 INcom 相连。

（2）按下轻瓦斯按钮，模拟轻瓦斯继电器动作，观测保护动作情况。保护动作后，按轻瓦斯按钮，使触点返回；然后按下微机主保护装置的复位键，使之复位。

（3）把重瓦斯触电信号的 1 端和 2 端与微机的重瓦斯信号输入端 IN12、公共信号端 INcom 相连。

（4）按下重瓦斯按钮，模拟本体重瓦斯继电器动作，观测保护动作情况。

保护动作后，按重瓦斯按钮，使触点返回；然后按下微机主保护装置的复位键，使之复位。

2. 电流速断保护

（1）根据计算获得的动作参数整定值，对各段保护进行整定。将电流速断投入，其他整定退出。速断整定值设定为 1A。

（2）参数设置。

（3）保护功能设置。

（4）保护定值：在“电流速断”下把电流定值设为 1A，时间定值设为 0s。

（5）合上主电源和 QS1、QS3、QS5、QS9、QF1、QF3、QF5。

（6）按下 d2 短路按钮观察现象。

3. 过电流保护

（1）根据计算获得的动作参数整定值，对各段保护进行整定。将电流限时速断投入，其他整定退出。限时速断整定值设定为 1A，限时速断延时设定为 2s。

（2）参数设置。

（3）保护功能设置。

（4）保护投退。

（5）保护定值：将“限时电流速断”下的电流定值设为 1A，时间定值设为 2s。

（6）将电流互感器 TA5 与线路保护装置的保护 CT 相连，线圈分别与装置的线圈对应相连。

（7）合上主电源和 QS1、QS3、QS5、QS9、QF1、QF3、QF5。

（8）按下 d2 短路按钮，观察现象。

实训 9　变压器差动速断保护

实训目标

1．熟悉差动速断保护的特点及原理。

2．熟悉变压器纵连差动保护的组成原理及整定值的调整方法。

实训说明

差动速断元件是为了在变压器区内严重性故障时快速跳开变压器各侧开关，当差动电流大于差动速断定值时，迅速动作。

为了保证在正常情况下和当外部发生故障时，变压器两侧的两个电流相等，从而使流入电流为零，即

$$I_{\mathrm{KA}}=\frac{I_1}{K_{\mathrm{TAY}}}-\frac{I_2}{K_{\mathrm{TAV}}} \tag{5-25}$$

式中　K_{TAY}、$K_{\mathrm{TA\Delta}}$——变压器 Y 侧和△侧电流互感器变比。

显然要使在正常情况下和当外部发生故障时流入电流为零，就必须适当选择两侧互感器的变比，使其比值等于变压器变比。但是，实际上在正常情况下和当外部发生故障时流入继电器的电流不会为零，即有不平衡电流出现。为了要实现变压器的纵连差动保护，就要努力使式(5-1)得到满足，尽量减少不平衡电流。

本实训台的主保护采用二次谐波制动原理的比率制动差动保护。学生可以自己动手接线，将两侧电流互感器副方的电流接入微机保护，若接线正确，则流入微机保护的差电流近似为零，否则差电流较大。Y 侧与△侧的一次电流有 30° 的误差，因此可以将 Y 侧电流互感器二次电流接成△形，△侧的二次电流接成 Y 形进行校正。

实训步骤

（1）根据图 5.50 完成实验接线，为了测量变压器副边电压的大小，将交流电压表并接到 PT 测量插孔。

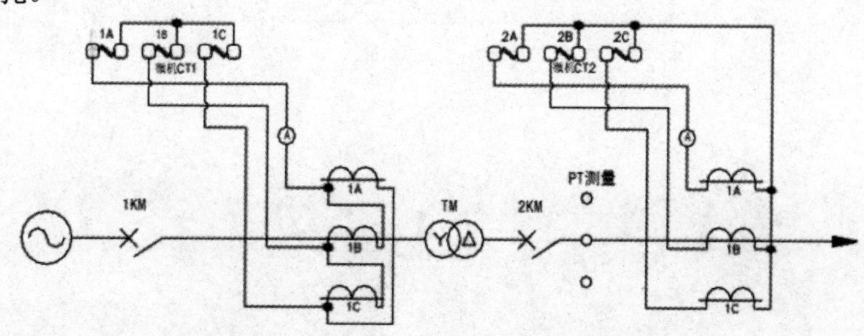

图 5.50　变压器微机差动保护实训原理接线图

（2）将调压器电压调节调至 0V。

（3）将系统阻抗切换开关 SAV3 置于“正常”位置，将故障转换开关 SAV1 置于“线路”位置。

（4）合上三相电源开关，合上微机装置电源开关，将有关整定值的大小设置为理论计算值，投入保护功能。

（5）合上直流电源开关；合上模拟断路器 1KM、2KM。

（6）调节调压器，使变压器副边电压从 0V 慢慢上升到 50V，模拟系统无故障运行。

从微机装置上记录变压器两侧 CT 二次侧测量电流幅值的大小。然后将故障转换开关 SAV1 置于“区内”位置。此时从硬件电路上将变压器副方 CT 一次回路短接，因此这时变压器副方 CT 二次侧测量电流幅值基本为 0A。

（7）将短路电阻滑动头调至 50%处。

（8）合上短路模拟开关 SA、SB。

（9）合上短路操作开关 3KM，模拟系统发生两相短路故障，此时负荷灯全熄，模拟断路器 1KM、2KM 断开，记录有关实验数据。

（10）断开短路操作开关 3KM，合上 1KM、2KM，恢复无故障运行。

（11）改变步骤（4）中短路电阻的大小（如取值分别为 8Ω 或 100Ω）、步骤（8）中短路模拟开关的组合，重复步骤（9）和步骤（10），记录实验结果。

（12）实验完成后，使调压器输出电压为 0V，断开所有电源开关。

项目6 二次回路及变电站自动化

任务6.1 二次回路

6.1.1 操作电源

二次回路的操作电源是指控制、信号、监测及继电保护和自动装置等二次回路系统所需的电源。对操作电源的要求，首先必须安全可靠，不应受供电系统运行情况的影响，保持不间断供电；其次容量要足够大，应能够满足供电系统正常运行和事故处理所需要的容量。

二次回路的操作电源，分直流操作电源和交流操作电源两大类。直流操作电源，按供电电源的性质又可分为独立直流电源（蓄电池组）和交流整流电源（带电容的储能硅整流装置和复式整流装置）；交流操作电源又有由所用变压器供电和由仪用互感器供电之分。

1. 直流操作电源

过去多采用铅酸蓄电池组，目前大多采用镉镍蓄电池组、带电容储能的硅整流装置或复式整流装置。

1）铅酸蓄电池组

铅酸蓄电池，由二氧化铅（PbO_2）的正极板、铅（Pb）的负极板和密度为1.2～1.3 g / cm^3的稀硫酸（H_2SO_4）电解液构成。

铅酸蓄电池的额定端电压（单个）为2V。但是蓄电池充电终了时，其端电压可达2.7V；而放电后，其端电压可降到1.95V。为获得220V的操作电压，需要118个。考虑到充电终了时端电压的升高，因此长期接入操作电源的蓄电池个数为n_1=230/2.7≈86个，而n_2=n－n_1=32个蓄电池用于调节电压，接于专门的调节开关上。

采用铅酸蓄电池组作操作电源，优点是它与交流的供电系统无直接关系，不受供电系统运行情况的影响，工作可靠；缺点是设备投资大，有腐蚀性，不易运行维护，所以现在一般很少采用。

2）镉镍蓄电池组

镉镍蓄电池的正极板为氢氧化镍[Ni（OH）$_3$]或三氧化二镍（Ni_2O_3）的活性物，负极板为镉（Cd），电解液为氢氧化钠（NaOH）等碱溶液。在化学反应过程中，电解液并未参与反应，它只起传导电流的作用，因此在放电和充电的过程中，电解液的密度不会改变。

镉镍蓄电池的额定端电压（单个）为 1.2V，充电终了时端电压可达 1.75V。

采用铅酸蓄电池组作操作电源的优点是除不受供电系统运行情况影响、工作可靠外，还有它的大电流放电性好，使用寿命长，腐蚀性小，无须设蓄电池室，降低了投资，运行维护也比较简便，因此在变配电所中应用比较普遍。

3）带电容储能的硅整流装置

图 6.1 所示为带有两组不同容量电容储能的硅整流装置。硅整流器的交流电源由不同的所用变压器供给，其中一回路工作，另一回路备用，用接触器自动切换。在正常情况下两台硅整流器同时运行，大容量的硅整流器 I 供合闸用，在硅整流器Ⅱ发生故障时还可以通过逆止器件 V3 向控制母线供电，硅整流器Ⅱ只供控制、保护及信号电源，一般选用直流电压为 220V、20A 的成套整流装置。

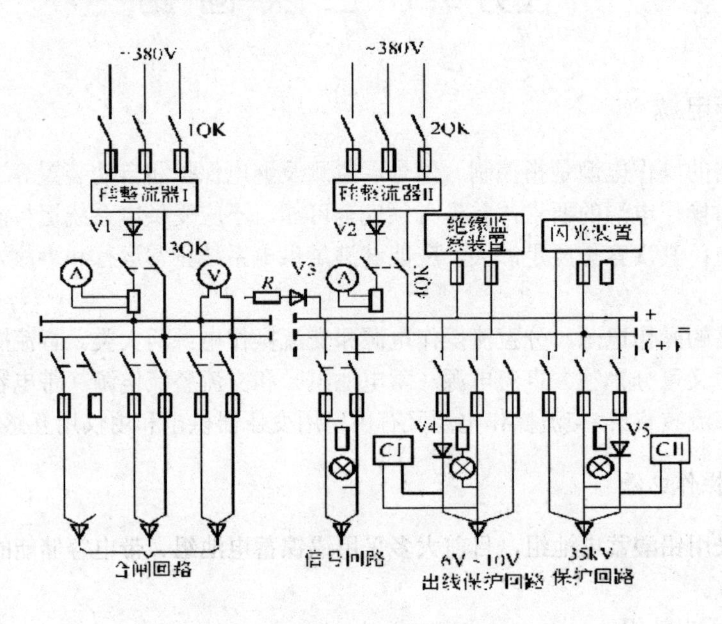

图 6.1　带电容储能的硅整流装置

当电力系统发生故障 380V 交流电源下降时，直流 220V 母线电压也相应下降。此时利用并联在保护回路中的电容 CⅠ和 CⅡ的储能来动作继电保护装置，使断路器跳闸。正常情况下各断路器的直流控制系统中的信号灯及重合闸继电器由信号回路供电，使这些元器件不消耗电容器的储能。在保护回路装设逆止器件 V4 和 V5 的目的也是使电容器仅用来维持保护回路的电源，而不向其他与保护无关的元件放电。

带电容储能装置的直流系统的优点是设备投资更少，并能减少运行维护工作量。缺点是电容器有漏电问题，且易损坏，可靠性不如蓄电池。为了提高整流操作电源供电的可靠性，一般至少应有两个独立的交流电源给整流器供电，其中之一最好是与本变电所没有直接联系的电源。

4）复式整流装置

复式整流是指供直流操作电压的整流器电源有两个，即电压源和电流源。电压源由所用变压器或电压互感器供电，经铁磁谐振稳压器（当稳压要求较高时装设）和硅整流器供电给控制等二次回路；电流源由电流互感器供电，同样经铁磁谐振稳压器（当稳压要求较高时装设）和硅整流器供电给控制等二次回路。图 6.2 所示为复式整流装置接线示意图。

由于复式整流装置有电压源和电流源，因此能保证供电系统在正常和事故情况下直流系统均能可靠地供电。

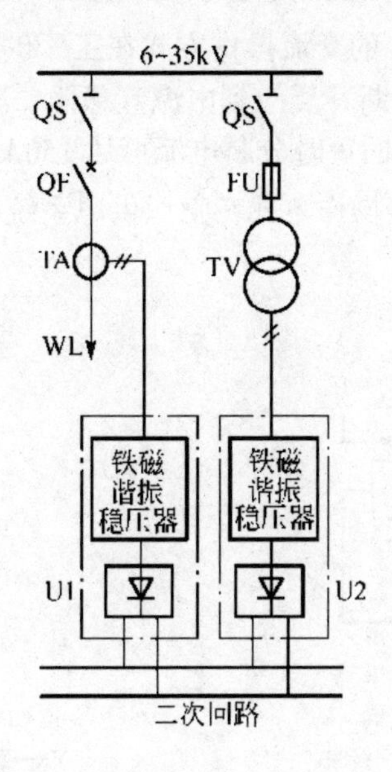

图 6.2　复式整流装置接线示意图

2. 交流操作电源

交流操作电源比整流电源更简单，它不需设置直流回路，可以采用直接动作式继电器，工作可靠，二次接线简单，便于维护。交流操作电源广泛用于用户中小型变电所中断路器采用手动操作和继电保护采用交流操作的场合。

交流操作电源可以从电压互感器、电流互感器或所用变压器取得。在使用电压互感器作为操作电源时必须注意：在某些情况下，当发生短路时，母线上的电压显著下降，以至加到断路器线圈上的电压过低，不能使操作机构动作。因此，用电压互感器作为操作电源，只能作为保护内部故障的气体继电器的操作电源。

相反，对于短路保护的保护装置，其交流操作电源可取自电流互感器，在短路时，短路电流本身可用来使断路器跳闸，如图 6.3、图 6.4 所示。

交流操作电源供电的继电保护装置，根据跳闸线圈供电方式的不同，分为“去分流跳闸”式和直接动作式两种，下面分别予以介绍：

1）“去分流跳闸”方式

这种接线如图 6.3 所示，在正常情况下，继电器 KA 的常闭触点将跳闸线圈 YR 短接（分流），YR 不通电，断路器 QF 不会跳闸。当一次电路发生相间短路时，继电器动作，其常闭触点断开，使 YR 的短接分流支路被去掉（即“去分流”），从而使电流互感器的二次电流完全流入跳闸线圈 YR，使断路器跳闸。这种接线方式简单经济，而且灵敏度较高。但继电器触点的容量要足够大，因为要用它来断开反应到电流互感器二次侧的短路电流，现在生产的 GL—$^{15}_{25}{}^{16}_{26}$型过电流继电器，其触点的短时分断电流可达 150A，完全可以满足去分流跳闸的要求。这种“去分流跳闸”的交流操作方式在工厂供电系统中应用相当广泛。器触点的容量要足够大，因为要用它来断开反应到电流互感器二次侧的短路电流，现在生产的 GL—$^{15}_{25}{}^{16}_{26}$型过电流继电器，其触点的短时分断电流可达 150A，完全可以满足去分流跳闸的要求。这种“去分流跳闸”的交流操作方式在工厂供电系统中应用相当广泛。器触点的容量要足够大，因为要用它来断开反应到电流互感器二次侧的短路电流，现在生产的 GL—$^{15}_{25}{}^{16}_{26}$型过电流继电器，其触点的短时分断电流可达 150A，完全可以满足去分流跳闸的要求。这种“去分流跳闸”的交流操作方式在工厂供电系统中应用相当广泛。

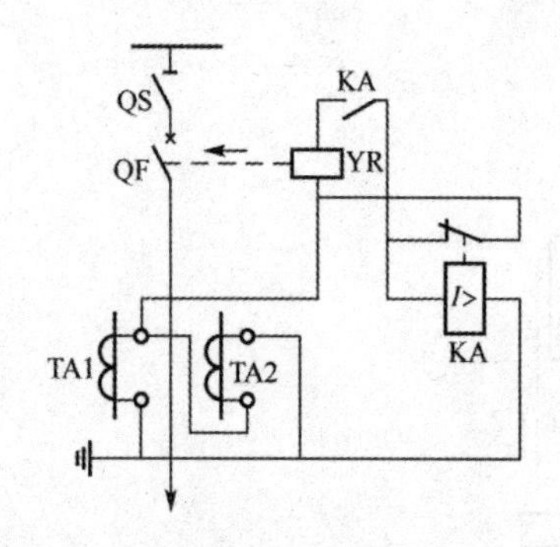

QF—断路器；TA—电流互感器；
KA—GL 型电流继电器；YR—跳闸线圈。

图 6.3 “去分流跳闸”式过电流保护电路

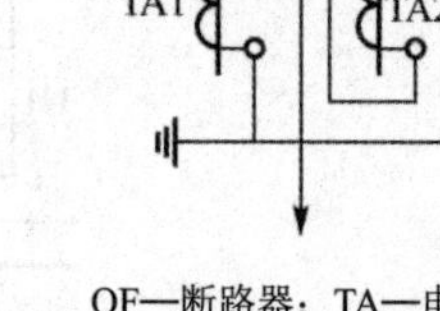

QF—断路器；TA—电流互感器；
YR—跳闸线圈（即直动式继电器 KA）。

图 6.4 直接动作式过电流保护电路

2）直接动作式

如图 6.4 所示，利用高压断路器手动操作机构内的过电流脱扣器（跳闸线圈）YR 作过电流继电器 KA（直动式），接成两相一继电器式或两相两继电器式接线。正常情况下，YR 通过正常的二次电流，远小于 YR 的动作电流，不动作；而在一次电路发生相间短路时，短路电流反应到互感器的二次侧，流过 YR，达到或超过 YR 的动作电流，从而使断路器跳闸。这种交流操作方式最为简单经济，但受脱扣器型号的限制，没有时限，且动作准确性差，保护灵敏度低，在实际工程中已很少应用。

6.1.2 控制与信号回路、中央信号装置

1. 断路器控制回路分析

用户变电所的断路器常采用电磁式操作机构。下面以电磁式断路器为例，说明控制回路和信号回路的动作过程，如图 6.5 所示。图 6.6 所示为 LW_2-Z 型控制开关触点表的示例，它有 6 种操作位置。

（1）手动合闸。合闸前，断路器处于“跳闸后”状态，断路器的辅助触点 QF_2 闭合，控制开关 SA10-11 闭合，绿灯 GN 回路接通发亮。但由于电阻 R_1 的限流，不足以使合闸接触器 KO 动作。绿灯亮表示断路器处于“跳闸”位置，且控制电源和合闸回路完好。

当控制开关扳到“预备合闸”位置时，触点 SA9-10 接通，绿灯改接在闪光母线 BF 上，发出绿灯闪光，说明情况正常，可以合闸。当开关再旋转 45° 至“合闸”位置时，触点 SA5-8 接通，合闸接触器 KO 动作，使合闸线圈 YO 通电，断路器合闸。合闸后，辅助触点 QF_2 断开，切断合闸回路，同时 QF_1 闭合。

当操作人员将手柄放开之后，在弹簧的作用之下，开关回到“合闸后”位置，触点 SA13-16 闭合，红灯 RD 电路接通，红灯亮表示断路器在合闸状态。

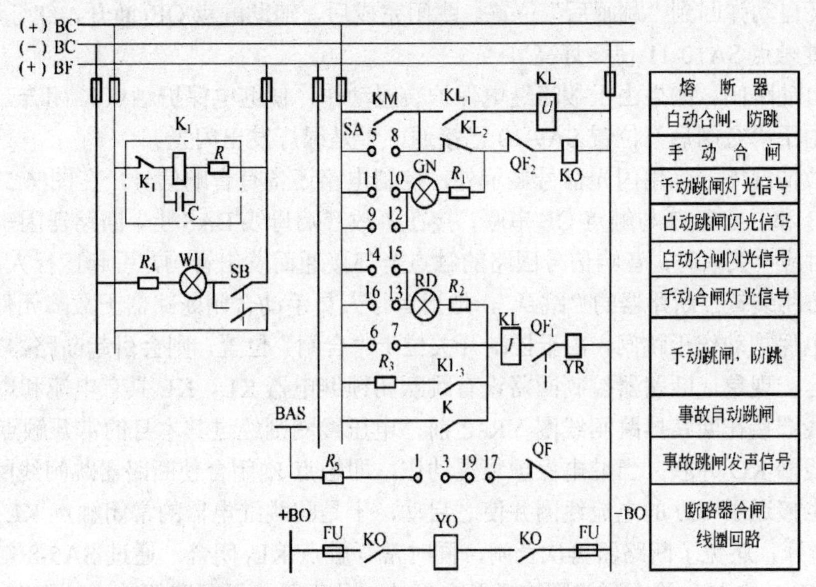

SA—控制开关；BC—小母线；BF—闪光母线；KL—防跳继电器；
KM—中间继电器；KO—合闸接触器；YO—合闸线圈；YR—跳闸线圈；
BAS—事故音响小母线；K—继电保护触点；K1—闪光继电器；SB—试验按钮。

图 6.5　断路器的控制回路和信号回路

在“跳闸后”位置的手柄（正面）的样式和触点盒（背面）接线图			1 2 4 3		5 6 8 7		9 10 12 11			13 14 16 15			17 18 20 19			21 22 24 23		
手柄和触点盒型式		F8	1a		4		6a			40			20			20		
触　点　号		—	1—3	2—4	5—8	6—7	9—10	9—12	10—11	13—14	14—15	13—16	17—19	17—18	18—20	21—23	21—22	22—24
位置	跳闸后		—	×	—	—	—	—	×	—	×	—	—	—	×	—	—	×
	预备合闸		×	—	—	—	×	—	—	×	—	—	—	×	—	—	×	—
	合闸		—	—	×	—	—	×	—	—	—	×	×	—	—	×	—	—
	合闸后		×	—	—	—	×	—	—	—	—	×	×	—	—	×	—	—
	预备跳闸		—	×	—	—	—	—	×	×	—	—	—	×	—	—	×	—
	跳　闸		—	—	—	×	—	—	×	—	×	—	—	—	×	—	—	×

图 6.6　LW_2—Z 型控制开关触点表

（2）自动合闸。控制开关在“跳闸后”位置，若自动装置的中间继电器接点KM闭合，将使合闸接触器KO动作合闸。自动合闸后，信号回路经控制开关中SA14-15、红灯RD、辅助触点QF_1，与闪光母线BF接通，RD发出红色闪光，表示断路器是自动合闸的，只有当运行人员将手柄扳到“合闸后”位置，红灯才能发出平光。

（3）手动跳闸。首先将开关扳到“预备跳闸”位置，SA13-14接通，RD发出红色闪光。再将手柄扳到“跳闸”位置，SA6-7接通，断路器跳闸线圈YR通电，断路器跳闸。松手后，开关又自动弹回到“跳闸后”位置。跳闸完成后，辅助触点QF_1断开，红灯熄灭，QF_2闭合，通过触点SA10-11使绿灯亮。

（4）自动跳闸。如果由于故障继电保护装置动作，使继电保护触点K闭合，引起断路器跳闸。由于“合闸后”位置SA9-10已接通，于是绿灯发出闪光。

在事故情况下，除用闪光信号显示外，控制电路还备有音响信号，在图6.5中，开关触点SA1-3和SA19-17与触点QF串联，接在事故音响母线BAS上，断路器因事故跳闸而出现“不对应”关系时，音响信号回路的触点全部接通而发出音响，引起运行人员的注意。

（5）防跳装置。断路器的“跳跃”，是指运行人员手动合闸断路器于故障元件时，断路器又被继电保护动作于跳闸，由于控制开关位于“合闸”位置，则会引起断路器重新合闸。为了防止这一现象，断路器控制回路设有跳跃闭锁继电器KL。KL具有电流和电压两个线圈，电流线圈接在断路器跳闸线圈YR之前，电压线圈则经过其本身的常开触点KL_1与合闸接触器线圈KO并联。当继电保护装置动作，即触点K闭合使断路器跳闸线圈YR接通时，同时也接通了KL的电流线圈并使之启动，于是防跳继电器的常闭触点KL_2断开，将KO回路断开，避免了断路器再次合闸，同时常开触点KL_1闭合，通过SA5-8触点或自动装置触点KM使KL的电压线圈接通并自保持，从而防止了断路器的“跳跃”。触点KL_3与继电器触点K并联，用来保护后者，使其不致断开超过其触点容量的跳闸线圈电流。

（6）闪光电源装置。闪光电源装置由DX－3型闪光继电器K1、附加电阻R和电容C等组成，接线图见图6.5左部。当断路器发生事故跳闸后，断路器处于跳闸状态，而控制开关仍保留在“合闸后”位置，这种情况称为“不对应”关系。在此情况下，触点SA9-10与断路器辅助触点QF_2仍接通，电容器C开始充电，电压升高，待其升高到闪光继电器K1的动作值时，闪光继电器K1动作，从而断开通电回路，上述循环不断重复，闪光继电器K1触点也不断开闭，闪光母线（+）BF上便出现断续正电压使绿灯闪光。

控制开关在“预备合闸”位置、“预备跳闸”位置以及断路器自动合闸、自动跳闸时，也同样能起动闪光继电器，使相应的指示灯发出闪光。

SB为试验按钮，按下时白信号灯WH亮，表示本装置电源正常。

2. 中央信号装置

在变电所运行的各种电气设备，随时都可能发生不正常的工作状态。在变电所装设的中央信号装置，主要用来示警和显示电气设备的工作状态，以便运行人员及时了解，采取措施。

中央信号装置按形式不同，分为灯光信号和音响信号。灯光信号表明不正常工作状态的性质地点，而音响信号在于引起运行人员的注意。灯光信号通过装设在各控制屏上的信号灯和光字牌，表示各种电气设备的情况，音响信号则通过蜂鸣器和警铃的声响来实现，

设置在控制室内。由全所共用的音响信号，称为中央音响信号装置。

信号装置按用途可以分为位置信号，事故信号和预告信号装置。

（1）位置信号指示设备的运行状态，如断路器的通、断状态，所以又称为状态信号。它可使操作人员知道该设备现行的位置状态，以避免误动作。对于断路器以红灯亮表示合闸位置，以绿灯亮表示跳闸位置。

（2）事故信号表示供电系统在运行中发生了某种事故而使继电保护动作，同时发出灯光和音响信号，蜂鸣器（电笛）发出声音，相应的光字牌变亮，显示文字告知事故的性质、类别及发生事故的设备。

（3）事故信号表示供电系统在运行中发生了某种事故而使继电保护动作，同时发出灯光和音响信号，蜂鸣器（电笛）发出声音，相应的光字牌变亮，显示文字告知事故的性质、类别及发生事故的设备，如断路器的合闸指示灯、跳闸指示灯，均为位置信号。

实训10　工厂供电二次控制回路接线和信号回路实训

实训目标

某工厂部分二次接线图如图6.7所示，请分析断路器分合闸电路和信号电路原理。

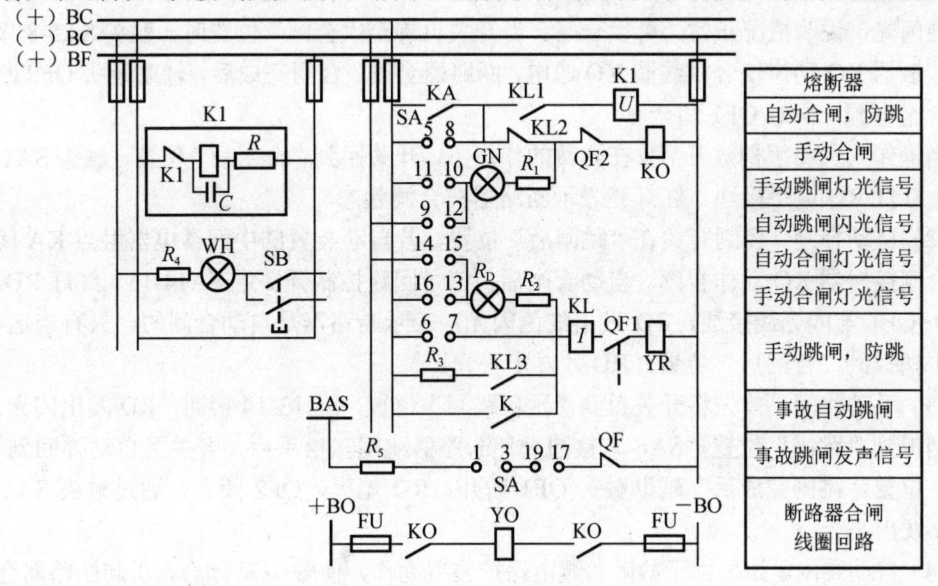

图6.7　某工厂部分二次接线图

实训说明

（1）手动合闸。合闸前，断路器处于“跳闸后”的位置，断路器的辅助触头QF2闭合。由表6.1中的控制开关触头表知SA10-11闭合，绿灯GN回路接通发亮。但由于限流电阻R1限流，不足以使合闸接触器KO动作，绿灯亮表示断路器处于跳闸位置，而且控制电源和合闸回路完好。

表 6.1　断路器操作手柄位置与触头闭合情况

在“跳闸后”位置的手柄（正面）的样式和触头盒（背面）接线图		1 2 4 3		5 6 8 7		9 10 12 11		13 14 16 15			17 18 20 19			21 22 24 23		
手柄和触头盒形式	F8	1a		4		6a		40			20			20		
触头号	—	1—3	2—4	5—8	6—7	9—10	9—12	10—11	13—14	14—15	13—16	17—19	17—18	18—20	21—23	21—22	22—24
跳闸后		—	×	—	—	—	—	×	—	×	—	—	—	×	—	—	×
预备合闸		×	—	—	—	×	—	—	×	—	—	—	×	—	—	×	—
合闸		—	—	×	—	—	×	—	—	—	×	×	—	—	×	—	—
合闸后		×	—	—	—	×	—	—	—	—	×	×	—	—	×	—	—
预备跳闸		—	×	—	—	—	—	×	×	—	—	—	×	—	—	×	—
跳闸		—	—	—	×	—	—	×	—	×	—	—	—	×	—	—	×

当控制开关扳到“预备合闸”位置时，触头 SA9-10 闭合，绿灯 GN 改接在 BF 母线上，发出绿闪光，说明情况正常，可以合闸。当开关再旋至“合闸”位置时，触头 SA5-8 接通，合闸接触器 KO 动作使合闸线圈 YO 通电，断路器合闸。合闸完成后，辅助触头 QF2 断开，切断合闸电源，同时 QF1 闭合。

当操作人员将手柄放开后，在弹簧的作用下，开关回到“合闸后”位置，触头 SA13-16 闭合，红灯 RD 电路接通。红灯亮表示断路器在合闸状态。

（2）自动合闸。控制开关在“跳闸后”位置，若自动装置的中间继电器触点 KA 闭合，将使合闸接触器 KO 动作合闸。自动合闸后，信号回路控制开关中 SA14-15、红灯 RD、辅助触头 QF1 与闪光线接通，RD 发出红色闪光，表示断路器是自动合闸的，只有当运行人员将手柄扳到“合闸后”位置，RD 才发出平光。

（3）手动跳闸。首先将开关扳到“预备跳闸”位置，SA13-14 接通，RD 发出闪光。再将手柄扳到“跳闸”位置。SA6-7 接通，使断路器跳闸。松手后，开关又自动弹回到“跳闸后”位置。跳闸完成后，辅助触头 QF1 断开，RD 熄灭，QF2 闭合，通过触头 SA10-11 使 GN 发出平光。

（4）自动跳闸。如果由于故障，继电保护装置动作，使触头 K 闭合，引起断路器合闸。由于“合闸后”位置 SA9-10 已接通，于是 GN 闪光。

在事故情况下，除用闪光信号显示外，控制电路还备有音响信号。在图 6.7 中，开关触头 SA1-3 和 SA19-17 与触头 QF 串联，接在事故音响母线 BAS 上，当断路器因事故跳闸而出现“不对应”（即手柄处于合闸位置，而断路器处于跳闸位置）关系时，音响信号回路的触头全部接通而发出声响。

注意：断路器的自动跳闸是由继电保护装置来完成的，该保护装置是一套比较完整且复杂的系统。

（5）闪光电源装置。闪光电源装置由 DX-3 型闪光继电器 K1、附加电阻器 R 和电容器 C 等组成。当断路器发出事故跳闸后，断路器处于跳闸状态，而控制开关仍留在“合闸后”位置，这种情况称为“不对应”关系。在此情况下，触头 SA9-10 与断路器辅助触头 QF2 仍接通，电容器 C 开始充电，电压升高，当电压升高到闪光继电器 K1 的动作值时，继电器动作，从而断开通电回路，上述循环不断重复，继电器 K1 的触头也不断地开闭，闪光母线（+）BF 上便出现断续正电压，使 GN 闪光。

预备合闸、预备跳闸和自动投入时，也同样会起动闪光继电器，使相应的指示灯发出闪光。SB 为试验按钮，按下时白信号灯 WH 亮，表示本装置电源正常。

（6）防跳装置。断路器的所谓“跳跃”，指运行人员在故障时手动合闸断路器，断路器又被继电保护动作跳闸，又由于控制开关位于“合闸”位置，则会引起断路器重新合闸。为了防止这一现象，断路器控制回路设有防止跳跃的电气连锁装置。

图 6.7 中，KL 为防跳连锁继电器，它具有电流和电压两个线圈，电流线圈接在跳闸线圈 YR 之前，电压线圈则经过其本身的常开触头 KL1 与合闸接触器线圈 KO 并联。当继电器保护装置动作，即触头 K 闭合使断路器跳闸线圈 YR 接通时，同时也接通了 KL 的电流线圈并使之起动，于是防跳继电器的常闭触头 KL2 断开，将 KO 回路断开，避免了断路器再次合闸，同时常开触头 KL1 闭合，通过 SA5-8 或自动装置触头 KA 使 KL 的电压线圈接通并自锁，从而防止了断路器的“跳跃”。触头 KL3 与继电器触头 K 并联，用来保护后者，使其不致断开超过其触头容量的跳闸线圈电流。

6.1.3　绝缘监视装置

绝缘监视装置利用系统接地后出现的零序电压给出信号，图 6.8 中在变压所的母线上接一个三相五柱式电压互感器，其二次侧的星形联结绕组接有三只电压表，以测量各相对地电压；另一个二次绕组接成开口三角形，接入电压继电器，用来反应线路单相接地时出现的零序电压。

系统正常运行时，三相电压对称，开口三角形两端电压接近于零，继电器不动作，三只电压表指示为相电压。在系统发生一相接地时，接地相电压为零，其他两相对地电压升高到 $\sqrt{3}$ 倍，开口处出现 100V 的零序电压，使继电器动作，发出报警的灯光和音响信号。

这种保护装置简单，虽给出故障信号，但没有选择性，即不能指示哪一回线路发生故障。故障线路只能采用依次断开各回线路的方法寻找。因此，这种监视装置只适用于出线不多且允许短时停电的中小型变电所。

必须注意：三相三芯柱式电压互感器不能用来监视绝缘，因为在一次电路发生单相接地时，电压互感器各相的一次绕组将出现零序电压（其值就是相电压，如果 C 相接地，零序电压就是 $-\dot{U}_C$），从而在互感器铁芯内产生零序磁通。如果互感器是三芯柱式，而三相零序磁通 Φ_{A0}、Φ_{B0}、Φ_{C0} 大小相等、方向相同，则零序磁通不可能在铁芯内闭合，只能经附近气隙或铁壳闭合，如图 6.9（a）所示。由于这些零序磁通不能全部甚至不可能与互感器的主二次绕组及辅助二次绕组交链，因此在主二次绕组及辅助二次绕组内不能感应出零序电压，从而无法反应一次电路的单相接地情况。同时，发生单相接地时，由于零序磁通所经路径的磁阻很大，必然引起零序电流的剧增，这将会使电压互感器烧毁。如果互感器采用如图 6.9（b）所示的五芯柱铁芯，则零序磁通可经两个边柱闭合，这样零序磁通能与二次绕组及辅助二次绕组相交链，在两绕组内感应出零序电压，从而可实现绝缘监视。

如果采用三个单相三绕组电压互感器，仍然按图 6.8 所示接线，在一次电路发生单相接地时，因为每个单相电压互感器都有独立的闭合铁芯为零序磁通提供通路，同样能够正确反应一次电路的单相接地情况，即可实现绝缘监视。

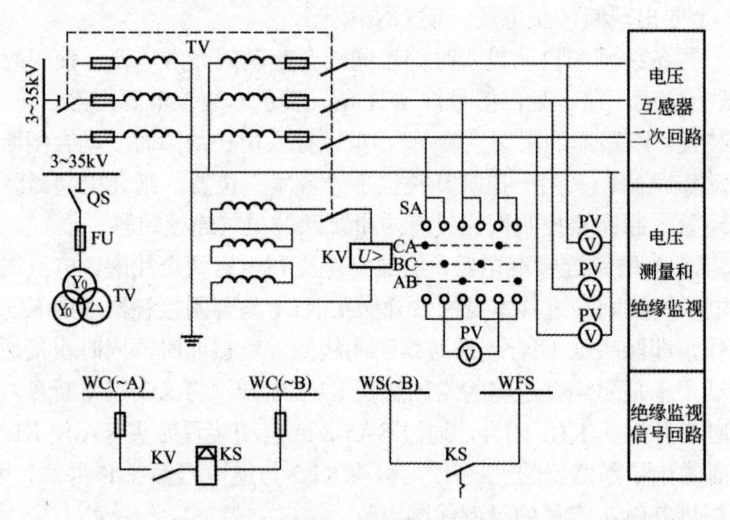

TV—电压互感器；KV—电压继电器；SA—电压转换开关；PV—电压表；
KS—信号继电器；WC—控制小母线；WS—信号小母线；WFS—预告信号小母线。

图 6.8　绝缘监视装置接线图

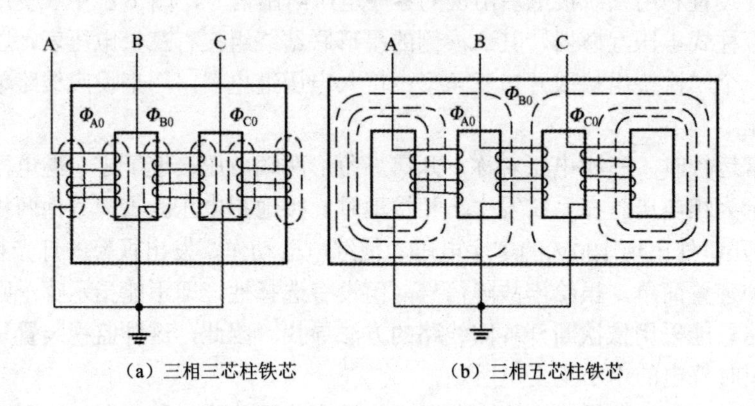

（a）三相三芯柱铁芯　　（b）三相五芯柱铁芯

图 6.9　电压互感器中的零序磁通（只画出互感器一次绕组）

6.1.4　二次回路安装接线图

1. 二次回路图

反映二次接线间关系的图称为二次接线图或二次回路图。二次回路图按用途可分为原理接线图、展开接线图和安装接线图 3 种形式。

1）原理接线图

原理接线图用来表示继电保护、监视测量和自动装置等二次设备或系统的工作原理，它以元器件的整体形式表示各二次设备间的电气连接关系。通常在二次回路的原理接线图上还将相应的一次设备画出，构成整个回路，以便于了解各设备间的相互工作关系和工作原理。图 6.10（a）是 6～10kV 线路的测量回路原理接线图。

原理接线图概括地反映了过电流保护装置、测量仪表的接线原理及相互关系，但没有注明设备内部接线和具体的外部接线，对于复杂的回路难以分析和找出问题，因而仅有原理接线图还不能对二次回路进行检查维修和安装配线。

2）展开接线图

展开接线图中按二次回路使用的电源分别画出各自的交流电流回路、交流电压回路、操作电源回路中各元器件的线圈和触头，所以，属于同一个设备或元件的电流线圈、电压线圈、控制触头应分别画在不同的回路里。为了避免混淆，对同一设备的不同线圈和触头应用相同的文字标号，但各支路需要标上不同的数字回路标号，如图 6.10（b）所示。

二次接线展开图中所有开关电器和继电器触头都是按开关断开时的位置和继电器线圈中无电流时的状态绘制的。由图 6.10（b）可见，展开图接线清晰，回路次序明显，易于阅读，便于了解整套装置的动作顺序和工作原理，对于复杂线路的工作原理的分析更为方便。

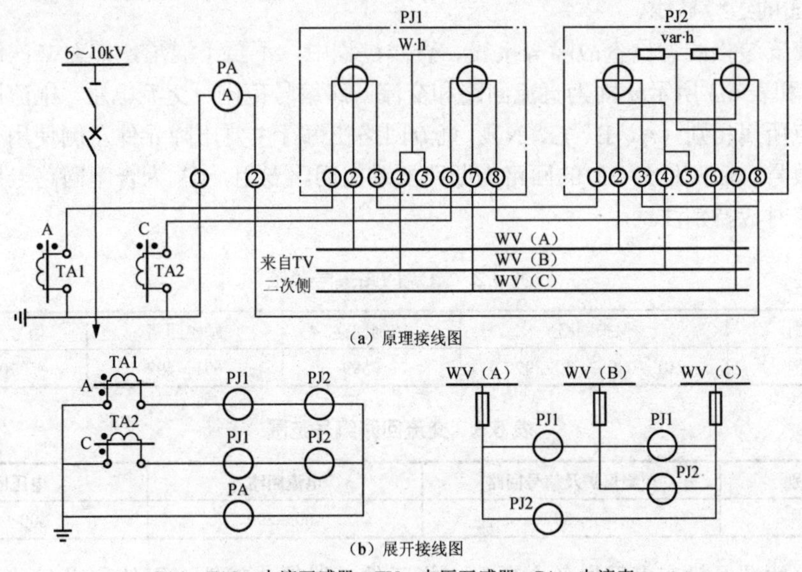

（a）原理接线图

（b）展开接线图

TA1、TA2—电流互感器；TV—电压互感器；PA—电流表；
PJ1—三相有功电能表；PJ2—三相无功电能表；WV—电压小母线。

图 6.10　6～10kV 线路的测量回路原理接线图和展开接线图

3）安装接线图

安装接线图是进行现场施工不可缺少的图样，是制作和向厂家加工订货的依据。它反映的是二次回路中各电气元件的安装位置、内部接线及元器件间的线路关系。

二次安装接线图包括屏面元件布置图、屏背面接线图和端子板接线图等几个部分。屏面元件布置图按照一定的比例尺寸将屏面上各个元器件和仪表的排列位置及其相互间距离尺寸表示在图样上。其外形尺寸应参照国家标准屏柜尺寸，以便和其他控制屏并列时美观整齐。原理接线图绘制较简单，下面以安装接线图为例介绍二次接线基本要求及二次接线图的绘制方法。

二次回路的接线应符合下列要求。

（1）按图施工，接线正确。

（2）导线与电气元件间采用螺栓、插接、焊接或压接等方法连接，均应牢固可靠。

（3）盘、柜内的导线不应有接头，导线芯线应无损伤。

（4）电缆芯线和所配导线的端部均应标明其回路编号，编号应正确，字迹清晰且不易褪色。

（5）配线应整齐、清晰、美观，导线绝缘良好，无损伤。

（6）每个接线端子的每侧接线宜为 1 根，不得超过 2 根；对于插接式端子，不同截面的两根导线不得接在同一端子上；对于螺栓连接端子，当接两根导线时，中间应加平垫片。

（7）二次回路接地应设专用螺栓。

（8）盘、柜内的二次回路配线：电流回路应采用电压不低于 500V 的铜心绝缘导线，其截面不应小于 $2.5mm^2$；其他回路截面不应小于 $1.5mm^2$；对于电子元件回路、弱电回路采用锡焊连接时，在满足载流量和电压降及有足够机械强度的情况下，可采用不小于 $0.5mm^2$ 截面的绝缘导线。

为了在安装接线、检查故障等接线、查线过程中，不至于混淆，需对二次回路进行编号。表 6.2 和表 6.3 所示分别为直流回路和交流回路编号范围。交流电压、电流回路的编号前附上该点所属相别（A、B、C、N）。直流回路在每行主要压降元件左侧使用奇数号、右侧使用偶数号，后两位为 33 的回路为断路器跳闸回路专用，03 为合闸回路专用，安装、调试、检修时应特别注意。

表 6.2　直流回路编号范围

回路类别	保护回路	控制回路	励磁回路	信号及其他回路
编号范围	01～099 或 j1～799	1～599	601～699	701～999

表 6.3　交流回路编号范围

回路类别	控制保护及信号回路	电流回路	电压回路
编号范围	1～399	400～599	600～799

安装接线图一般应表示出各个项目（指元件、器件、部件、组件和成套设备等）的相对位置、项目代号、端子号、导线号、导线类型和导线截面等内容。

（1）二次设备的表示方法。由于二次设备是从属于某一次设备或电路的，而一次设备或电路又从属于某一成套装置，因此为避免混淆，所有二次设备都必须按 GB/T 5094.2—2003 标明其项目种类代号。电气图中的项目种类代号具体要求如下：

① 电气图中每个用图形符号表示的项目，应有能识别其项目种类和提供项目层次关系、实际位置等信息的项目代号。

② 项目代号可分为 4 个代号段，每个代号段应由前缀符号和字符组成，各代号段的名称及其前缀符号应符合下列规定：

第 1 段　　高层代号，其前缀符号为“=”；

第 2 段　　位置代号，其前缀符号为“+”；

第3段　　种类代号，其前缀符号为“–”；

第4段　　端子代号，其前缀符号为“:”。

每个代号段的字符可由拉丁字母或阿拉伯数字构成，或二者组合构成，字母应大写。可使用前缀符号将各代号段以适当方式进行组合。

③ 项目代号应以一个系统、成套装置的依次分解为基础。一个代号表示的项目应是前一个代号所表示项目的一部分。

例如，某高压线路的测量仪表，本身的种类代号为P。现有有功电能表、无功电能表和电流表，它们的代号分别为P1、P2、P3。而这些仪表又从属于某一线路，线路的种类代号为WL，因此对不同线路又要分别标为WL1、WL2、WL3等。假设此有功电能表P1属于线路WL3上使用的，则此有功电能表的项目种类代号应标为“+WL3–P1”。假设对整个变电所来说，线路WL3又是3号开关柜内的线路，而开关柜的种类代号为A，因此有功电能表P1的项目种类代号，可以更详尽地标为“=A3+WL3–P1”。

（2）接线端子的表示方法。屏（柜）外的导线或设备与屏上二次设备相连时，必须经过端子排。端子排是由专门的接线端子板组合而成。

端子排的一般形式如图6.11所示，最上面标出安装项目名称、端子排代号和安装项目代号。下面的端子在图上画为三格，中间一格注明端子排的序号，一侧列出屏内设备的代号及其端子代号，另一侧标明引至设备的代号和端子号或回路编号。端子排的文字代号为X，端子的前缀符号为“:”。若上述有功电能表P1有8个端子，则端子①应标为“=A3+WL3–P1:1”。

接线端子板分为普通端子、连接端子、试验端子和终端端子等形式。普通端子板用来连接由屏外引至屏上或由屏上引至盘外的导线；连接端子板有横向连接片，可与邻近端子板相连，用来连接有分支的二次回路导线；试验端子板用来在不断开二次回路的情况下，对仪表、继电器进行试验；终端端子板用来固定或分隔不同安装项目的端子排。

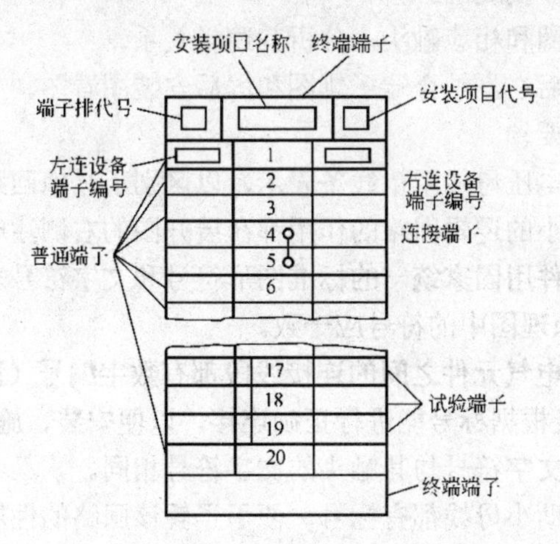

图6.11　端子排标志图例

（3）连接导线的表示方法。接线图中端子之间的连接导线有下面两种表示方法。

① 连续线是指表示两端子之间的连接导线的线条是连续的，如图6.12（a）所示。用

连续线表示的连接导线需要全线画出，连线多时显得过于复杂。

② 中断线是指表示两端子之间的连接导线的线条是中断的，如图 6.12（b）所示。在线条中断处必须标明导线的去向，即在接线端子出线处标明对方端子的代号，这种标号方法称为“相对标号法”。此法简明清晰，对安装接线和维护检修都很方便。

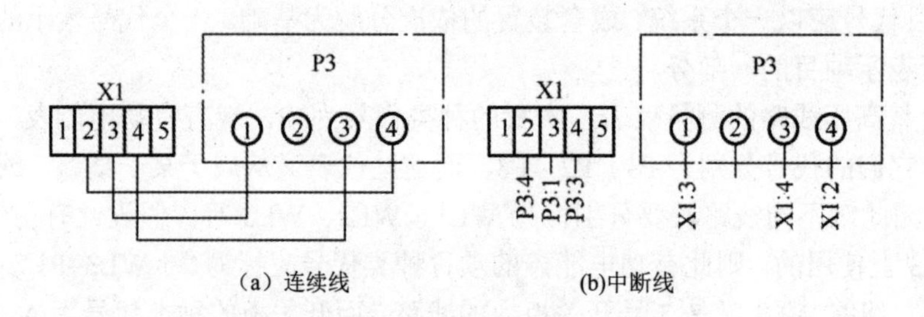

图 6.12　连接导线的表示方法

在用户供配电系统中，6～10kV 线路的二次接线比较简单，往往将控制、信号、保护和测量设备与一次接线装在同一台高压开关柜上，测量和继电保护装置根据实际需要设计。

图 6.13 是 10kV 电源进线 WL1 测量及保护屏二次回路安装接线图。为了阅读方便，另给出该高压线路二次回路的展开式原理接线图，如图 6.14 所示，供对照参考。

2. 二次回路图的阅读方法

二次回路图在绘制时遵循着一定的规律，看图时首先应清楚电路图的工作原理、功能及图样上所标符号代表的设备名称，然后看图样。

1）读图的基本要领

① 先交流，后直流。

② 交流看电源，直流找线圈。

③ 查找继电器的线圈和相应触头，分析其逻辑关系。

④ 先上后下，先左后右，结合端子排图和屏后安装图看图。

2）阅读展开图基本要领

① 直流母线或交流电压母线用粗线条表示，以区别于其他回路的联络线。

② 继电器和每一个小的逻辑回路的作用都在展开图的右侧注明。

③ 展开图中各元器件用国家统一的标准图形符号和文字符号表示，继电器和各种电气元件的文字符号与相应原理图中的符号应一致。

④ 继电器的触头和电气元件之间的连接线段都有数字编号（回路编号），便于了解该回路的用途和性质，以及根据标号能进行正确连接，以便安装、施工、运行和检修。

⑤ 同一个继电器的文字符号与其触头的文字符号相同。

⑥ 各种小母线和辅助小母线都有标号，便于了解该回路的性质。

⑦ 对于展开图中个别继电器，或该继电器的触头在另一张图中表示，或在其他安装单位中有表示时，都在图上说明去向，并用点画线将其框起来，对任何引进触头或回路也要说明来处。

⑧ 直流回路正极按奇数顺序标号，负极按偶数顺序编号。回路经过元件时其标号也随

之改变。

⑨ 常用的回路都有固定编号，如断路器的跳闸回路是 33，合闸回路是 3 等。

⑩ 交流回路的标号除用三位数外，前面还加注文字符号，交流电流回路使用的数字范围是 400～599，电压回路为 600～799，其中个位数字表示不同的回路，十位数字表示互感器的组数。回路使用的标号组要与互感器文字符号前的“数字序号”相对应。

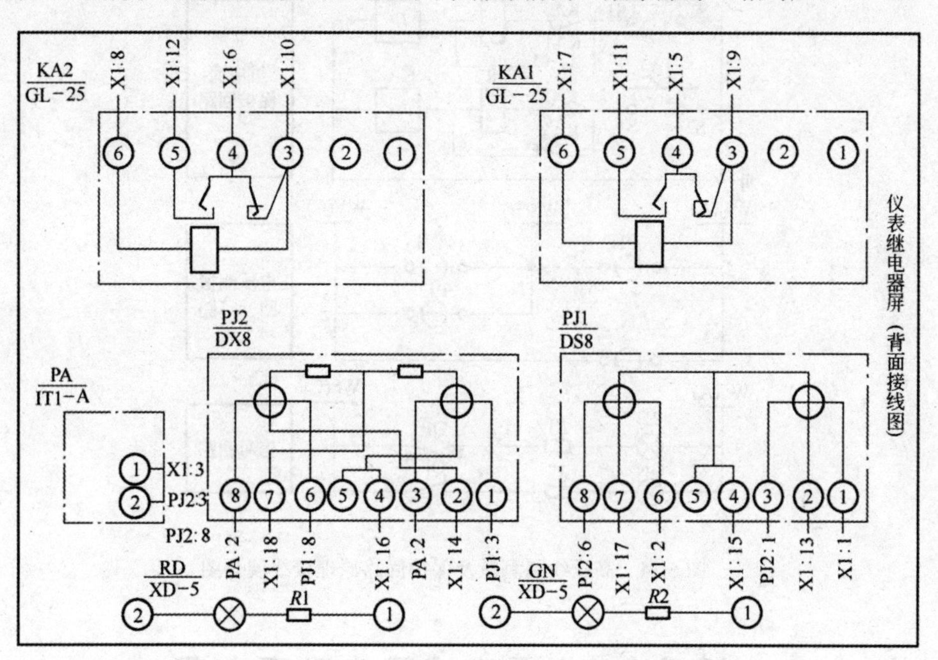

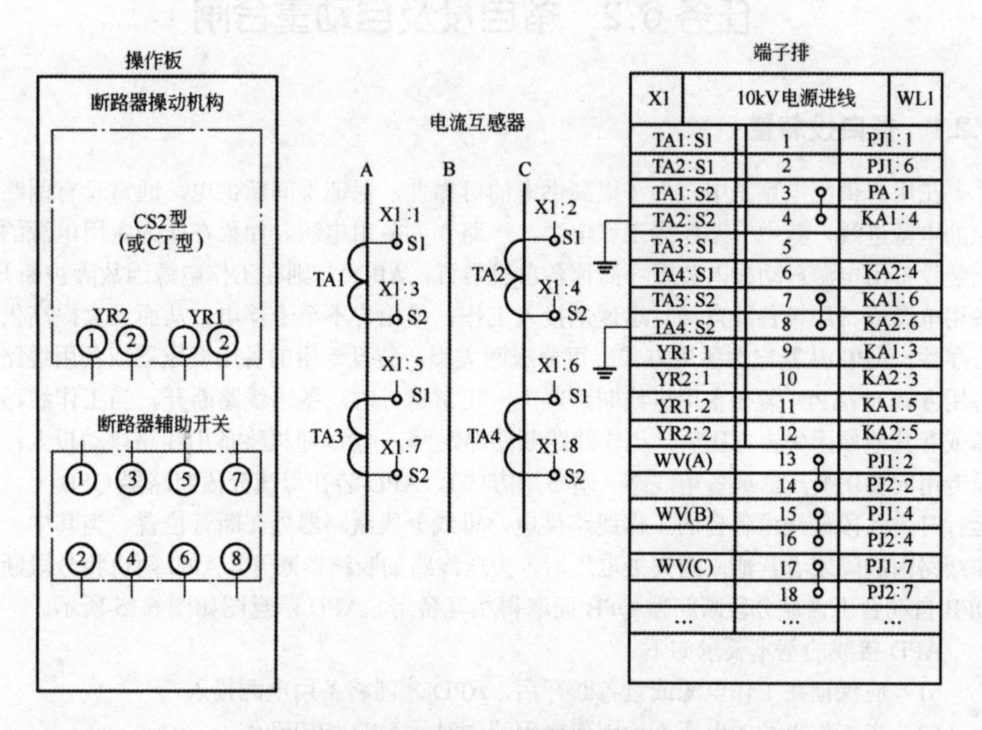

图 6.13　高压线路测量及保护回路安装接线图

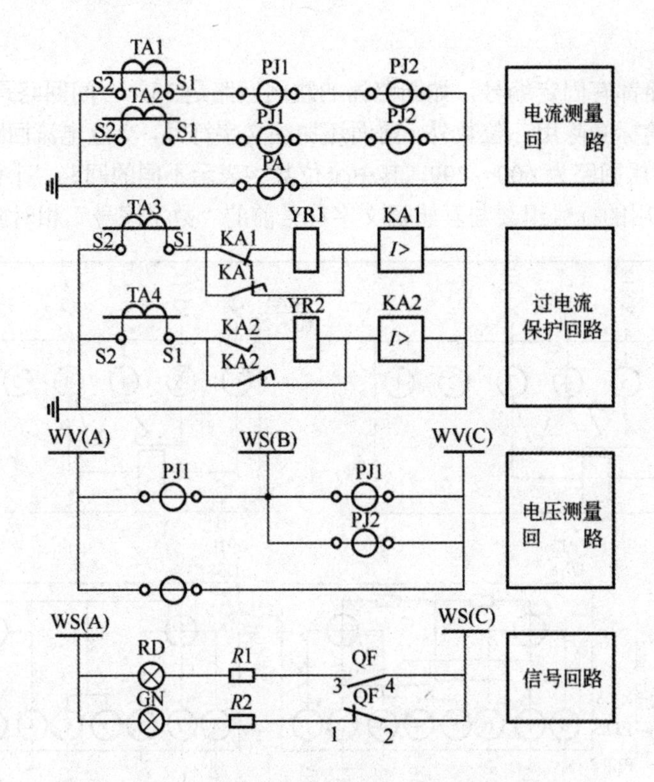

图 6.14　高压线路测量及保护回路原理接线展开图

任务 6.2　备自投及自动重合闸

6.2.1　备自投装置

在用户供配电系统中，为了提高供电的可靠性，保证不间断供电，通常设有两路及以上的电源进线，其中一路作为工作电源，一路作为备用电源。如果在作为备用电源的线路上装设备用电源自动投入装置（简称备自投装置，APD），则在工作电源因故障被断开后，备用电源或备用设备能自动且迅速地投入工作，使用户不至于停电，从而大大提高供电的可靠性。APD 从其电源备用方式上可分成两大类：装设专用的备用变压器或备用线路（明备用方式），APD 装在备用进线断路器上，正常运行时，备用线路断开，当工作线路因故障或者其他原因失去电压后，工作线路断路器跳闸，APD 随机将备用线路自动投入；不装设专用的备用变压器或备用线路（暗备用方式），APD 装在母线分段断路器 QFB 上，正常运行时，各段母线由各自的工作线路供电，母线分段断路器处在断开位置。当其中一条工作线路因故障或者其他原因失去电压后，失压线路的断路器断开，APD 随机将分段断路器 QFB 自动合上，靠分段断路器 QFB 而取得相互备用。APD 示意图如图 6.15 所示。

APD 接线的基本要求如下。

（1）应保证在工作电源或设备断开后，APD 才能将备用电源投入。

（2）当工作电源的电压不论因何原因消失时，APD 均应动作。

（3）应保证 APD 只动作一次，这是为了避免将备用电源多次投入到永久性故障元件上。

（4）APD 的动作时间应尽可能的短，以减小负荷的停电时间。运行实践证明，APD 装置的动作时间以 1～1.5s 为宜，低电压场合可减小到 0.5s。

（5）工作电源正常停电操作及工作电源、备用电源同时失去电压时，APD 不应动作，以防备用电源投入。

（6）电压互感器两侧熔断器熔断时，APD 不应误动作。

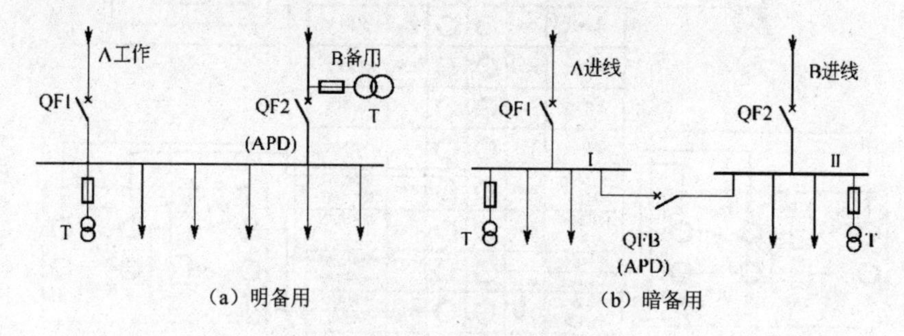

图 6.15　APD 示意图

实训 11　进线、母联备投及自适应投入实训

实训目标

1．了解进线备用电源自动投入原理及工作方式。

2．了解母联备用电源自动投入原理及工作方式。

3．掌握微机进线备用电源自动投入装置的使用方法。

实训说明

当工作电源故障断电后，备用电源自动投入装置迅速将备用电源投入工作，保证用户不停电。

本实训装置中，2#电源作为工作电源，1#作为备用电源。

实训步骤

1．进线备用电源自动投入

（1）按图 6.16 连接电路。

（2）设置电压值为 30V，时间定值为 2s。

（3）一次合上 QS1、QS3 QS5、 QS8、 QS9、QS10、 QS12、QS13、 QS14、 QS15；再按下 QF1、QF3、 QF5、QF6、QF8、QF9、 QF10、 QF11 的合闸按钮。

（4）合上 QF6，由工作电源供电。

（5）断开 QS8，模拟线路断电，观察 QF5、QF6 的动作情况。

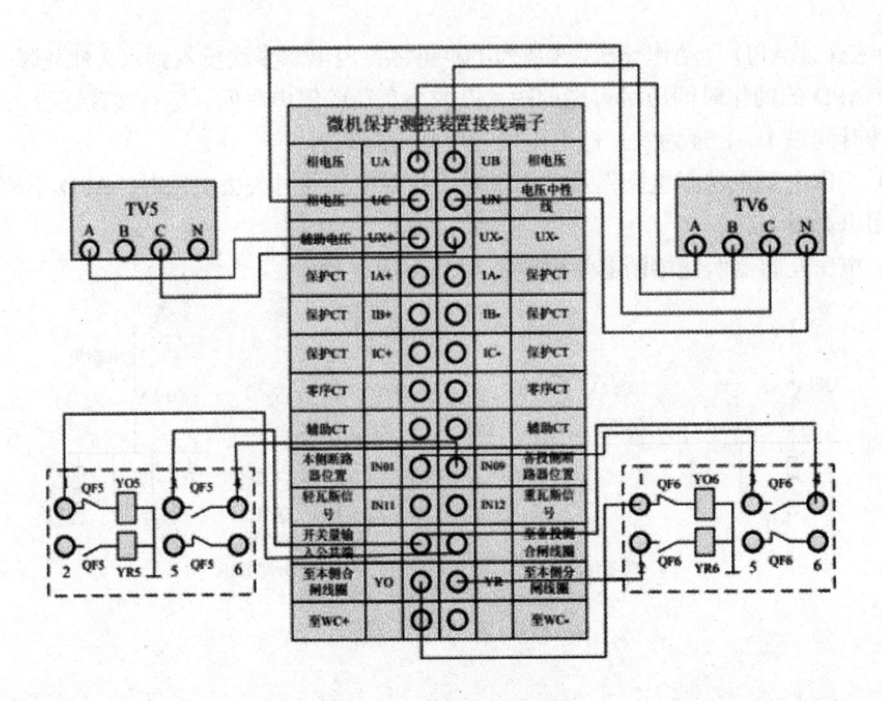

图 6.16　进线自动电源投入

2. 母联备用电源自动投入

（1）按图 6.17 连接电路。

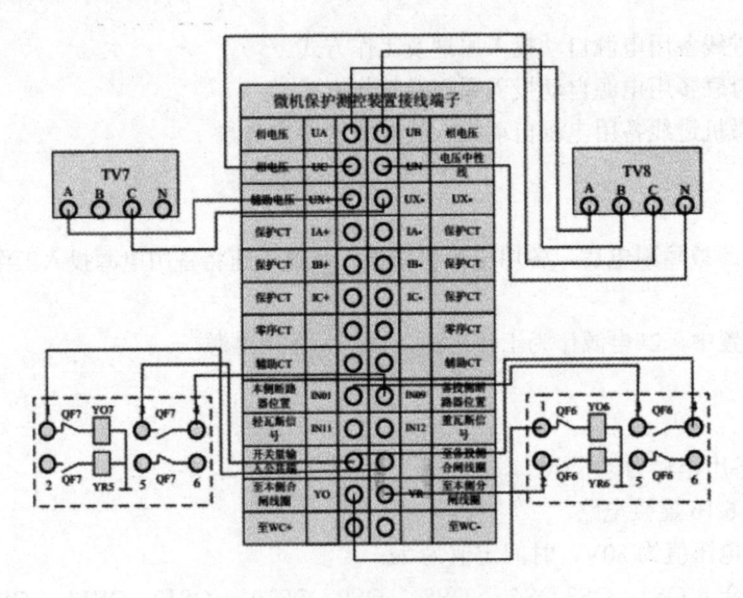

图 6.17　母联备用电源自动投入

（2）开启主电源和控制电源依次合上 QS1、QS3、QS5、QS8、QS9、QS10、QS12、QS13、QS14、QS15；再按下 QF1、QF3、QF5、QF6、 QF8、QF9、QF10、QF11 的合闸按钮。

（3）将 1#10kV 和 2#10kV 母线同时投入。

（4）断开 QS8，模拟 2#线路断电，观察 QF6 和 QF7 的动作情况。

6.2.2 自动重合闸装置

1. 概述

配电系统的架空线路是发生故障最多的元件，且故障大多属于瞬时性故障，可自行消除。当架空线路发生瞬时性故障时，继电保护动作使断路器跳闸，如采用自动重合闸装置（ARD），使断路器自动重新合闸，即可迅速恢复供电。当然架空线路也可能发生永久性故障，如线路绝缘子击穿，断线等，在线路断路器跳闸后，由 ARD 将断路器自动重合，因故障仍然存在，则要再借助于继电保护将断路器跳开，断路器将不再重合。ARD 本身所需设备少，投资不多，并可减少停电损失，提高供电的可靠性，因此，ARD 在用户供电系统中广泛应用。按照规程规定，电压在 1kV 及以上的架空线路和电缆与架空的混合线路，当线路上装设断路器时，一般均应装设 ARD，对变压器和母线，必要时亦可以装设 ARD。

自动重合闸按其不同特性有不同的分类，按动作原理分，有电气式和机械式；按作用于断路器的方式分，有三相 ARD、单相 ARD 和综合 ARD；按重合次数分，有一次重合式、二次重合式和三次重合式。用户供电系统采用的 ARD，一般是三相电气一次 ARD。因一次重合式 ARD 简单经济，而且能满足供电的可靠性的要求。

自动重合闸装置应满足下列的要求。

（1）用控制开关手动操作或通过遥控装置将断路器断开，或将断路器投于故障线路随即由继电保护装置动作将其断时，ARD 均不应动作。

（2）应采用控制开关位置与断路器位置不对应原理起动 ARD。

（3）在任何情况下，ARD 的动作次数应符合预先的规定。如一次重合闸只应该动作一次，当重合于永久性故障而再次跳闸之后，不允许再自动重合。

（4）ARD 动作以后应能自动复归，准备好下次动作。但对 10kV 及以下的线路，如经常有人值班，也可以采用手动复归方式。

（5）ARD 装置应与继电保护配合，以实现重合闸前加速保护或重合闸后加速保护，加速故障部分切除的时间。

2. 电气一次自动重合闸装置接线

图 6.18 为单电源线路三相一次自动重合闸装置的原理接线图。虚线框内是 ZCH-1 型重合闸继电器的内部接线。它包括时间继电器 KT、中间继电器 KM、信号灯 RD 及电阻、电容充放电电路等。R3、R4 是充电电阻，R6 为放电电阻，RD 是用来监视回路是否正常。

除 ZCH-1 型组合继电器外，ARD 还有 3 个中间继电器，即断路器跳闸位置继电器 2KM，断路器跳跃闭锁继电器 3KM 和加速继电保护动作继电器 4KM。

ARD 的动作情况如下。

（1）正常运行时，断路器处于合闸状态，控制开关 SA 被扳到“合闸后”位置，触点 SA21-23 接通，这时 ZCH-1 型继电器中的电容器 C 经 R4 充电，ARD 装置处于准备工作状态，信号灯 RD 亮。

（2）当线路发生瞬时性故障时，控制开关 SA 位置不变，继电保护动作使断路器跳闸，跳闸线圈的电流同时流过跳跃闭锁继电器 3KM，使 3KM 起动。断路器跳闸后，其辅助触点 QF2 打开，3KM 电流线圈失电，其触点又回到原来的位置。

断路器事故跳闸后，由于它的常闭辅助触点 QF1 闭合，使断路器跳闸位置继电器 2KM 接通，但因 R10 限流，合闸接触器 KO 不动作，2KM 的常开触点 2KM1 闭合，起动 ZCH-1 中的时间继电器 KT，经过预先整定的时间（约 0.7s）后延时触点 KT 闭合，使电容器 C 对中间继电器 KM 的电压线圈放电，KM 动作，其 4 对常开触点 KM1～KM4 都闭合，接通了合闸接触器 KO 线圈和信号继电器的电流线圈 KS 的串联回路，使断路器第一次重合。

断路器重合后，其辅助触点 QF1 断开，继电器 2KM、KM 及 KT 均返回，延时触点 KT1 断开后，电容器 C 又重新经 R4 充电，经 15s～25s 后才能充满，以准备下一次动作。

（3）当线路发生永久性故障时，一次重合闸不成功，继电保护装置第二次将断路器跳闸，此时虽然 KT 将再次起动，但因电容器 C 尚未充满电，不能使 KM 动作，因而保证了 ARD 只动作一次。

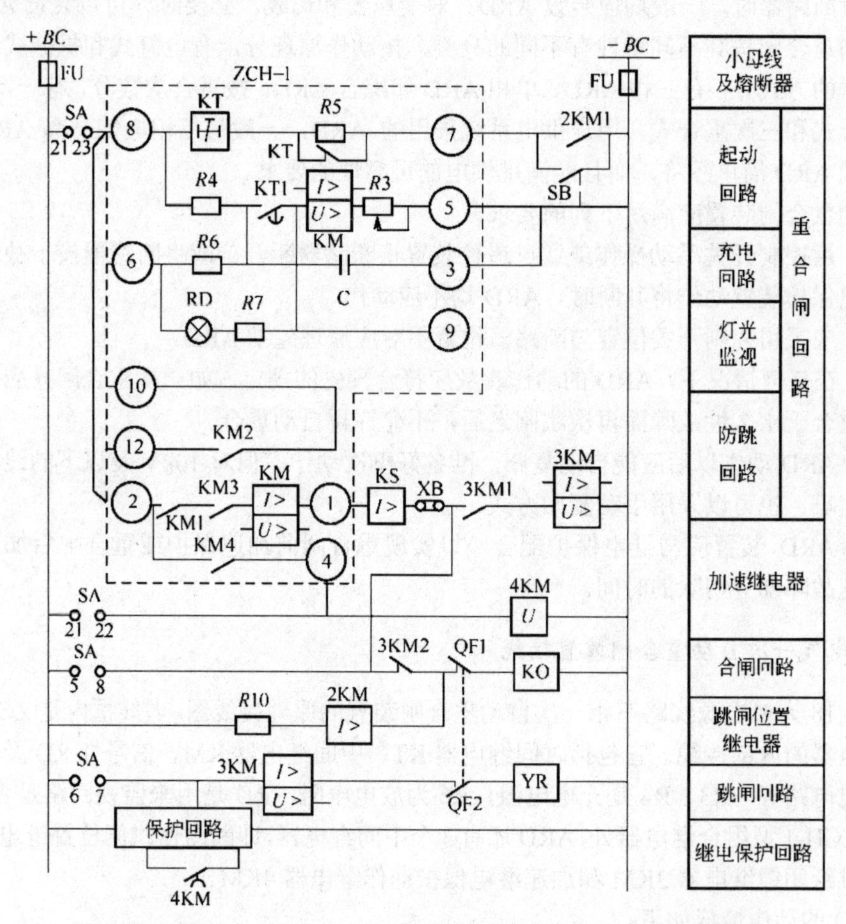

BC—控制小母线；SA—控制开关；ZCH-1—重合闸继电器；2KM—跳闸位置继电器；
3KM—跳跃闭锁继电器；4KM—后加速继电器；KO—合闸接触器；YR—跳闸线圈。

图 6.18　单电源线路三相一次自动重合闸接线图

（4）用控制开关 SA 手动跳闸时，就将 SA 扳到“跳闸”位置，触点 SA6-7 接通，使跳闸回路通电，断路器跳闸。同时，触点 SA21-23 断开，切断了这种起动回路，避免了断路器重合。

（5）用控制开关 SA 手动合闸时，就将 SA 扳到“预备合闸”位置，情况正常后，可再扳到“合闸”位置。触点 SA5-8、SA21-23 接通，合闸接触器 KO 动作合闸，电容器 C 也开始充电。如果线路上存在永久性故障，则断路器又很快地被继电保护回路跳开，电容器 C 来不及充电到使 KM（U）动作所必需的电压，故断路器不能重新合闸，满足对装置的基本要求。

加速继电器 4KM 接于 SA21-22 和 ZCH-1 的出口端子④上，当手动合闸把控制开关置于“预备合闸”位置时，SA21-22 便接通，保证手动合闸于永久性故障时断路器能迅速动作，无延时地断开故障部分。如果断路器是由于自动重合闸于永久性故障时，电源通过 SA21-23、KM4 和 ZCH-1 的出口端子④，也使加速继电器 4KM（U）无延时地动作，切除故障部分。

3. ARD 与继电保护的配合方式

ARD 与继电保护的配合方式有两种，即后加速保护与前加速保护，如图 6.19 所示。

图 6.19（a）所示为后加速保护，其构成原理如下。

（1）利用线路上设置的保护装置按照整定的动作时限切除故障部分。

（2）相应的 ARD 动作，使断路器重合一次。

（3）如为瞬时性故障，重合成功；如为永久性故障，则可实现无延时的第二次跳闸（即重合闸后加速了保护动作）。

图 6.19（b）所示为前加速保护方式，其构成原理如下。

（1）不管哪一段线路发生故障，均由装设于首端的保护动作，瞬时切断全部供电线路（即重合闸前加速了保护动作）。

（2）首段装设有 ARD，切断后立即重合。

（3）如为瞬时性故障，则重合成功，如为永久性故障，则由各级线路 l_1、l_2、l_3 按其保护装置整定的动作时限有选择地切除故障部分。

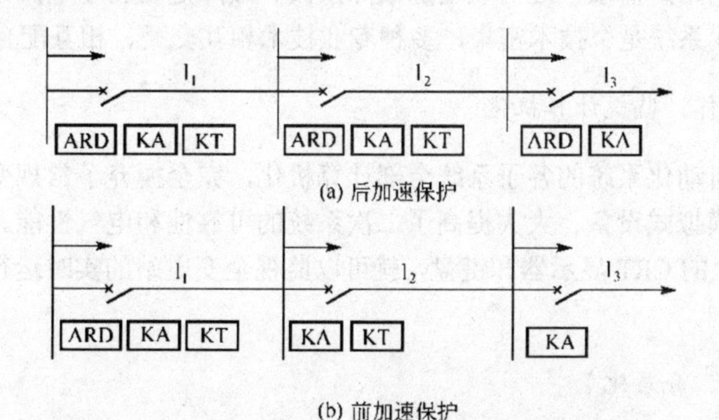

图 6.19　ARD 装置与继电保护的配合方式

后加速保护能快速的切除永久性故障部分，但每段线路都需装设 ARD，使用设备多；前加速保护使用 ARD 设备少，且能瞬时切除故障部分，但重合不成功会扩大事故范围。对于不超过3个电压等级的用户供电系统架空线路ARD常采用前加速保护，以减少使用设备。

任务 6.3　变电站自动化

6.3.1　概述

变电站自动化是应用控制技术、信息处理技术和通信技术，通过计算机系统或自动装置，代替人工进行各种运行作业，提高变电站运行管理水平。变电站自动化包括综合自动化技术、远动技术、继电保护技术及变电站其他智能技术等多种技术。

变电站综合自动化是将变电站二次回路设备（包括控制、信号、测量、保护、自动及远动装置等）利用计算机技术和现代通信技术，经过功能组合和优化设计，对变电站执行自动监视、测量、控制和调节的一种综合性自动化系统。它可以收集比较齐全的数据和信息，有计算机的高速运行能力和判断功能，可以方便地监视和控制变电站内各种设备的运行和操作。它是变电站的一种现代化技术装备，是自动化和计算机、通信技术在变电站中的综合应用。它具有不同程度的功能综合化，设备及操作、监视计算机化，结构分布分层化，通信网络光缆化及运行管理智能化等特征。变电站综合自动化为变电站的小型化、智能化、扩大监控范围及变电站安全、可靠、优质、经济地运行，提供了现代化手段和基础保证。它的应用将为变电站无人值班，提供有力的现场数据采集和监控支持，在此基础上可实现高水平的无人值班变电站的运行管理。

变电站综合自动化的特点如下。

1. 功能综合化

变电站综合自动化系统综合了变电站内除了交、直流电源以外的全部二次设备的功能。它以计算机保护和监控系统为主体，加上变电站其他智能设备，构成功能综合化的变电站自动化系统。根据用户需求，还可以增加故障录波、故障定位和小电流接地选线等功能。变电站综合自动化系统是个技术密集，多种专业技术相互交叉、相互配合的系统。

2. 设备及操作、监视计算机化

变电站综合自动化系统的各子系统全部计算机化，完全摒弃了常规变电站中的各种机电式、机械式、模拟式设备、大大提高了二次系统的可靠性和电气性能。不论是否有人值班，通过计算机上的 CRT 显示器和键盘，就可以监视全变电站的实时运行情况和对各开关设备进行操作控制。

3. 结构分布、分层化

变电站综合自动化系统是一个分布式系统，其中计算机保护、数据采集和控制及其他智能设备等子系统都是按分布式结构设计的，一个综合自动化系统可以有十几个甚至几十

个微处理器同时并行工作，实现各种功能。这样一个由庞大的CPU群构成的综合系统用以实现变电站自动化的所有综合功能。另外按变电站的物理位置和各子系统的不同功能，其综合自动化系统的总体结构又按IEC标准分为两层，即变电站层和间隔层，由此可构成分散（层）分布式综合自动化系统。

4. 通信局域网络化、光缆化

从而使变电站综合自动化系统具有较高的抗电磁干扰的能力，能实现数据的高速传输，满足实时要求，组态更灵活，可靠性也大大提高，而且大大简化了常规变电站繁杂量大的各种电缆。

5. 运行管理智能化

智能化的含义不仅是能实现自动化功能，如自动报警、报表生成、无功调节、小电流接地选线、故障录波、事故判别与处理等以外，智能化还表现为能实现故障分析和故障恢复操作智能化，而且能实现自动化系统本身的故障自诊断、自闭锁和自恢复功能，并实时地将其送往调度（控制）中心。此外，用户可以根据运行管理的要求对其不断扩展和完善。

总之，变电站实现综合自动化可以全面的提高变电站的技术水平和运行管理水平，使其能适应现代化大电力系统运营的需要。

6.3.2　变电所微机保护

微机保护包括线路保护、变压器保护、馈出线保护、母线保护、电容器保护、备用电源自动投入装置及接地选线装置等，变压器及高压线路则包括主保护和后备保护。作为综合自动化重要环节的计算机保护应具有以下功能。

（1）故障记录报告（分辨率2ms），且掉电保持。

（2）时钟校时（中断或广播方式或其他方式）。

（3）存储多套整定值，并能显示整定值和当地修改整定值。

（4）实时显示保护状态（功能投入情况及输入量等）。

（5）与监控系统通信，主动上传故障信息、动作信息、动作值及自诊断信息，接受监控系统选择保护类型和修改保护整定值的命令等，与监控系统通信应采用标准规约。

微机保护具有精度高，灵活性大，可靠性高，调试、维护方便，易获取附加功能，易于实现综合自动化等特点。

项目 7 防雷接地与电气安全

任务 7.1 防雷接地

1. 过电压

过电压是指在电力线路或电气设备上出现的超过正常工作电压要求的电压。在供电系统中，由于过电压使绝缘破坏是造成系统故障的主要原因之一。按过电压产生的原因不同，可分为内部过电压和外部过电压。

1）内部过电压

内部过电压是由于电力系统本身的开关操作、发生故障或其他原因，使系统的工作状态突然改变，从而在系统内部出现电磁能量转换、振荡而引起的过电压。因为其能量来源于系统内部，所以称为内部过电压。内部过电压可分为如下 3 种。

（1）操作过电压。操作过电压是由于电力系统本身的开关操作引起的过电压。如切断空载线路或空载变压器引起的过电压。空载线路属于容性负荷，在断路器切断容性负荷时，其触头间可能发生电弧重燃，从而引发强烈的电磁振荡，产生过电压。空载变压器属于感性负荷，在断路器切断其励磁电流后，电感中的磁场能转化为电场能，从而产生过电压。

（2）谐振过电压。谐振过电压是由于系统中的电路参数（R、L、C）在不利的组合下发生谐振而引起的过电压。如电压互感器本身的非线性谐振，电力变压器铁芯饱和而引起的铁磁谐振等均可引起谐振过电压。

（3）电弧接地过电压。中性点不接地系统发生单相电弧接地时，由于系统中存在电感和电容，可能引起线路局部谐振，使接地电弧交替熄灭与重燃，从而产生过电压。

运行经验表明，内部过电压一般不会超过系统正常运行时相对地额定电压的 3～4 倍，最大为额定电压的 6 倍。只要在选择电气设备时对绝缘强度合理考虑，并在运行中定期检查，排除绝缘薄弱点，内部过电压对电力线路及电气设备的威胁不是很大。

2）外部过电压

外部过电压是指供电系统的电气设备、线路和地面建（构）筑物遭受直接雷击或雷电感应而引起的过电压，由于其能量来源于系统外部，所以称为外部过电压。外部过电压是

由雷击引起的，所以又叫雷击过电压或大气过电压。雷击过电压产生的雷电冲击波，其电压幅值可达数十万伏，甚至数兆伏，其电流幅值可高达几十万安，因此对供电系统的危害极大，必须采取一定的措施加以防护。

雷击过电压有以下两种基本形式。

（1）直接雷击过电压。直接雷击过电压是由于带有电荷的雷云直接对电气设备、线路和地面建（构）筑物放电而引起的过电压。当强大的雷电流通过这些物体导入大地时，产生破坏性极大的热效应和机械效应，同时还伴有电磁效应和闪络放电，这称为直接雷击或直击雷。

（2）雷电感应过电压。它是雷电未直接击中电力系统中的任何部分，而由雷击对设备、线路或其他物体的静电感应或电磁感应所产生的过电压。这种雷电过电压称为感应雷或雷电感应。

雷击过电压的形式除了上述直击雷和感应雷，还有一种是沿着架空线路侵入变配电所的高电位雷击波，称为雷电波侵入。据统计，由于雷电波侵入而造成的雷害事故占总雷害事故的 50%以上，因此对雷电波侵入的防护应予以足够的重视。

2. 雷电的预防

1）雷电的形成

由前所述，大气过电压是由雷云放电形成的，雷云又是如何产生的呢？在雷雨季节里，太阳将地面一部分水蒸发成蒸汽并向上升起，上升的蒸汽遇到冷空气，凝成水滴就形成积云。这些水滴，受空中强烈气流的吹袭，分裂为一些小水滴和较大些的水滴，大、小水滴在气流的吹袭下产生摩擦和碰撞，形成带正、负不同电荷的雷云。当带电的雷云接近地面时，由于静电感应，大地相应地感应出正电荷或负电荷，使大地与雷云之间形成了一个巨大的电容器。当雷云电荷聚集中心的电场达到足够强时，雷云就击穿周围的空气形成导电通道，电荷沿着这个导电通道向大地发展，称之为雷电先导。地面电荷在雷云的感应下，电荷也大量聚集在地面的突出物（如高楼）上形成迎雷先导。当雷电先导和迎雷先导一旦接近，就会产生放电形成导电通道，雷电中的大量密集的电荷迅速地通过这个导电通道与大地中的电荷中和，形成了极大的电流，这就是雷电现象。

2）雷电的危害

雷电的破坏作用主要是雷电流引起的。它的危害基本可以分成两种类型：一是雷直接击在建筑物上发生的热效应作用和电动力作用；二是雷电的二次作用，即雷电流产生的静电感应作用和电磁感应作用。

雷电流的热效应主要表现在雷电流通过导体时产生大量的热能，可能烧断导线，烧毁设备，引起火灾或爆炸。

雷电流的机械力作用能使被击物破坏，击毁杆塔和建筑物。这是由于被击物缝隙中的气体在雷电流的作用下剧烈膨胀、水分急剧蒸发而引起被击物爆裂。

雷电流的电磁效应和静电感应会产生过电压，击穿电气设备的绝缘，甚至引起火灾和爆炸，造成人身伤亡事故。

雷电的闪络放电还会引起绝缘子烧坏、开关跳闸或引起火灾等。

3）防雷设备

供电系统采用的防雷设备有：避雷针、避雷线、保护间隙及各种避雷器等。

（1）避雷针。避雷针的功能实质上是引雷作用，它能对雷电场产生一个附加电场（由雷云对避雷针产生静电感应引起的）使雷电场畸变，而将雷云的放电通道吸引到避雷针本身，由避雷针及与它相连的引下线和接地体将雷电流安全导入大地，使附近建筑物和设备免受直接雷击，所以就其作用原理来说，避雷针应称为“引雷针”比较贴切。

避雷针由接闪器、支持构架、引下线和接地体 4 部分组成。接闪器是指避雷针顶端的镀锌圆钢或镀锌钢管，是专门用来接受雷云闪络放电的装置。避雷针采用长 1～2m 的直径大于 20 mm 的圆钢或直径大于 25 mm 的钢管。支持构架是将接闪器装设于一定高度上的支持物。在变电所或易爆的厂房，应采用独立支持构架；对一般厂房、烟囱等，避雷针可直接装设于保护物上。引下线是接闪器和接地体之间的连线，用来将接闪器上的雷电流安全引入接地体。引下线一般采用经防腐处理的 8mm 以上圆钢或截面大于 12mm×4mm 的扁钢，并应沿最短路径下地，每隔 1.5m 左右加以固定，以防损坏。接地体又称接地装置，是埋入地下土壤中接地极的总称，用来将雷电流泄入大地。接地体常用多根长 2.5m，50mm×50mm×5mm 的角钢打入地下。避雷针的保护范围，以它能保护直击雷的空间来表示。其大小与避雷针的高度有关。保护范围可以用模拟试验和根据运行经验来确定。由于雷电的路径受很多偶然因素的影响，因此要保证被保护物的绝对不受直接雷击是不现实的，一般保护范围是指具有 0.1%左右雷击概率的空间范围而言。

（2）避雷线的功能和原理与避雷针相同。避雷线架设在架空线的上面，以保护架空线和其他物体免遭直接雷击。由于避雷线既是架空，又需接地，因此它又称为架空地线。避雷线一般采用截面小于 $35mm^2$ 的镀锌钢铰线。

避雷线保护范围的长度与其本身的长度相同，但两端各有一个受到保护的半个圆锥体空间，沿线一侧保护宽度要比单避雷针的保护半径小一些，这是因为它的引雷空间要比同样高度的避雷针小。

4）变配电所的防雷措施

（1）对直击雷的防护措施。装设避雷针或避雷线对直击雷进行防护，使变配电所中需要保护的设备和设施均处于其保护范围之中。我国大部分变配电所采用避雷针。

避雷针按安装方式分为独立避雷针和构架避雷针。独立避雷针具有专用的支座和接地装置；构架避雷针装设在配电装置的构架上。一般 35kV 及以下配电装置采用独立避雷针，110kV 及以上则采用构架避雷针。

独立避雷针受雷击时，在接闪器、引下线和接地体上都将产生很高的电位，如果避雷针与附近设施的距离较近，它们之间便会产生放电现象，这种情况称为“反击”。“反击”可能引起电气设备的绝缘破坏，为防止“反击”，必须使避雷针和附近金属导体间有一定的距离，从而使绝缘介质的闪络电压大于反击电压。

（2）对线路侵入雷电波的防护。当雷击于线路时，沿线路就有雷电冲击波流动，从而

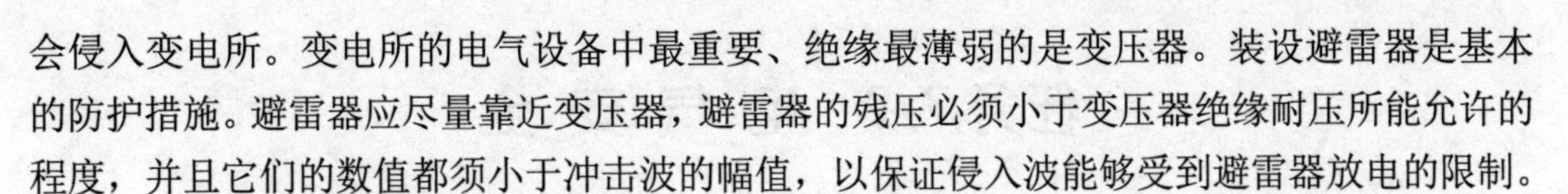

会侵入变电所。变电所的电气设备中最重要、绝缘最薄弱的是变压器。装设避雷器是基本的防护措施。避雷器应尽量靠近变压器，避雷器的残压必须小于变压器绝缘耐压所能允许的程度，并且它们的数值都须小于冲击波的幅值，以保证侵入波能够受到避雷器放电的限制。

5）架空线路的防雷措施

用户供电系统的架空线路的电压等级一般为 35kV 及以下，属中性点不接地系统，当雷击杆顶使一相导线放电时，工频接地电流很小，不会引起线路的跳闸。且对于重要负荷可采用双电源供电和自动重合闸装置，可减轻雷害事故的影响。根据以上特点，对 35kV 线路常采用以下防雷措施。

（1）架设避雷线。这是防雷的有效措施，但造价高，因此在 35kV 及以下线路上仅在进出变电所的一段线路上架设避雷线。

（2）装设自动重合闸装置。线路因雷击放电而产生的短路是由电弧引起的，在断路器跳闸后，电弧自行熄灭，短路故障消失。采用自动重合闸装置，使断路器经过一定时间后自动重合，即可恢复供电。

（3）提高线路的绝缘水平，在架空线路上，可采用木横担、瓷横担或高一级的绝缘子，以提高线路的防雷水平。

（4）利用三角形排列的顶线兼作防雷保护线。由于 3~10kV 线路通常是中性点不接地的，因此在三角形排列的顶线绝缘子上装以保护间隙，如图 7.1 所示。当雷击顶线时，间隙击穿，对地泄放雷电流，从而保护了下面的两根导线，也不会引起线路断路器跳闸。

（5）装设避雷器和保护间隙。对架空线路上个别绝缘薄弱的地点，如跨越杆、转角杆等处，可装设管式避雷器或保护间隙。

（6）采用电缆供电。而对于 6～0kV 架空线路，一般比 35kV 线路高度低，不需装设避雷线，防雷方式可利用钢筋混凝土杆的自然接地，必要时可采用双电源供电和自动重合闸。

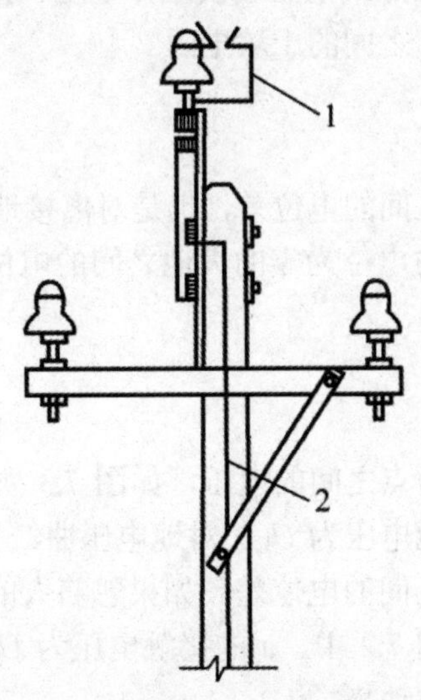

1—保护间隙；2—接地线。

图 7.1　顶线绝缘子附有保护间隙

任务7.2 电 气 安 全

7.2.1 接地装置的认识

1. 接地的定义及接地的目的

电力系统和电气装置的中性点、电气设备的外露导电部分和装置外导电部分经由导体与大地相连，称为“接地”。

接地的目的是使人可能接触到的导电部分的电位降低到接近地电位，这样当发生电气故障时，即使这些导电部分带电，因其电位与人体所站立处的大地电位基本接近，故可以减少电击危险；同时电力系统接地后还可以稳定运行。

接地体：埋入地中并直接与大地接触的金属导体，分为自然接地体和人工接地体。

接地线：电气设备与接地体连接的导线。

接地装置：接地线和接地体的总称。

2. 接地电流和接地短路电流

接地电流：从接地点流入地下的电流。

接地短路电流：系统单相接地可能导致系统发生短路的接地电流，如 0.4kV 系统中的单相接地短路电流。在高压系统中，接地短路电流可能很大，接地电流 500A 及以下的称为小接地短路电流系统；接地短路电流大于 500A 的称为大接地短路电流系统。

3. 接地电阻

接地装置的接地电阻包括接点线电阻、接地体电阻、接地体和土壤之间的接触电阻，以及接地体与零电位点（大地）之间的土壤电阻。

4. 对地电压

对地电压即带电体与大地之间的电位差，也是对离接地体 20m 以外的大地而言的。简单地说，对地电压就是带电体与电位为零的大地之间的电位差。显然，对地电压等于接地电流和接地电阻的乘积。

5. 接触电压

接触电压是指加于人体某两点之间的电压，如图 7.3 所示。当设备漏电，电流 I_E 自接地体流入地下时，漏电设备对地电压为 U_E，对地电压曲线呈双曲线形状。a 触及漏电设备外壳，其接触电压即为手与脚之间的电位差。如果忽略人的双脚下面土壤的流散电阻，则接触电压与接触电动势相等。图 7.2 中，a 的接触电压为 U_C，如果不忽略脚下土壤的流散电阻，则接触电压将低于接触电动势。

6. 跨步电压

在接地故障点附近行走时，两脚之间出现的电位差，越靠近接地故障点或跨步越大，跨步电压越大。离接地故障点达 20m 时，跨步电压为零，如图 7.3 所示。

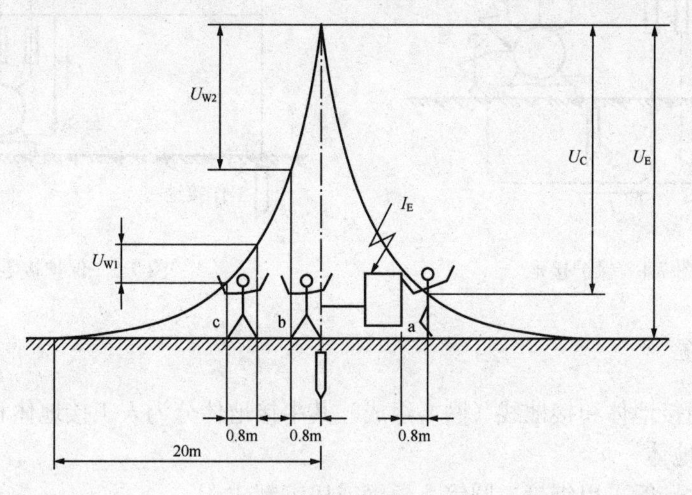

图 7.2　接触电压

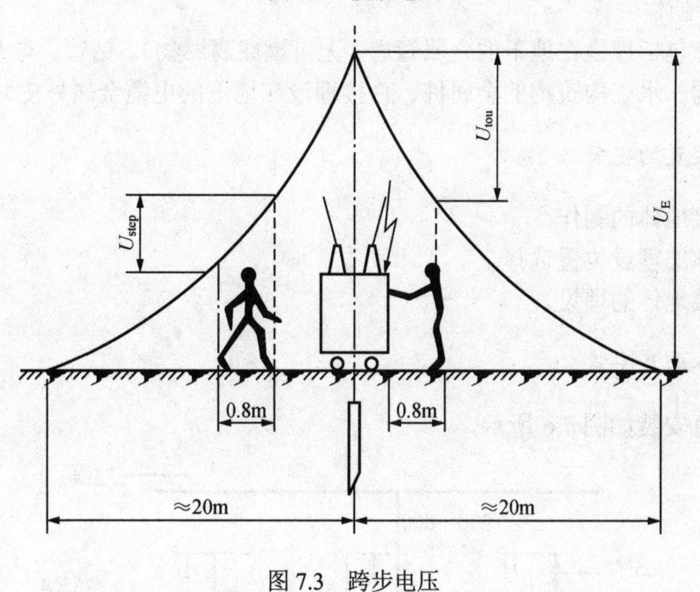

图 7.3　跨步电压

7. 保护接地

保护接地是一种技术上的安全措施，它是把故障情况下可能呈现危险电压的金属部分与大地紧密连接，如图 7.4 所示。

8. 保护接零

保护接零是一种技术上的安全措施，它是把故障情况下可能呈现危险电压的金属部分与保护中性线紧密连接，如图 7.5 所示。

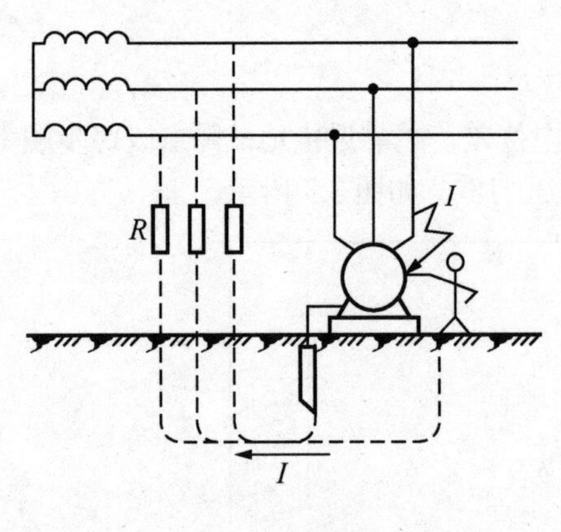

图 7.4　保护接地

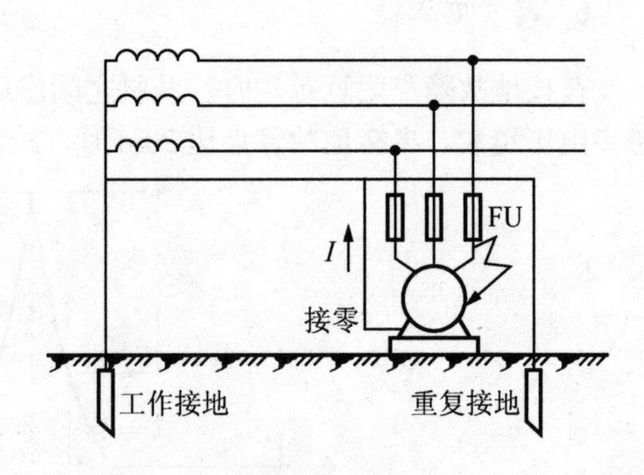

图 7.5　保护接零

9. 接地装置

接地装置由接地体和接地线（网）组成，其中接地体分为人工接地体和自然接地体。

1）人工接地体

人工接地体一般采用钢管、圆钢、角钢或扁钢制成。

2）自然接地体

自然接地体包括埋设在地下的金属管道（无可燃或易燃物）、钻管、与大地连接可靠的建筑物金属结构、水工构筑物的金属桩、直接埋设在地下的电缆金属外皮。

10. 接地装置的安装

（1）人工接地体的制作。

（2）接地体的埋设位置选择。

（3）人工接地体的埋设。

11. 接地体垂直安装

接地体垂直安装如图 7.6 所示。

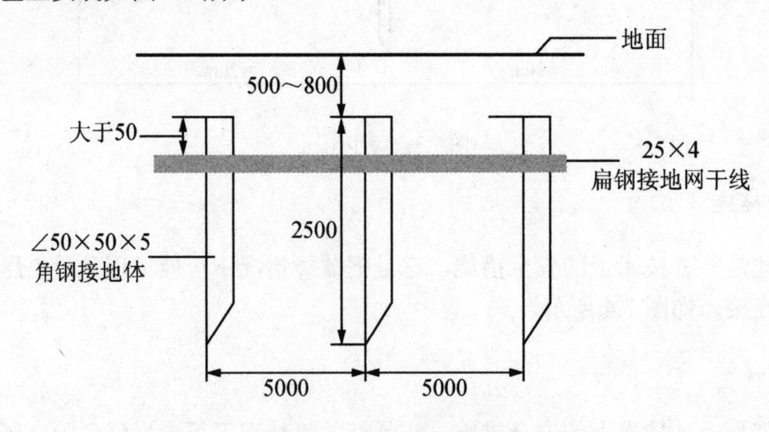

图 7.6　接地体垂直安装

12. 接地体水平安装

接地体水平安装如图 7.7 所示。

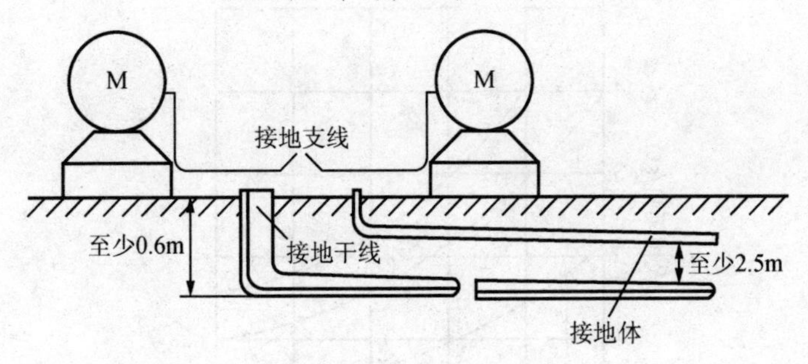

图 7.7 接地体水平安装

13. 人工接地体的连接

人工接地体的连接如图 7.8 所示。

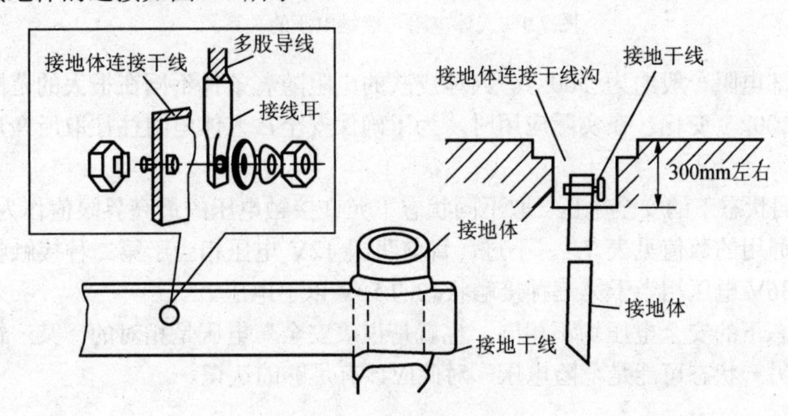

图 7.8 人工接地体的连接

7.2.2 电气安全

1. 安全用电

（1）安全用电是指在保证人身及设备安全的前提下，正确使用电能以及为此而采取的科学措施和手段。

（2）安全用电既是科学知识，又是专业技术，还是一种制度。作为科学知识，应该向一切用电人员宣传；作为专业技术，应该被全体电气工作人员掌握；作为管理制度，应该引起有关部门、单位和个人重视并严格遵照执行。

1）安全电压

人体触及带电体时，所承受到的电压称为接触电压。所谓安全电压，就是对人体不产生严重反应的接触电压。它等于通过人体的安全电流（mA）与人体电阻（k ）的乘积。

（1）人体电阻。人体的电阻值变化范围很大，可因皮肤表面的干湿程度不同而呈现不同的阻值，甚至人体的精神状态不同，其阻值也会发生变化。人体电阻值还具有非线性的特征，当接触电压升高时，阻值会明显降低，如图 7.9 所示。

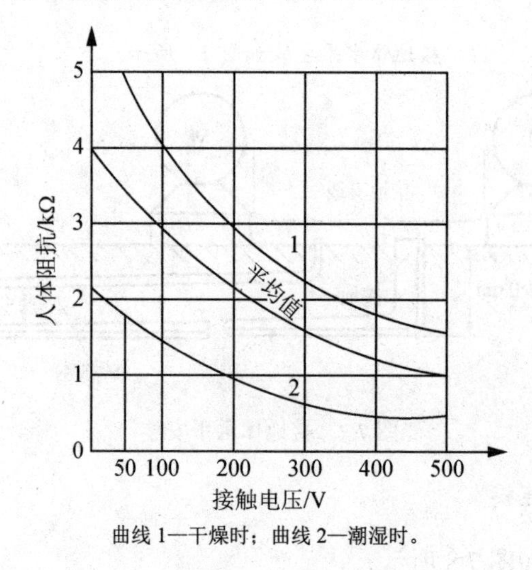

曲线 1—干燥时；曲线 2—潮湿时。

图 7.9　人体电阻与接触电压的关系

人体内部电阻一般约为 500　。人体皮肤的电阻随着条件不同在很大的范围内变化，一般在 1～100k　变化。在实际应用时，为了确保安全，人体电阻往往取所在环境条件下的最小值。

（2）不同状态下的安全电压。取不同状态下允许接触电压的最高界限值作为安全电压。国际上目前通用的数值见表 7.1。不过，目前我国 12V 电压相当于第二种接触状态的 25V 以下电压，36V 电压相当于第三种接触状态的 50V 以下电压。

不同状态下的安全电压均不相同，也就是说“安全”电压是相对的，某一情况下的安全电压，在另一状态可能是危险电压，对此应该有足够的认识。

表 7.1　各种接触状态和安全电压

类别	接触状态	安全电压
第一种	人体大部分浸于水中的状态	2.5V 以下
第二种	人体显著淋湿状态或人体一部分经常接触到电气装置的金属外壳或构造物的状态	25V 以下
第三种	除第一、二种以外的情况，对人体加有接触电压后，危险性高的状态	50V 以下

2）安全净距

（1）室内配电装置。一般室内配电装置的最小安全净距见表 7.2，其校验如图 7.10 所示。

各种室内低压线路与工业管道、设备间的距离应符合表 7.3 的要求。室内安装的变压器，其外廓与变压器室四壁间的最小距离应不小于表 7.4 的数值。

（2）室外配电装置。室外配电装置的最小安全净距见表 7.5，其校验如图 7.11 所示。室外安装的变压器，外廓之间的距离一般不小于 1.5m，外廓与围栏或建筑物的间距不小于 0.8m，室外配电箱底部离地面的高度一般为 1.3m。

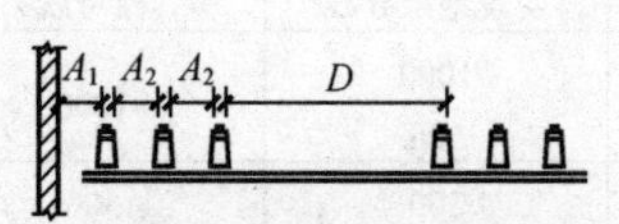

（a）带电部分至接地部分、不同相的带电部分之间和不同时停电检修的无遮挡裸导体之间的水平净距

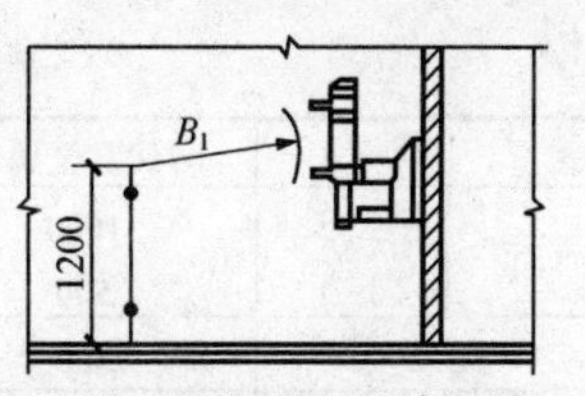

（b）带电部分至栅状遮栏的净距

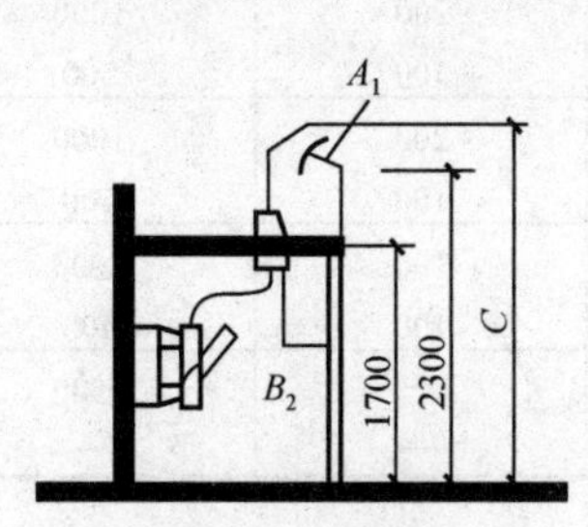

（c）带电部分至网状遮栏和无遮挡裸导体至地（楼）面的净距

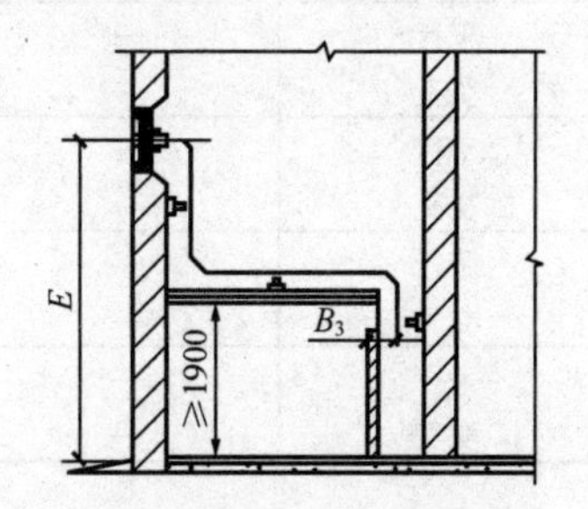

（d）带电部分至板状遮栏和出线套管至屋外通道的路面的净距

图 7.10　室内配电装置最小安全净距校验图

表 7.2　室内配电装置的最小安全净距　（单位：mm）

项次	类别	额定电压/kV									
		0.4	1～3	6	10	15	20	35	60	110J	110
1	带电部分至接地部分（A_1）	20	75	100	125	150	180	300	550	850	950
2	不同相的带电部分之间（A_2）	20	75	100	125	150	180	300	550	900	1000
3	带电部分至栅状遮栏（B_1）	800	825	850	875	900	930	1050	1300	1600	1700
4	带电部分至网状遮栏（B_2）	100	175	200	225	250	280	400	650	950	1050
5	带电部分至板状遮栏（B_3）	—	105	130	155	—	—	330	580	—	980
6	无遮挡裸导体至地（楼）面（C）	50	105	130	155	180	210	330	580	880	980
7	不同时停电检修的无遮挡裸导体之间的水平净距（D）	2300	2375	2400	2425	2450	2480	2600	2850	3150	3250
8	出线套管至屋外通道的路面（E）	3650	4000	4000	4000	4000	4000	4000	4500	5000	5000

注：（1）110J 指中性点直接接地电网，下同。

（2）海拔超过 1000m 时，本表所列 A 值按每升高 100m 增大 1%进行修正，B、C、D 值应分别增加 A1 值的修正差值。

表 7.3　室内低压线路与工业管道、工艺设备间的最小距离　（单位：mm）

布线方式		导线穿金属管	明设绝缘导线	裸母线	配电设备
煤气管道	平行	100	500	1000	1500
	交叉	100	300	300	—
乙炔管道	平行	100	1000	2000	3000
	交叉	100	500	500	—
氧气管道	平行	100	500	1000	1500
	交叉	100	300	500	—

续表

布线方式			导线穿金属管	明设绝缘导线	裸母线	配电设备
蒸汽管道	平行	上方	1000	1000	1000	500
		下方	500	500		
	交叉		300	300	500	—
暖热水管道	平行	上方	300	300	1000	100
		下方	200	200		
	交叉		100	100	500	—
通风管道	平行		—	200	1000	100
	交叉		—	100	500	—
上、下水道	平行		—	200	1000	100
	交叉		—	100	500	—
压缩空气管道	平行		—	200	1000	100
	交叉		—	100	500	—
工艺设备	平行		—	—	1500	—
	交叉		—	—	—	—

表 7.4　变压器外廓与变压器室四壁之间的最小距离　（单位：m）

项目	变压器容量（kV·A）	
	≤1000	≥1250
变压器与后壁、侧壁之间	0.6	0.8
变压器与变压器室门之间	0.8	1.0

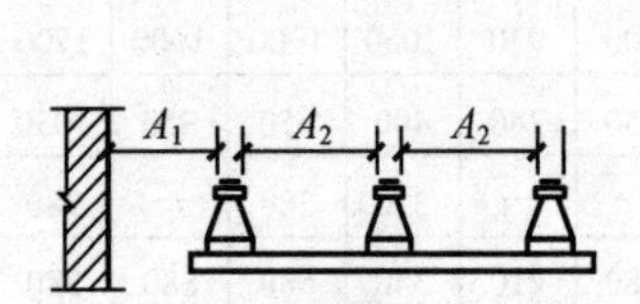

（a）带电部分至接地部分和不同相的带电部分之间的净距

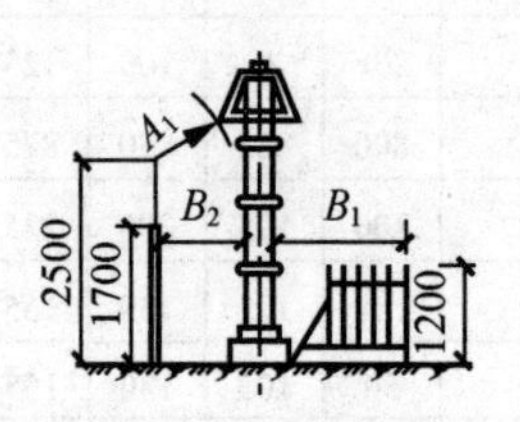

（b）带电部分至围栏的净距

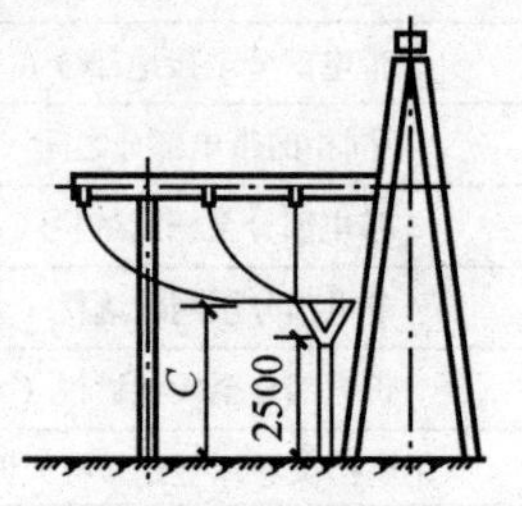

（c）带电部分和绝缘子最低绝缘部位对地面的净距

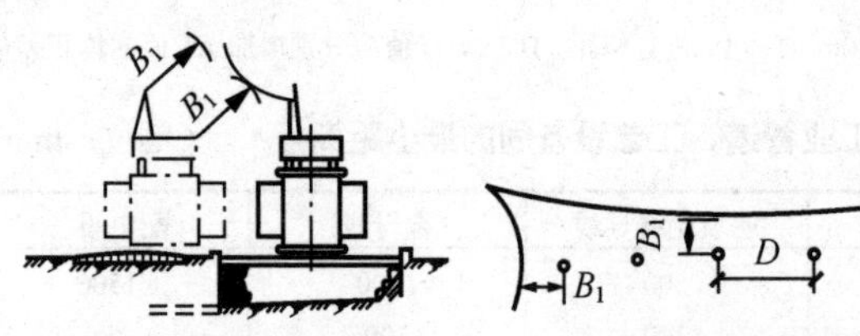

（d）设备运输时，其外廓至无遮挡裸导体的净距

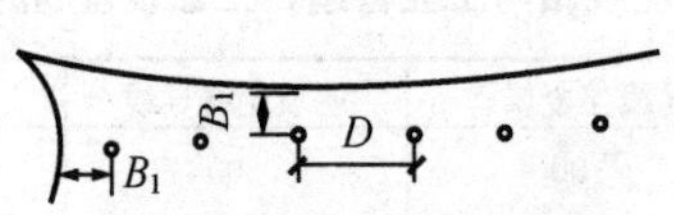

（e）不同时停电检修的无遮挡裸导体之间的水平和垂直交叉净距

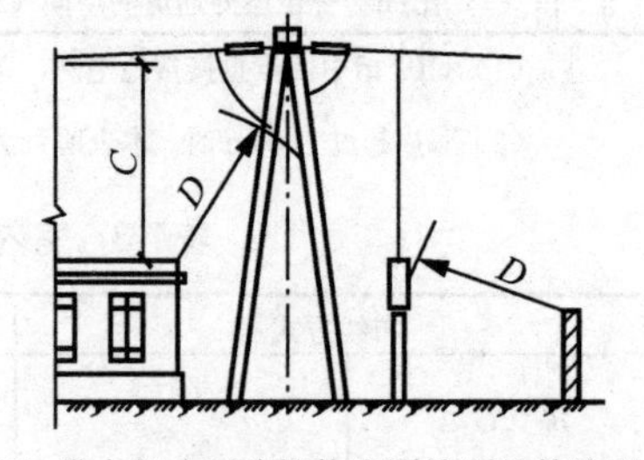

（f）带电部分至建筑物和围墙顶部的净距

图 7.11　室外配电装置最小安全净距校验图

表 7.5　室外配电装置的最小安全净距　　（单位：mm）

项次	类别	额定电压 / kV									
		0.4	1～10	15～20	35	60	110J	110	220J	330J	500J
1	带电部分至接地部分（A_1）	75	200	300	400	650	900	1000	1800	2600	3800
2	不同相的带电部分之间（A_2）	75	200	300	400	650	1000	1100	2000	2800	4400～4600
3	带电部分至栅状遮栏（B_1）	825	950	1050	1150	1350	1650	1750	2550	3350	4500
4	带电部分至网状遮栏（B_2）	175	300	400	500	700	1000	1100	1900	2700	—
5	无遮挡裸导体至地面（C）	2500	2700	2800	2900	3100	3400	3500	4300	5100	7500
6	不同时停电检修的无遮挡裸导体之间的水平净距（D）	2000	2200	2300	2400	2600	2900	3000	3800	4600	5800

注：有“J”字标记者指“中性点接地电网”。

3）检修间距

（1）在低于 1kV 的低压操作中，人体所携带的工具等与带电体的间距不应小于 0.1m。

（2）在 1kV 以上的高压无遮挡操作中，人体及所携带的工具等与带电体的距离不应小于下列数值：1～10kV，0.7m；20～35kV，1.0m。用绝缘杆操作时，上述距离可减为：1～10kV，0.4m，20～35kV，0.6m。

（3）在线路上工作时，人体及所携带的工具等与邻近带电线路的最小距离不应小于下列数值：1～10kV，1.0m；35kV，2.5m。如不足上述数值时，邻近线路应停电。

（4）工作中使用喷灯或气焊时，其火焰不得喷向带电体，火焰与带电体的最小距离不得小于下列数值：1～10kV，1.5m；35kV，3.0m。

（5）在架空线路附近进行起重作业时，起重机具（包括被吊物体）与线路导线之间的最小距离不得小于下列数值：≤1kV，1.5m；10～20kV，2.0m；35～110kV，4.0m。

2. 电流对人体的伤害

触电是指电流通过人体时，对人体产生的生理和病理伤害。伤害分为电击和电伤两种类型。

1）电击

电击是指电流通过人体而造成的内部器官在生理上的反应和病变。电击是触电事故中最危险的一种，是造成触电者死亡的最主要原因，会产生如刺痛、灼热感、痉挛、昏迷、心室颤动或停跳、呼吸困难或停止等现象。电击可分 3 种形式。

（1）单相触电。在低压系统中，人体触电是由于人体的一部分直接或通过某种导体间接触及电源的一相，而人体的另一部分直接或通过导体间接触及大地，电源和人体及大地之间形成了一个电流通路，这种触电方式称为单相触电，如图 7.12 所示。

（2）两相触电。在低压系统中，人体两部分直接或通过导体间接分别触及电源的两相，在电源与人体之间构成了电流通路，这种触电方式称为两相触电。不管是单相触电还是两相触电，如果电流通过人体心脏，都是最危险的触电方式。两相触电如图 7.13 所示。

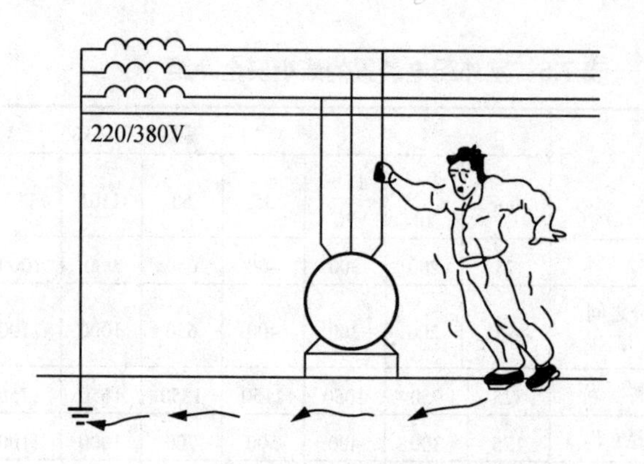

图 7.12　单相触电

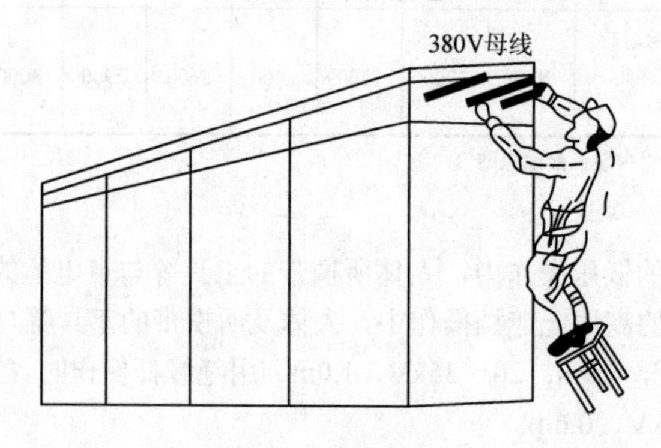

图 7.13　两相触电

（3）跨步电压触电。在高压接地点附近地面电位很高，距接地点越远则电位越低，其电位曲线如图 7.14 所示。当人的两脚踩在不同电位点时，人体承受的电压称为跨步电压。

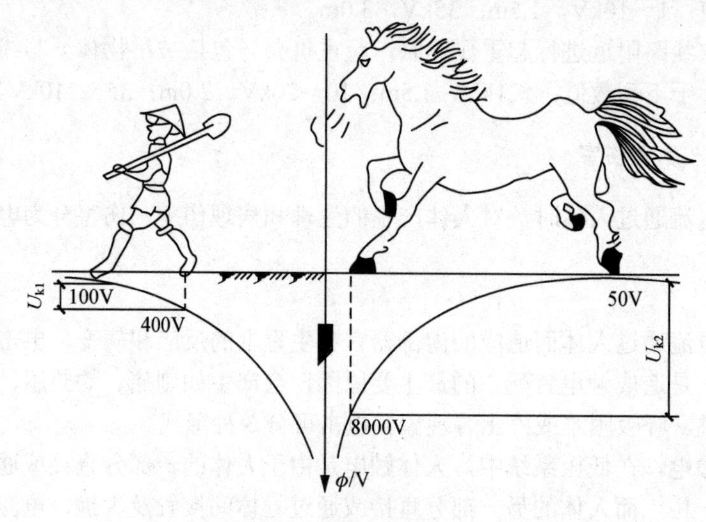

图 7.14　跨步电压触电

由于高压系统中电压高，相线之间或相线与地之间，当距离到达一定值时，空气被击穿。所以，在高压系统中，除了人体直接或通过导体间接地触及电源会发生触电以外，当人体直接或通过导体间接地接近高压电源时，电源与人之间的介质被高压击穿而导致触电。

人体在高压电源周围发生触电的危险间距与空气介质的温度、湿度、压强、污染情况及电极形状和电压高低有关。

2）电伤

电伤是由于电流的热效应、化学效应和机械效应对人体表面造成的局部伤害，常常与电击同时存在。常见的电伤有电灼伤、电烙印、皮肤金属化三种。

3. 影响触电后果的因素

电流对人体的危害程度与通过人体的电流强度、通电持续时间、电流频率、电流危害人体的途径和触电者的身体状况等多种因素有关。

1）电流强度

电流强度越大，对人体的伤害越大。

（1）感知电流为 1mA。

（2）摆脱电流为 16mA。

（3）致命电流为 50mA。

（4）安全电流为 30mA（在高度触电危险的场所取安全电流 10mA；在空中或水面触电时取安全电流 5mA）。

2）电流通过人体的持续时间

电流通过人体的持续时间越长，对人体的危害越大。

3）电流频率

工频电流对人体的伤害最严重，直流电对人体的伤害较轻。

4）电流通过人体的途径

电流通过心脏、中枢神经、呼吸系统是最危险的。因此，从左手到前胸是最危险的电流路径。

5）人体的状况

电流的大小与人体的电阻及触电电压有关，每个人体的电阻各不相同，人体各部位的电阻也不相同，如人体的皮肤、皮下脂肪、骨骼和神经的电阻大，肌肉和血液的电阻小。一般情况下，人体的电阻为 1～2kΩ，由人的年龄、职业、性别、体形（高矮胖瘦）等条件所决定。

人体的电阻不是一成不变的，而是随着皮肤的状况（潮湿或干燥）、接触电压高低、接触面积大小、电流值及其作用时间的长短而变化着的。皮肤越潮湿，人体电阻越小；接触电压越高，人体电阻越小；接触面积越大，人体电阻也越小。人体电阻还与温度、气候、季节有关。寒冷干燥的冬季，人体电阻大；夏季和雨季，气温潮湿，人体电阻小。

当人体接触电气设备或电气线路的带电部分并有电流流过人体时，人体将会因电流的刺激而产生危及生命的医学效应。当人体触电时，将产生生理变化。我国规定不大于 36V 的安全电压，小于 10mA 的安全电流，对人是不会造成生命危险的；虽然触电者会感觉麻木，但自己可以摆脱电流。而电流大于 10mA 时，人的肌肉就可能发生痉挛，时间一长，就有伤亡的危险。

6）人体触电的方式

人体触电的方式分为直接接触触电和间接接触触电。

（1）直接接触触电。直接接触触电是指人体直接接触或过分靠近带电设备及线路的带电导体而发生的触电现象。

① 单相触电：这是常见的触电方式。人体的某一部分接触带电体的同时，另一部分又与大地或中性线相接，电流从带电体流经人体到大地（或中性线）形成回路。

② 两相触电：人体的不同部分同时接触两相电源时造成的触电。对于这种情况，无论电网中性点是否接地，人体所承受的电压（线电压）将比单相触电时高，危险更大。

③ 电弧伤害。

（2）间接接触触电。间接接触触电是指电气设备绝缘损坏而发生接地短路故障，使原来不带电的金属外壳有电压，人体触及就会发生触电。

① 跨步电压触电：雷电流入大地或电力线（特别是高压线）断落到地时，会在导线接地点及周围形成强电场。当人畜跨进这个区域时，两脚之间出现的电位差称为跨步电压 U_{st}。

在这种电压作用下，电流从接触高电位的脚流进，从接触低电位的脚流出，从而形成触电。跨步电压的大小取决于人体站立点与接地点的距离，距离越小，其跨步电压越大。当距离超过 20m（理论上为无穷远处）时，可认为跨步电压为零，不会发生触电危险。

② 接触电压触电：电气设备由于绝缘损坏或其他原因造成接地故障时，如人体两个部分（手和脚）同时接触设备外壳和地面时，人体两部分会处于不同的电位，其电位差即接触电压、由接触电压造成的触电事故称为接触电压触电。

③ 感应电压触电：当人触及带有感应电压的设备和线路时所造成的触电事故。一些不带电的线路由于大气变化（如雷电活动），会产生感应电荷，停电后一些可能感应电压的设备和线路如果未及时接地，这些设备和线路对地均存在感应电压。

④ 剩余电荷触电：当人体触及带有剩余电荷的设备时，设备对人体放电造成的触电事故。带有剩余电荷的设备通常含有储能元器件，如并联电容器、电力电缆、电力变压器和大容量电动机等，在退出运行和对其进行类似兆欧表测量等检修后，会带上剩余电荷，因此要及时对其放电。

4. 触电事故的特点

（1）多发性。我国每年因触电死亡的人数占总死亡人数的 10%，仅次于交通事故。

（2）季节性。6～9 月触电事故较多。因为夏季多雨潮湿，降低了设备绝缘性能，以及人体多汗导致人体电阻下降等。

（3）行业特性。工业部门触电事故死亡率为 40%，电业部门为 30%。工业部门以冶金、建筑、矿山、化工等行业触电事故死亡率较高；而且触电事故多发生在非专职电工人员身上；触电事故低压多于高压。

（4）突发性和高死亡率。

5. 触电急救的方法与措施

触电急救的要点：动作迅速，救护得法，切不可惊慌失措、束手无策。

1）使触电者脱离电源

人触电以后，可能由于痉挛或失去知觉等原因而紧抓带电体，不能自行摆脱电源。这时，使触电者尽快脱离电源是救活触电者的首要因素。

（1）脱离低压电源采用“拉、切、挑、拽、垫”的方法。

（2）脱离高压电源的方法如下：

① 迅速拉闸断电（图 7.15）。拉下就近的开关，拔下就近的插头，取下就近的熔断器。

② 用带绝缘手柄的工具切断电源（图 7.16）。

图 7.15 拉闸断电

图 7.16 用绝缘手柄工具切断电源

③ 用干燥工具挑开触电者身上或身下的电源线（图 7.17）。

④ 迅速进行现场急救，并拨打 120 接替救治（图 7.18）。

图 7.17 用干燥工具挑开触电者身上电线

图 7.18 现场急救并拨打 120 电话求救

2）现场急救

当触电者脱离电源后，应当根据触电者的具体情况，迅速地对症进行现场救护。现场应用的主要救护方法是人工呼吸法和胸外心脏按压法。

现场急救的步骤如下：

（1）若触电者神志清醒，但有些心慌、四肢发麻、全身无力，应使其就地躺平，严密观察，暂时不要站立或走动。

（2）若触电者神志不清，应使其在空气清新的地方安静的平躺，解开妨碍其呼吸的衣扣、腰带，以确保气道通畅，并注意保暖。

（3）检查触电者的瞳孔（图 7.19）。

（4）用看、听、试的方法判定触电者呼吸心跳的情况。

看——看触电者的胸部、腹部有无起伏动作。

听——用耳贴近触电者的口鼻处，听有无呼气声音。

试——试测触电者口鼻有无呼气的气流，再用两手指轻试一侧喉结旁凹陷处的颈动脉有无搏动。

若看、听、试的结果是既无呼吸又无颈动脉搏动，可判定呼吸、心跳停止。

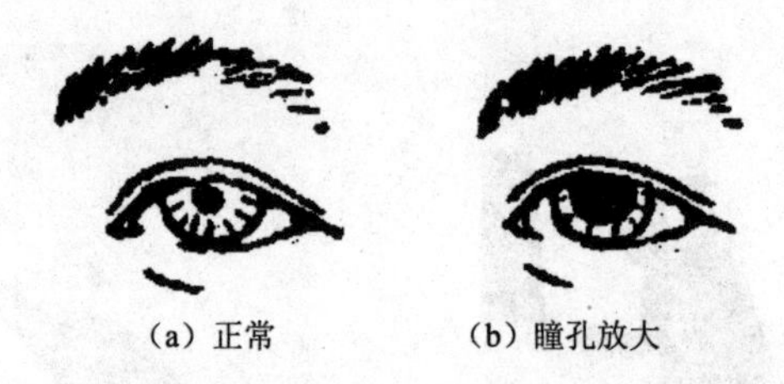

（a）正常　　（b）瞳孔放大

图 7.19　检查触电者瞳孔

（5）快速实施人工急救。

① 人工呼吸法：指用人为的方法，运用肺内压与大气压之间的压力差，使呼吸骤停者获得被动式呼吸，从而获得氧气，排出二氧化碳，维持最基础的生命。其主要方法是口对口（鼻）人工呼吸法，对有心跳、没有呼吸的触电者适用。

注意：在进行人工呼吸法施救时，要确保触电者气道通畅。如发现伤者口内有异物，可将其身体及头部同时侧转，迅速从口角处取出异物。

通畅气道可采用仰头抬额法。用一只手放在触电者前额，另一只手的手指将其下颌骨向上抬起，两手协同将头部推向后仰，舌根随之抬起，气道即可通畅。

具体操作方法如下。

a．打开呼吸道：触电者取仰卧位，即胸腹朝天，肩下垫些东西使其头部尽量后仰，鼻孔朝天，如图 7.20 所示。

b．向被救者吹气：救护者站在触电者头部的一侧，一手将其鼻孔捏住（为使空气不从鼻孔漏出），自己深吸一口气，对着触电者的口（两嘴要对紧不要漏气）将气吹入，造成触电者吸气，如图 7.21 所示。

c．救护者把嘴离开，将触电者捏住的鼻孔放开，并用一手压其胸部，以帮助其呼气。这样反复进行，每分钟进行 12～15 次。救护者吹气量的大小，一般以吹进气后，触电者的胸廓稍微隆起最为合适。

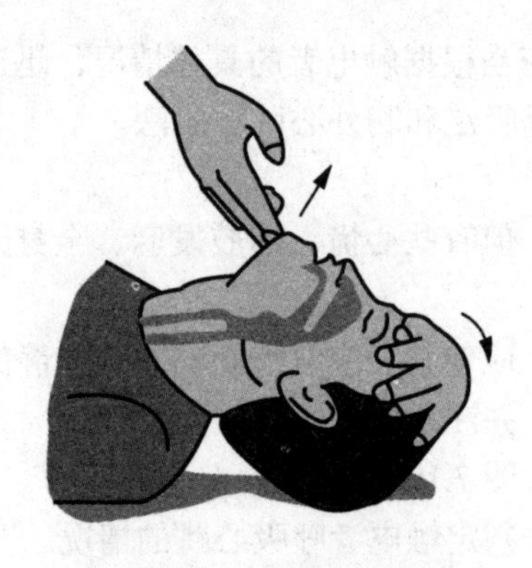

图 7.20　打开呼吸道

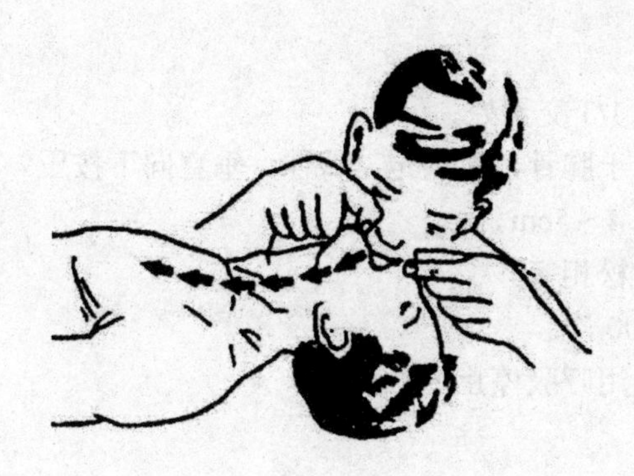

图 7.21　向被救者吹气

d．触电者如牙关紧闭，可进行口对鼻人工呼吸。口对鼻人工吸、吹气时，要将触电者嘴唇紧闭，防止漏气。

② 胸外心脏按压法，适用心脏停止跳动的触电者。

操作方法如下。

a．确定按压点：触电者取仰卧位，背部可稍加垫，使胸部凸起。救护者屈膝跪地于触电者大腿两旁，把两手上下重叠，手掌贴于心前区（胸骨下 1/3 交界处），大拇指向内，靠近胸骨下端，其余四指向外，放于胸廓肋骨之上，如图 7.22 所示。

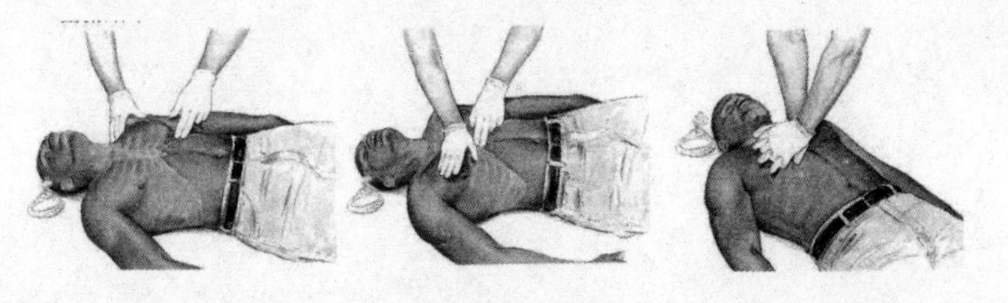

图 7.22　确定按压点

b．实施胸外按压法救治：以冲击动作将胸骨向下压迫，使其陷 3～4cm，随即放松（挤压时要慢，放松时要快），让胸部自行弹起，如此反复，有节奏地挤压，每分钟 100 次，直到心跳恢复，如图 7.23 所示。

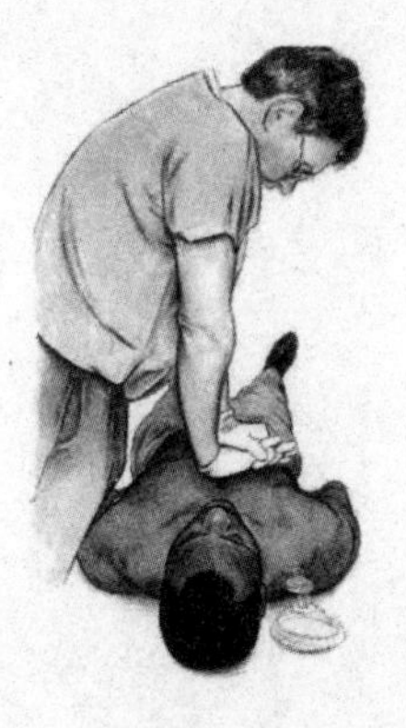

图 7.23　胸外心脏按压操作方法

动作要领如下。

a．部位：胸骨中下 1/3 交界处。

b．姿势：掌根平行于胸骨，肘固定、臂伸，垂直向下按压。

c．深度：胸骨下压 4～5cm。

d．时间：按压与放松相等。

e．频率：每分钟 100 次。

③ 俯卧压背法，适用呼吸停止的触电者。

8

项目

课程设计（二选一）

任务 8.1 设计某降压变电所主接线方案

要求学生掌握 35kV 总降压变电所主接线设计的内容、思路、方法和步骤，获得综合运用所学知识、已有能力解决供配电系统工程实际问题的技术和能力，实践工程设计的实际锻炼。

设计内容包括：典型 35KV 总降压变电所地址和形式的选择；主接线方案的确定；负荷计算和无功补偿计算；主变形式、组别、台数、容量的选择；短路计算；主接线设计（设备导体的选择校验）；进出线的设计；结构布置方案的确定。

要求学生写出设计说明书、列出设计表格、画出设计图纸。

任务 8.2 设计某车间主接线方案

某车间负荷全为三级负荷，对供电可靠性要求不高。车间平面布置图如图 8.1 所示。已知车间需要系数为 0.32，功率因数为 0.6，正切值为 1.33，低压母线有功功率同时系数为 0.90，无功功率同时系数为 0.95。工厂采用三班制，年最大有功负荷利用小时数为 5500h。从本厂 35/10kV 总压降变电所用架空线引进 10kV 电源，该变电所距离车间 0.3km。设计要求：车间最大负荷时功率因数不得低于 0.92。

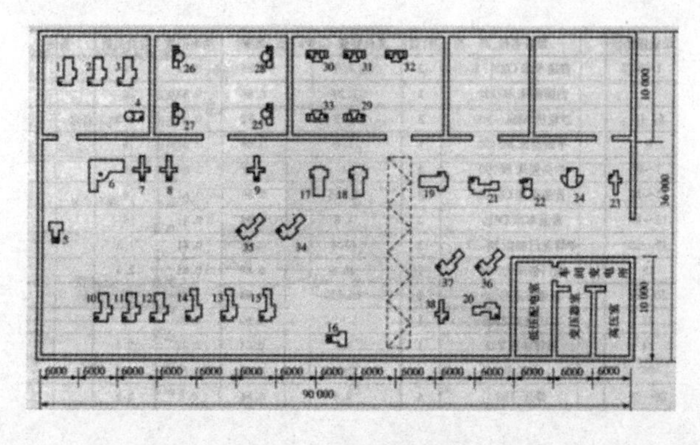

图 8.1　车间平面布置图

参 考 文 献

[1] 苏文成．工厂供电[M]．2 版．北京：机械工业出版社．2004.
[2] 周瀛，李鸿儒．工业企业供电[M]．2 版．北京：冶金工业出版社．2002.
[3] 蒋庆斌，张平泽，葛朝阳．供配电技术[M]．北京：机械工业出版社．2011.
[4] 曾令琴．供配电技术[M]．北京：人民邮电出版社．2008.
[5] 刘介才．工厂供电[M]．6 版．北京：机械工业出版社．2015.
[6] 刘燕．供配电技术[M]．西安：西安电子科技大学出版社．2018.
[7] 王辑祥，王庆华，梁志坚．电气接线原理及运行[M]．2 版．北京：中国电力出版社．2012.